食品动物安全生产技术丛书

肉鸡健康高效养殖

刘桂琼　编著

金盾出版社

内 容 提 要

本书是“食品动物安全生产技术丛书”的一个分册。内容包括:肉鸡健康高效养殖概述,肉鸡健康和保健,肉鸡品种选择,种蛋孵化,肉鸡营养与饲料,快大型白羽肉鸡的饲养管理,优质黄羽肉鸡的饲养管理,优质安全鸡肉产品的生产,肉鸡养殖场的建设。技术实用先进,文字通俗易懂,资料详实,适合肉鸡养殖个体农户及肉鸡养殖场管理与技术人员阅读。

图书在版编目(CIP)数据

肉鸡健康高效养殖/刘桂琼编著. -- 北京 :金盾出版社,2011.4

(食品动物安全生产技术丛书)

ISBN 978-7-5082-6827-9

Ⅰ.①肉… Ⅱ.①刘… Ⅲ.①肉用鸡—饲养管理 Ⅳ.①S831.4

中国版本图书馆 CIP 数据核字(2011)第 019507 号

金盾出版社出版、总发行

北京太平路 5 号(地铁万寿路站往南)

邮政编码:100036 电话:68214039 83219215

传真:68276683 网址:www.jdcbs.cn

封面印刷:北京凌奇印刷有限责任公司

正文印刷:北京军迪印刷有限责任公司

装订:北京军迪印刷有限责任公司

各地新华书店经销

开本:850×1168 1/32 印张:10 字数:240 千字

2011 年 4 月第 1 版第 1 次印刷

印数:1～8 000 册 定价:17.00 元

序 言

随着经济的快速发展和人民生活水平的不断提高，对动物性食品的需求量不断加大。同时，人们对动物性食品质量提出了更高的要求，所需求的动物性食品必须是没有药物残留、健康的食品。但是，人们长期对养殖业可持续发展意识的不足，在动物性食品生产过程中，存在着一些安全隐患，如养殖生态环境恶化，饲料原料生产中大量使用农药、化肥，动物性食品生产和加工过程中过量使用药物、添加剂和防腐剂等，导致动物性食品安全问题频发。由于产品质量下降引发消费健康问题和由动物疫病引发的公共安全事件日益突出，动物性食品安全问题已成为制约我国养殖业发展的主要矛盾。因此，必须大力发展规模生产，积极倡导健康养殖，确定转变养殖业生产方式，构建资源节约、环境友好的新型养殖业，促进养殖业向安全、优质、高效、节耗、环境友好型方向迈进。

动物性食品的健康高效生产是个系统工程，必须从动物的品种选育、饲养环境、饲料生产、疫病防治、产品加工及流通进行全程质量控制。在生产动物性食品时，要选择良好的环境条件，防止大气、土壤和水质的污染。在不断提高养殖户的生态意识、环境意识、安全意识的同时，还应对动物性食品健康高效生产技术进行汇总和推广应用。

为了达到上述目的，金盾出版社同高等农业院校的相关专家共同策划出版了“食品动物安全生产技术丛书”。“丛书”包括猪、奶牛、肉牛、肉羊、肉鸡、蛋鸡、肉鹅、肉鸭、蛋鸭、肉兔、鱼和河蟹养殖等12个分册。该“丛书”紧紧围绕健康高效生产技术展开，从理论与生产实践的结合上，对动物性食品健康高效养殖进行了比较全面的介绍，内容翔实，实用性和科学性强，对指导当前动物性食品健康高效生产将产生极大的推动作用。

陈国宏

2008年12月于扬州市

目　　录

第一章　肉鸡健康高效养殖概述

我国肉鸡产业在20世纪80年代改革开放后逐渐起步，最初，肉鸡品种主要是从国外引进的快大型白羽肉鸡，用于生产西装鸡或分割肉。后来，为了适应我国港澳市场和南方（主要是广东、广西）对黄羽肉鸡活鸡的需要，优质黄羽肉鸡养殖业得到了较好的发展，最初主要利用我国的地方黄羽肉鸡品种资源生产黄羽肉鸡。随着人民生活水平的不断提高，人们对肉鸡产品从过去单纯的数量需求转变为要求更高的质量需求，更加青睐地方鸡肉的风味，包括黄羽肉鸡在内的各种优良地方品种也逐步在全国发展起来。近年来，人民群众不但对鸡肉产品的风味提出较高要求，而且对食品安全也越来越重视，市场需求的是安全、优质、有利于人类健康的鸡肉产品，即肉鸡本身的健康要有利于人类健康和环境安全，这就要求传统的肉鸡养殖模式逐步向健康高效养殖模式发展。本章试图从我国肉鸡业现状、健康高效养殖的内涵和迫切性对肉鸡健康高效养殖进行探讨。

一、我国肉鸡业现状

我国肉鸡业从20世纪80年代开始起步，从无到有，从小到大，不断地发展壮大，饲养数量飞速增加，1981年全国仅存栏肉鸡0.4亿只，至2009年出栏已超过70亿只，鸡肉产量达1 370万吨。目前我国肉鸡业不但供应国内，而且还进入国际市场，已是农牧业领域中产业化最高的行业，我国城乡居民食用的鸡肉主要有白羽肉鸡、黄羽肉鸡和淘汰种鸡。白羽肉鸡和优质黄羽肉鸡是我国肉鸡产业的两大支柱。淘汰种鸡主要是指淘汰肉种鸡和蛋种鸡，每年约有近10亿只饲养周期在500天左右的老龄淘汰肉用和蛋用种鸡，经过屠宰作为腌制品或进行其他深加工。

白羽肉鸡也称为快大型白羽肉鸡，是我国肉鸡生产主导品种，主要从国外引进，在肉鸡生产中数量最多。白羽肉鸡是引进品种，自我国现代肉鸡业20世纪80年代起步后，发展迅速，但由于其饲养技术要求较高，所以目前主要局限于企业饲养和规模饲养的范围内。白羽肉鸡自引进以来，经过近20年的发展，已在国内肉禽中占据了重要地位。近10年来国内饲养白羽肉鸡数量见表1-1。预计2010年白羽肉鸡父母代将达到3 674万套，商品代40亿只；2015年父母代将达到4 379万套，商品代48亿只，白羽肉鸡饲养量和鸡肉产量都将稳步增加。

表1-1　2002～2009年我国白羽肉鸡饲养量

年　份	祖代种鸡/万套	父母代种鸡/万套	商品肉鸡/亿只
2002	76.3	3052	30.5
2003	61	2440	24.4
2004	48	1920	19.2
2005	55	2100	21
2006	50	2200	23
2007	68	2584	28
2008	78	3000	30
2009	85	3700	37

注：2003、2004年因连续受非典、禽流感影响，数量下降

优质黄羽肉鸡养殖业是具有我国特色的肉鸡产业，自20世纪80年代以来，从最初的地方鸡种群养，经历了专业户饲养、小型企业到公司加农户的一体化养殖历程。优质黄羽肉鸡多指我国地方

鸡种，由于最初的优质肉鸡主要是两广等地的黄羽肉鸡，这些肉鸡品种多具有黄羽、黄喙和黄脚的外貌特征，因此广大消费者多称之为“三黄鸡”。经过多年的快速发展，我国优质黄羽肉鸡已形成区域优势明显、产业特点突出、市场份额不断扩大、市场竞争日益增强的产业，在广东，优质（黄羽）肉鸡的市场份额已占整个肉鸡生产的 90％，2007～2009 年广东省优质黄羽肉鸡饲养量见表 1-2。

表 1-2　2007～2009 年广东省优质黄羽肉鸡饲养量

年　份	祖代种鸡/万套	父母代种鸡/万套	商品肉鸡/亿只
2007	69.9	2730.7	24
2008	108.1	3807.9	33
2009	138.4	3998.3	35

二、肉鸡健康高效养殖的内涵

（一）肉鸡健康高效养殖的含义

随着人民生活水平的逐步提高，人们越来越关注畜禽食品的质量安全问题。健康高效养殖是以安全、优质、高效、无公害为主要内涵的可持续发展的养殖，是在以追求数量增长为主的传统养殖的基础上实现数量、质量和生态效益并重发展的现代养殖。可持续发展的养殖应当是品种选择合理，投入和产出水平适中，种植业、养殖业和加工业有机结合，通过养殖系统内部的废弃物的循环再利用，达到对各种资源的最佳利用，最大限度地减少养殖过程中废弃物的产生，在取得理想的养殖效果和经济效益的同时，达到最佳的环境生态效益，形成适合各种自然环境条件和社会文化、经济特点的健康高效养殖模式。只有实现健康高效养殖，才可能有绿色产品、无公害产品，才可能真正达到食品安全。

健康养殖的概念最早在20世纪90年代中后期由我国海水养殖界提出，当时海水养殖发展迅速，为人们提供了大量的动物性蛋白质，但也存在养殖生态环境恶化，病害、污染事故频繁发生，产品质量下降引发消费健康等问题，之后健康养殖陆续向淡水养殖、生猪养殖和家禽养殖渗透并完善。健康养殖一方面指疾病预防，即在养殖过程中消灭病原、改良养殖环境、消除发病因素、养殖生物在无污染的近似自然的环境下健康生长，另一方面指养殖的动物产品健康、安全，符合国家食品安全检查标准，其目的就是要推行无公害畜牧业生产，保护动物健康，生产安全营养的畜产品，从而保护人类健康。无公害畜牧业生产指经认证合格获得认证证书，产地环境、生产过程和产品质量符合国家有关无公害产品标准和规范，其产品未经加工或者初加工，并可以使用无公害农产品标志。健康高效养殖谋求生态效益与经济效益、社会效益与经济效益的统一，即追求经济、生态、社会三大效益并重。健康高效养殖生产的产品首先必须为社会接受，是质量安全可靠、无污染、无残留、无公害的畜禽产品，动物机体内不会有对人类健康造成影响的物质，动物的排泄物不会对环境造成污染，产品无残留、无污染，对人类健康没有危害。其次，健康高效养殖具有较高的经济效益，畜禽本身健康，能发挥其资源优势和生产性能的最大潜力。再次，健康高效养殖对于资源的开发利用是良性的，其生产模式是可持续的，对环境的影响也是有限的，是经济、生态和社会效益的高度统一。

总之，健康高效养殖是指根据养殖对象的生物学特性，运用生态学、营养学原理来指导生产，为养殖对象营造一个良好的、有利于快速生长的生态环境，提供充足的全价营养饲料，使其在生长发育期间，最大限度地减少疾病发生，使畜禽产品无污染，产品营养丰富与天然鲜品相当，并对养殖环境无污染，实现养殖生态体系平衡，人与自然和谐。健康高效养殖具有其空间性、时间性、指向性和可操作性。空间性指特定的养殖小环境及其所处的大环境；时间性指养殖环境随着人的生产行为的开始而存在、生产行为的结束而消失；指向性指“健康”相对于养殖环境的生态是安全的，养殖对象能健康生长，其产品对人是健康的；可操作性指各种形式的技术投入，包括机械设备、优良种质、配合饲料、药物及添加剂、疫病防治技术、组织管理方式、方法、措施等。

综上所述，所谓肉鸡健康高效养殖，是指为肉鸡营造优良的生活、生产环境，应用先进的现代工艺设备，提供优质的营养饲料，建立科学的现代管理体系，进行集约化生产，保证生产过程最优化和安全化，从根本上保障肉鸡健康，充分发挥资源优势和生产性能，生产出优质、无残留、无污染的无公害健康肉鸡产品。即一方面要注重环境控制，为肉鸡创造良好的生产、生活环境，包括小环境（包括通风、温度、光照的控制）和大环境（即周边的隔离环境），另一方面则要科学制定饲养管理准则，采用先进的工艺设备，提供与健康养殖配套的优质饲料、科学的管理体系进行集约化生产，保证生产过程的集约化和安全化，使肉鸡的遗传潜力得以发挥，而且还要从养殖的各环节上控制重大疫病的发生，合理制定鸡场综合防疫技术，控制鸡肉产品的质量，最终生产出对人体无不良影响，符合人体营养需要的无公害鸡肉产品。这些所有技术综合形成肉鸡健康高效养殖的行业标准。

（二）肉鸡健康高效养殖的内容

肉鸡健康高效养殖主要包括五个方面的内容，即优良的肉鸡品种、鸡场建设和环境控制、营养与饲料、规范化饲养管理和疾病控制。

1. 肉鸡品种　要选择适合当地生长条件、具有高产性能、抗病力强并能生产出优质后代的种鸡，并要对某些疾病采取净化措施，防止疫病通过种鸡进行垂直传播。

2. 鸡场建设和环境控制 要在地势高，远离居民区、工业区和“三废”污染区的地方建场。场地的空气应达到国家规定的标准，水源充足，用水须达到居民生活用水的要求，土壤环境质量应符合农业部制定的无公害食品标准。

3. 营养与饲料 饲料质量直接影响肉鸡产品的质量，要求安全、优质和无农药、无激素残留，因此应从源头上保证饲料及饲料添加剂的安全性，严格控制饲料原料质量，推行无公害饲料及饲料添加剂。为确保饲料质量，须建立无公害饲料原料生产基地，确保饲料原料安全、无公害，并做好饲料原料的检测工作，入库前水分含量不得高于12.5%，杂质不超过2%，以防止饲料受潮霉变。干饲料中黄曲霉素及其他有害成分，如汞、铅、砷等的含量控制在国家规定的标准之内。在饲料原料质量得到保证的前提下，饲料由专门的饲料生产厂家进行标准化、专业化生产，中小规模的鸡场，不宜自行配制饲料。合理选用饲料添加剂，可在饲料中添加酶制剂、酸化剂、益生素、免疫调节剂、抗应激添加剂，以利于维持肠道菌群平衡，提高饲料消化率。

4. 规范化饲养管理 在饲养过程中，饲养者要重视肉鸡的福利，采用规范化饲养管理技术。肉鸡健康高效养殖以加强饲养管理为主，改善鸡舍内小气候，提供舒适的生产环境，重视疾病预防以及早期检测与治疗工作，减少和杜绝疾病的发生，减少用药。根据肉鸡的日龄特点，提供适宜的温、湿度，保障舍内空气质量良好，做好通风管理工作。根据肉鸡的生物钟、生长规律及发病特点，制订科学光照程序与限饲程序，用不同的配方饲料饲喂不同生长发育阶段的肉鸡，以使日粮营养成分更接近肉鸡营养需求。在生产过程中，包括日常管理、运输方式和屠宰过程，要根据肉鸡的生理特点和生活需求，给予人性化的饲养制度和管理措施，让肉鸡健康舒服地度过一生。重视肉鸡福利，不仅使肉鸡生活舒适，还能使肉鸡数量和质量都得到提高，有利于提高养殖的经济效益。

5. 疾病控制　在肉鸡健康高效养殖过程中，鸡群健康是高效养殖的首要条件，必须保证良好的饲养管理，确保肉鸡的抵抗力，尽量减少疾病的发生、减少药物的使用，而疾病防治则是鸡群健康的重要保证。目前我国对鸡场净化还不够重视，致使几乎所有商品鸡群有隐性感染的免疫抑制性疾病，如禽白血病、网状内皮组织增生病等，这特别有利于传染性疾病的传播。因此，无论是在鸡场设计建造、鸡雏引入，还是在饲养管理的整个过程中，都必须从消灭传染源、切断传播途径、增强鸡只的抵抗力三个环节着手，严防传染病的发生。选用的疫苗必须质量可靠，免疫程序要适合当地疫情和本场实际。鸡场必须贯彻"预防为主，防重于治"的方针，不从疫区引种，因地制宜地制订环境卫生、消毒管理制度和免疫程序，采用全进全出制饲养工艺，定期消毒、灭蚊、灭鼠，严防野生动物特别是野生飞禽的进入，并设有专门隔离舍，发现疾病立即隔离，对于恶性传染病如禽流感要立即扑灭。

清洁卫生是防治传染病的根本措施，鸡场的清洁卫生，有利于疾病控制，同时也易提高鸡的生长速度，提高料肉比，是肉鸡健康高效养殖的重要保证，因此要确保肉鸡舍内外、场区周围的环境卫生。场区和鸡舍内要保持良好的卫生状况，场区内不得有杂草，不得乱放死鸡和垃圾等，鸡舍内要清洁干净，用具放置要井然有序，并经常杀灭舍内的蚊蝇。鸡场门口和鸡舍门口设消毒池，消毒池内应有足量的消毒液，并及时补充、更换，进出人员和车辆要进行严格地消毒。鸡场要限制外人参观，并严格控制外来人员进出生产区。饲养管理人员要求身体健康，无人兽共患病，并有专用工作衣、鞋、帽等。

科学合理用药是防治传染病的有力补充，药物预防和治疗也是增强机体抵抗力和防治疾病的有效措施，特别是对尚无有效疫苗可用或免疫效果不理想的细菌病，如沙门氏菌病、大肠杆菌病等。严禁使用有致畸、致癌、致突变和未经农业部批准的药物，严禁使用已被淘汰的或对环境、人类健康造成严重威胁的药物。严禁使用激素类药物、镇静药、催眠药等，严禁使用人类专用抗生素和在饲料中长期添加抗生素，尽量使用无害、无残留的抗生素替代药。拟定科学的给药方案，严格按疗程给药，正确联合用药，防止药物配伍禁忌，严格执行停药制度。要建立兽药使用详细档案，并在肉鸡出场后保存2年，严格执行休药期制度。选用高效、低廉、使用方便，对人禽安全、无残留毒性，并且在鸡体内不产生有害物质的消毒剂。反复消毒时最好选用2种以上化学性质不同的消毒剂。

三、肉鸡健康高效养殖的发展趋势

我国从20世纪80年代以来，肉鸡养殖业总产值连续20多年以年平均10%以上的速度增长，鸡肉供给由长期短缺变成总量基本平衡、丰年有余，目前人均禽肉占有量已超过世界平均水平，肉鸡养殖业已成为农业中最具活力的支柱产业之一，在国民经济与社会发展中发挥着越来越重要的作用。在市场经济体制条件下，肉鸡养殖业面对来自国内和国际的激烈竞争，竞争的实质其实是产品质量的竞争，即市场的竞争由数量、价格竞争转变为以品质为中心的非价格竞争。然而，随着肉鸡养殖的发展和养殖集约化程度的提高，生产体系逐渐变化，养殖环境日趋恶化，病害发生率越来越高，危害也越来越重，相应地产品的数量和质量也受到影响，肉鸡的健康高效养殖问题已成了人们关注的焦点。这一系列因素迫使肉鸡养殖必须向健康高效养殖方向发展，生产出充足的安全鸡肉产品以供市场需求。

(一)我国肉鸡业的发展需要健康高效养殖

我国肉鸡生产处在一个不断发展变化的过程中。20多年以前,饲养肉鸡的主要是一批大型养殖企业,肉鸡商业化生产开始起步,当时主要受国家政策推动的影响,以国营、城郊的副食基地为主。近10年,由于大型企业的带动,“公司+农户”、“基地+农户”的饲养模式在全国普遍兴起,产区逐步集中,主要向粮食产区、气候适宜和交通干线附近转移,全国的肉鸡市场大流通已逐步形成。目前我国肉鸡生产饲养现状是大企业规模经营科学管理与农村散户粗放饲养管理并存。

一些大型养殖企业为了长期稳定的发展,在扩大规模的同时,不断提高管理水平和技术能力,建成了一些大型的现代化肉鸡饲养场。这种现代化的饲养模式促进了肉鸡业的发展,在组织生产、开拓市场、出口创汇和带动区域经济上发挥着重要的作用。但也有一些养殖企业为追求利润和短期利益,不注重饲养户的长期发展,部分饲养户鸡舍简陋、设备简易、防疫体系不健全、技术力量相对薄弱,其一般规模较小,每户年出栏1万～2万只,每批饲养量2 000～6 000只,防疫用药等管理粗放。由于这些饲养散户销售方式灵活,在国内市场中也占有一定份额,在一定程度上促进了肉鸡业的发展,但在科学经营管理水平和技术能力上相对落后。

肉鸡传统的养殖方式不利于疾病的防治,再加上养殖业本身生态结构的不平衡,致使肉鸡养殖业存在许多问题,主要有产品安全问题、环境污染问题和疾病防治问题。

部分养殖场为了片面追求利润,单纯地从促进生长、控制疾病等目的出发,超量或违规使用矿物质、抗生素和防腐剂等,导致肉鸡产品中抗生素、重金属等有害物质残留超标,危害人们身体健康。抗生素饲料添加剂的不正确使用,如不控制用量以及在屠宰前未按规定停止用药,可使抗生素在鸡肉产品中残留,从而通过食物链使人体产生一定的毒性反应和变态反应。此外，长期使用某种抗生素，可使细菌对该种抗生素产生适应或遗传物质发生突变而形成耐药细菌，抗生素的疗效因此大大降低或完全失效，使人类对某些疾病的预防与治疗陷入困难。发霉饲料中的霉菌毒素如黄曲霉毒素及其代谢产物不仅影响肉鸡本身的生长，还能通过食物链，最终对人体健康产生影响，严重的甚至还可能诱发癌症。

肉鸡饲养及加工过程中产生的大量排泄物和废弃物，对人类、其他生物以及肉鸡自身生活环境的污染问题愈来愈突出，肉鸡业也是畜牧业中一个不可忽视的污染源。据测定，1 只鸡日排粪约 0.1 千克，1 个饲养 10 万只鸡的工厂化养鸡场，每天产鸡粪便可达 10 吨，年产鸡粪达 3 600 多吨。李铁冰（2009）的统计结果显示，2006 年我国产生的禽粪便总量约 3.4 亿吨，其中鸡粪总量达 2.6 亿吨，这些鸡粪若处理不当，则是一个相当大的环境污染源。

肉鸡疾病的发生越来越复杂化。肉鸡饲养多采用规模化饲养，鸡场往往生产规模大、鸡只数量多，导致疫病在鸡群中传播流行的速度快。在肉鸡生产中，为充分发挥鸡生产潜能，鸡一直处于高度紧张的生长或生产状态，部分敏感鸡面对应激时，抗病力下降，从而发生一些在散养条件下不易发生的疫病。我国的白羽肉鸡全部从国外引进种鸡，部分蛋鸡也从国外引进，引进渠道多并缺乏有效的监测手段和配套措施，大大存在着将疾病引入的风险。鸡群免疫水平不一致，一些病原体毒力也发生变化，使病症非典型化，甚至以新的形式出现，如支气管炎、马立克氏病、传染性支气管炎等疾病临床症状多样化。有的疾病病原毒力不断增强，使得已免疫接种的鸡群没有获得保护或保护力不强，导致免疫失败，如马立克氏病、新城疫和传染性法氏囊病出现强毒株或病原出现新的抗原型。由于不合理用药、滥用抗生素和抗菌药物，细菌的耐药性越来越严重，且细菌性疾病多为混合型感染，致使细菌性疾病发生率逐年增加，治愈率降低，危害性加大。

（二）消费者需要健康安全的肉鸡产品

鸡肉是我国人民重要的动物性食品，其产品质量安全事关百姓生活，也与社会稳定密切相关。多年以来，生产企业注重生产效率和效益，没有注重生产方式对资源、环境、社会的影响，这种生产方式已逐步引起人们广泛而深刻的反思，而且，我国每年发生的食品安全事件，引起了消费者的倍加关注，人们更加喜欢选择无污染、安全、优质、营养的绿色和无公害食品。因此，树立产品安全意识，生产无公害、绿色和有机动物产品，按标准化进行生产，实现从土地到餐桌全过程监控，生产出更多符合市场需求的健康养殖的禽肉产品，市场前景将更加广阔。

（三）国际市场形势要求肉鸡健康高效养殖

经济全球化使全世界各个国家都更加关注环境保护、食品安全和动物福利问题。发展健康高效养殖、杜绝餐桌污染已成为全人类的共同目标，食品安全已经成为各国政府、企业界和学术界普遍关注的焦点。与此同时，WTO 各成员国也纷纷制定针对动物产品贸易的法律、法规和标准，逐步开始实施绿色贸易壁垒。2006 年 1 月 1 日，欧盟《食品及饲料安全管理法规》正式实施。该法规特别关注食品安全问题，强化了食品安全的检查手段，涉及整个生产过程中的每一个环节，大大提高了食品市场准入标准，而且问题食品将被召回，这对我国的肉类出口提出了更高的要求。日本政府也于 2006 年 6 月起实施《食品中残留农业化学品肯定列表制度》，明确制定了进口食品、农产品中可能出现的药物和饲料添加剂的近 5 万个暂定标准，对没有标准而欧美国家也无可参照的农药推行“一律标准”（该标准是日本对既非“豁免物质”也未制定“最大残留限量标准”的农业化学品在食品中的残留制定的统一标准，确定的“一律标准”为 0.01 毫克/千克），大幅抬高了进口农畜产品的门槛。这些法律法规把焦点对准在产品的“源头控制”上，因此我国企业的出口成本和出口风险也逐步提高。

目前国际贸易中的关税壁垒已大大降低，而非关税壁垒的技术壁垒手段便成为各国保护本国对外贸易和国内产业的最直接、最重要的措施。我国自加入世贸组织后，饱尝了技术壁垒给畜产品出口带来的艰难，先后有多个国家因畜禽产品中抗生素残留超标，宣布暂停进口我国动物产品，涉及猪、牛、羊、鸡、鸭、兔肉、蜂蜜和水产品，使我国的外贸出口蒙受巨大经济损失。有些国家和地区趁机以质量安全为借口对我国动物性产品进行压价，甚至有些国家，对我国所有禽肉实施禁令。例如，1996 年 8 月 1 日至 2001 年 5 月 24 日，欧盟以我国出口的禽肉中含有动物疫病、兽药残留等为由关闭我国禽肉进口 5 年，之后在开禁的同时，又提出新城疫的检疫要求。2002 年 1 月 25 日至今，欧盟又以我国出口的禽肉制品中兽药残留和微生物超标为由，全面禁止我国动物源性食品(含鸡肉)的进口。对我国畜产品实施“技术壁垒”的世贸组织成员已从欧盟、美国、日本等发达国家逐渐延伸到韩国、新加坡等发展中国家。我国鸡肉产量居世界第二位，但出口产量只占很少一部分。鸡肉产品出口困难有两个原因，一是我国的疫病监测、诊断、预防和扑灭等各个环节存在着体系不健全、设施简陋、技术落后等突出问题，达不到国际兽医卫生组织要求的标准；二是由于饲养户缺乏安全意识，受经济利益驱使，滥用兽药及饲料添加剂，导致农畜产品兽药残留及有毒有害物质超标。目前传统饲养方式下生产的产品遇到了前所未有的困难，致使我国活鸡、冻肉主要销往我国的港、澳特区和东欧，而向日本、欧盟、美国出口则非常困难。

国际市场及其技术壁垒迫使我国肉鸡生产必须进行健康高效养殖，才能进一步生产出数量充足的安全、优质、无药物残留的鸡肉产品。

第二章　肉鸡健康和保健

肉鸡健康高效养殖的前提是肉鸡健康，影响肉鸡健康的因素有机体自身因素、环境因素和卫生保健因素。机体自身因素指遗传因素。环境包括自然环境和人工环境，自然环境主要指大气、水和土壤，人工环境主要指人类为肉鸡提供的生活环境，这些都对肉鸡健康影响极大。因此肉鸡养殖要实现健康高效，必须避免周围环境对肉鸡生产的危害，即要防止污水、污物、其他动物和人类排泄物等对肉鸡生产的危害，保证肉鸡健康高效养殖持续地发展。卫生保健是影响肉鸡健康和生产性能的重要因素，因此，如何加强肉鸡保健、控制疫病的发生是提高经济效益的关键。我国肉鸡业发展迅速，但与肉鸡产业发达国家相比，仍有较大差距，主要原因是饲养成本太高，这一方面是由于我国大多数饲养场饲养管理水平较差，生产效率低下，饲养管理人员素质不高，另外一个重要原因就是在环境控制和疫病防治上措施不当，鸡群易发生传染病，养殖者在防治传染病上耗费大量的人力、物力和财力，一些慢性病、营养代谢病和寄生虫病没有得到有效控制。在养鸡生产中，多数饲养户认为肉鸡生产的疫病控制即传染性疾病的控制，这其实是一个很大的误区，传染病的控制固然重要，但对其他疫病的控制也一定要坚持“以防为主、防重于治”的方针，采取综合防疫措施。肉仔鸡生产周期短，发生疾病时治疗意义不大，因此疫病预防显得尤其重要，细菌性疾病可用抗菌药物防治，而病毒病只有依靠免疫接种来预防。制订合理的免疫程序，合理进行防疫消毒和药物防治，才能保证鸡群的健康，从而实现最大的经济效益。肉鸡的防疫保健必然涉及兽药使用，为保证肉鸡产品安全，在兽药使用上应符合

《肉鸡饲养兽药使用准则》(NY 5035)。本章从肉鸡养殖场环境控制、疫病控制、消毒、免疫接种等方面介绍肉鸡健康及保健。

一、环境控制

(一)环境质量对肉鸡健康高效养殖的影响

肉鸡生长的外界环境包括自然环境和人为环境,即与肉鸡生产生活密切相关的空间及直接或间接影响肉鸡健康的各种自然的或人为的因素,包括温度、湿度、通风、光照、空气质量、饲养方式、饲养密度和环境设施等。它们以各种各样的方式,经过不同的途径,单独地或综合地影响肉鸡的生长、发育、繁殖和生产,导致肉鸡身体产生各种各样的反应,因此肉鸡的健康、生产性能、鸡肉品质无时无刻地不受到外界环境条件的影响。在肉鸡健康高效养殖生产过程中,采用全舍饲和高密度饲养,其生产的环境质量问题显得更加突出。首先,在肉鸡健康高效养殖生产过程中,在充分利用房舍,尽量节省物质与能源消耗的前提条件下,肉鸡所处环境必须适宜,尤其是其所处的温热环境必须适宜,才能使肉鸡正常生长发育、维持健康、充分发挥经济性状的遗传潜能。其次,在肉鸡健康高效养殖生产过程中,肉鸡必定接触到外界环境中的空气、饮水、饲料、禽舍等,当这些因素受到病原体、毒物、有害气体等的污染,若污染在一定浓度以下,可能对肉鸡本身和人类的健康无明显影响;倘若污染超过一定浓度,则直接或间接对肉鸡产生毒害或引起疾病,不但不能保证鸡体健康和生产性能,而且还可能通过食物链影响人体健康,并可能通过其粪便等污染物污染周围环境,导致局部农业生态环境遭到破坏。

(二)肉鸡健康高效养殖对环境的要求

人们往往认为肉鸡健康高效养殖生产过程中外界环境即空气环境,即肉鸡所处的小气候环境,包括温度、湿度、通风、光照、空气中的有害气体、尘埃和微生物等,这些因素对肉鸡健康高效养殖确实很重要,是所有肉鸡生产所需的最基本外界环境条件,这些环境因素将在后面饲养管理章节详述。要使肉鸡养殖健康高效,在保证其健康的前提下,还须注重饮用水质和饲料质量。由于肉鸡健康高效养殖生产过程中使用的饲料来源于土地,且优质黄羽肉鸡商品仔鸡肥育期可以采取舍饲与放牧相结合的饲养方式,此时肉仔鸡直接接触土地,因此土壤质量也是肉鸡健康高效养殖的重要环境条件之一。目前对肉鸡健康高效养殖环境的要求可参考《农产品安全质量无公害畜禽肉产地环境要求》(GB/T 18407.3)。

1. 水质要求　水是生物机体的必要组成部分,充足的饮水是肉鸡健康和保证生产性能的必要条件。若水质不佳或水体受到污染,则易导致肉鸡体质下降、抵抗力降低,易感染疾病,并可能通过食物链影响人体健康。因此肉鸡健康高效养殖生产过程中要注重饮水充足,更要注重水质。反映水质的指标有水的色度、浑浊度、硬度、某些有毒矿物质、大肠菌群数、pH 值、臭和味等(表 2-1)。

表 2-1　肉鸡健康高效养殖对水质的要求

指　标	标　准	指　标	标　准
色	不超过 30°	臭和味	不得有异臭或异味
浑浊度	不超过 20°	pH 值	6.4～8.0
总硬度(以 $CaCO_3$ 计),毫克/升	≤1500	氟化物,毫克/升	≤2.0
硫酸盐(以 SO_4^{2-} 计),毫克/升	≤250	氯化物,毫克/升	≤250
硝酸盐(以 N 计),毫克/升	≤30	氰化物,毫克/升	≤0.05

续表 2-1

指　标	标　准	指　标	标　准
溶解性总固体,毫克/升	≤2000	汞,毫克/升	≤0.001
肉眼可见物	不得含有	铬,毫克/升	≤0.05
总大肠菌群,个/100 毫升	≤1	六六六,毫克/升	≤0.001
总砷,毫克/升	≤0.2	滴滴涕,毫克/升	≤0.005
铅,毫克/升	≤0.1	镉,毫克/升	≤0.01
铜,毫克/升	≤1.0		

2. 空气要求

(1)大气环境　大气是肉鸡生存的基本条件,鸡体与大气之间不断进行物质和能量的交换,正常的大气环境能维持肉鸡正常的生理功能和健康,是肉鸡健康高效养殖的前提条件之一。大气是一种无色、无味和无臭的混合气体,其主要成分为氮、氧和氩。随着工业化进程的加快,各项废气的排放量逐渐增多,使大气中有害气体和有害物质种类逐渐增多,大气中的有害物质包括有害气体、微粒和微生物。这些有害物质会给肉鸡健康高效养殖生产带来不良影响,甚至引起疾病和死亡。因此肉鸡健康高效养殖生产必须在正常的大气环境中进行,肉鸡场的大气环境要求见表 2-2,其他指标可参考《大气环境质量标准》(GB 3095)。

表 2-2　肉鸡健康高效养殖所需的大气环境

指　标	日平均	1 小时平均
总悬浮颗粒物(标准态),毫克/米^3	≤0.30	≤0.20(年平均)
二氧化硫(标准态),毫克/米^3	≤0.15	≤0.50
氮氧化物(标准态),毫克/米^3	≤0.10	≤0.15
氟化物,微克/米^3	≤7	≤20
铅(标准态)毫克/米^3	≤1.5(季平均)	≤1.0(年平均)

(2)鸡场空气环境　在肉鸡健康高效养殖生产场和鸡舍内,肉鸡呼吸和排泄物、加工残留物等有机物分解后易产生有害气体如氨和硫化氢等,使肉鸡体质和抗病力下降。二氧化碳虽然是空气中的正常气体,在肉鸡舍内由呼吸产生大量二氧化碳而使其浓度增加,导致肉鸡体质下降、生产力降低、抵抗力下降,从而易感染呼吸道传染病。肉鸡舍和加工厂中的恶臭、可吸入颗粒和总悬浮物的增多也易导致呼吸道疾病,肉鸡舍内的悬浮物颗粒越小,则危害越大,长期作用可使鸡体抵抗力和生产性能下降。肉鸡健康高效养殖生产过程所需的鸡场空气环境质量见表 2-3,其他指标参考《畜牧场环境质量标准》(NY /T 388)。

表 2-3　肉鸡健康高效养殖所需的鸡场空气环境

指　标	场　区	鸡　舍	
		雏　鸡	成年鸡
氨气,毫克/米^3	5	10	15
硫化氢,毫克/米^3	2	2	10
二氧化碳,毫克/米^3	750	1500	
可吸入颗粒物,毫克/米^3	1	4	
总悬浮颗粒物,毫克/米^3	2	8	
恶臭,稀释倍数	50	70	

3. 土壤的要求　土壤是地表的疏松层,肉鸡健康高效养殖多采用集约化的生产模式,通常不直接接触土壤,其直接危害作用少,主要通过鸡场建设危害肉鸡生产。根据土壤的物理特性可将其分为黏土、砂土、壤土。砂土和壤土的土粒间孔隙大,透气性能强,雨后不易泥泞,易于保持干燥,不利于病原微生物、虫卵和蚊蝇的繁殖,受到污染后自净能力强,便于肉鸡场的防疫卫生、饲养管理,均适合作为肉鸡场的地基,因此肉鸡健康高效养殖生产场选择

砂壤土较适宜。

二、综合防疫措施

综合防疫措施是全面系统防治疾病的首要措施，是肉鸡场的安全屏障，只有严格执行，才能使肉鸡生产达到应有的生产水平，获得应有的经济效益。综合防疫措施须在建场之前开始筹划，若规划不当，则投产后长期影响肉鸡健康养殖。

（一）综合防疫措施总原则

肉鸡疾病防疫的总原则是建立安全的隔离条件，防止外界病原传入场内，防止各种传染媒介与鸡体接触或造成危害。减少敏感鸡，消灭可能存在于饲养场内的病原，保持鸡体的抗病能力，保持鸡群的健康。如果所选肉鸡品种需从外地引进，一定要了解种源输出地的疫情情况，应从“无疫区”引进，有些病种应在当地免疫后方能引进，在引进前要与当地官方兽医机构取得联系，并由他们检疫和出具合法的检疫证明。运输肉鸡时中途最好不要上下，不要添加不了解卫生状况的饲料和饮水，运输线路最大限度地不要经过某些重大疫病流行区（疫区）。引进后要认真按规定隔离观察，确定无重大疫病后方可进行生产。

（二）综合防疫措施的内容

综合防疫措施包括场地选择、生产制度确定、消毒、每日鸡群的检查、对场内工作人员的要求、免疫程序、主要传染病的监测和废弃物的管理等。在日常的饲养管理中也有许多事项与疫病防治有关，故综合防疫措施应与饲养管理相互配合，保证肉鸡生产正常进行。

1. 场址选择和布局　我国很多肉鸡场建在大城市附近，就近供应活鸡，但城市里的废气、废水、废弃物的“三废”等会对肉鸡生产造成危害，因此鸡场宜设在城市远郊区，离市区最少 15～20 千米，与附近的居民点、道路、河道要有 500 米以上的距离，以防止环境污染、病原感染与噪声干扰等，更要远离畜禽屠宰场、肉类和畜产品加工厂。

选择的场址要地势高燥、向阳背风，朝南或东南方向，最好有一定缓坡，以利于光照、通风和排水。鸡场内生产区和生活区须严格分开。原种场、父母代场、商品鸡场和孵化场要分开，相距 500 米以上，各场之间也应有隔离带。

兽医室、病理剖检、焚尸炉和粪便处理场应在鸡舍外 200 米的逆风处，且粪便在场外进行发酵处理。鸡舍外建饲料塔，专车运送饲料，以免从场外带入病原。进入场区的设备在消毒池浸泡 4～6 小时后再取出洗净备用。鸡场大门、生产区入口建消毒池，人、车进出时对鞋底和轮胎进行消毒。消毒池中大多使用 5%来苏儿溶液，消毒池宽与门相同，长度应比汽车轮一周半长，生产区门口设更衣消毒室和淋浴室，且各车间门口应设宽同门口、长约 1.5 米的消毒池。

2. 实行全进全出制　全进全出指将同一肉鸡场生产区范围内所有鸡舍和用具进行清洗、消毒和净化，所有肉鸡同一日期进入养殖区，饲养期满生产结束时同时全群一起出场，空场后对场内房舍、设备、用具等彻底清扫、冲洗、消毒、再空闲 2 周以上，然后进另一批肉鸡，从而有效切断疫病的传播途径，防止病原微生物在群体中形成连续感染和交叉感染。全进全出制对鸡场防疫非常有利，可保证场内肉仔鸡的健康和生产。从防疫上考虑，必须实施全进全出制。

3. 控制烈性传染病　肉鸡生产是规模化和集约化产业，非常容易发生烈性传染病，一旦发生，则大批死亡，损失很大。因此应根据本地区鸡病发生和流行的特点，制定合理的免疫程序，有计划地免疫接种，控制主要烈性传染病的发生，用最少的投入达到最好的防病效果。

4. 建立科学的饲养管理制度 从信誉好、质量可靠的种鸡场购入优良健康鸡，雏鸡适时开食和饮水，做好保温工作，鸡舍应通风透气，保持适宜的空气湿度，避免过分拥挤，避免或减轻应激因素对鸡群的影响，饲喂安全可靠的饲料，营养良好的鸡群对疾病的抵抗力可大大增强。

5. 加强巡视工作 每日至少巡视一遍，观察鸡群的精神、活动、食欲与排粪情况，再结合检查采食量与饮水量，大致了解鸡群的健康状况。饲养人员发现鸡群异常时应及时向兽医人员报告，及时发现并将病鸡隔离，及早处置，可大大减少因疫病蔓延而造成的损失。

6. 重视对鸡场工作人员的要求 鸡场每一个人对全场的安全生产都有重要影响，每个人都严格执行综合防疫措施的各项规定，才能保证养鸡生产安全。首先，鸡场工作人员应身体健康，没有人兽共患病，患病人员不得从事肉鸡生产。其次，鸡场工作人员要注意自身的健康防护意识，一定要穿防护服、鞋和戴口罩，在场内工作时不得饮食，出场则要洗手、淋浴、消毒和换衣，进场时必须通过消毒池，进入肉鸡场或种鸡场的鸡舍前必须淋浴更衣，不在生产区内各鸡舍间随意走动，非生产区人员未经批准不得进入生产区，职工不得在家内饲养家禽，也不得从场外购买活家禽和鲜蛋等禽产品。

三、鸡场的消毒

消毒就是利用物理、化学或生物学方法，杀灭环境中的病原微生物或使其失去活性，消毒剂是消灭病原体或使其失去活性的一种药剂或物质。消毒的原理主要是改变微生物赖以生存的环境，致使微生物的内外结构发生改变，发生代谢功能障碍、生长发育受阻从而丧失活性，失去致病力。消毒是保证鸡群健康生长和饲养人员安全的重要措施。鸡场应该定期消毒，另外，在疾病高发期或出栏后应对鸡舍内外进行彻底地消毒。

（一）消毒剂的选择

选择适用的消毒剂才能保证消毒的有效和经济。生产中应根据消毒目的，选择高效、低廉、使用方便，对人和鸡安全、无残留毒性的消毒剂。反复消毒时最好选用2种以上化学性质不同的消毒剂，但必须遵守消毒剂配合使用的原则及配伍禁忌。优质消毒剂应符合以下各项要求：消毒力较强，药效迅速，短时间即可达到预定的消毒目标，如灭菌率达99%以上，且药效持续的时间长；消毒作用广泛，可杀灭细菌、病毒、真菌等病原微生物；消毒剂可用各种方法进行消毒，如饮水、喷雾、洗涤、冲刷等；易溶于水，不受水质硬度和环境中pH值变化影响药效；性质稳定，不受光、热影响，长期存贮效力不减；对人、鸡安全，无臭、无刺激性、无腐蚀性、无毒性、无不良副作用。

（二）常用消毒剂

氢氧化钠（苛性钠、烧碱）：常用1%～2%浓度，用于环境及物品消毒，也可用于消毒坑。对金属有腐蚀性。

福尔马林：即37%～40%甲醛溶液，有较强的杀灭细菌、病毒作用，与高锰酸钾作用常用于熏蒸消毒，也可用0.5%～1%溶液做喷洒消毒。

新洁尔灭：0.1%浓度用于饲养人员手的消毒，手术器械、器具消毒浸泡30分钟。用于粪便、污水消毒效果不好，新洁尔灭遇肥皂则作用消失。

酒精（乙醇）：消毒用70%浓度，主要用于消毒饲养人员手部及皮肤。

碘酒(碘酊):3%～5%碘酒用于注射部位、手术部位消毒。

过氧乙酸:对细菌病毒均有效,0.3%～0.5%溶液可用于各种消毒。现配现用。

除菌净:含氧化剂,对细菌病毒有效。

高锰酸钾:强氧化剂,0.05%～0.1%溶液可用于饮水消毒。

生石灰(氧化钙):遇水生成氢氧化钙起消毒作用。10%～20%石灰乳可用于涂刷墙壁、消毒地面。石灰乳要现用现配。

(三)鸡舍的消毒

鸡舍消毒是清除前一批肉鸡饲养期间累积污染的强有力措施,从而使下一批肉鸡开始生活在一个洁净的环境。首先应将场地和物品的污物清除清洗干净,然后再进行消毒。在育雏室和鸡舍进鸡之前通常要进行彻底地消毒,鸡舍消毒过程一般如下。

1. 清扫 机械清扫是搞好鸡场环境卫生最基本的一种方法。在清除污物的同时,也可清除掉大量的病原微生物。经过清扫后的鸡舍,其内的细菌数至少可减少 21.5%。肉鸡全部出鸡舍后,为了避免尘土及微生物的飞扬,先用消毒液喷洒,再将舍内的鸡粪、垫草、顶棚上的蜘蛛网、尘土等扫出鸡舍,如不彻底扫除会影响消毒效果。扫除的污物应妥善处理,集中进行烧毁或生物发酵。平养地面沾着的鸡粪,可预先洒水等软化后再铲除。为方便翌日冲洗,可先对鸡舍内部喷雾、润湿舍内四壁,顶棚及各种设备的表面。

2. 冲洗 冲洗是将清扫后鸡舍内剩下的有机物去除以提高消毒效果。冲洗前先将非防水灯头的灯用塑料布包严,然后用高压水龙头冲洗舍内所有物体的表面,对笼底的粪便与蛋槽上的污物一定要用板刷边刷边冲,不留残存物,清水冲洗后鸡舍内的细菌可以减少 54%～60%。

3. 干燥　喷洒消毒药一定要在冲洗并充分干燥后再进行。干燥可使鸡舍内冲洗后残留的细菌数进一步减少，同时避免在湿润状态使消毒药浓度变稀，降低灭菌效果。冲洗后每平方厘米地面仍残存数万到数百万细菌；干燥后细菌数显著减少，每平方厘米地面仍残存数千到数万细菌。

4. 药物消毒　鸡场清洗干净并干燥之后，用药物进行消毒，这样可使鸡舍内的细菌数减少 90%。用药物喷洒消毒时，消毒液的用量一般为每平方米 1 升，泥土地面、运动场可适当增加。消毒的顺序一般是由内到外、从上到下地进行。一般从离门远处开始，依次对棚顶、墙壁、地面进行喷洒消毒，喷洒完毕之后应将鸡舍内的门窗关闭 2～3 小时，然后打开门窗通风换气，再用清水清洗，将残余的消毒剂排出。另外，在进行鸡场消毒的同时，应将鸡场的附属设备及饲养工具同时消毒。常用的消毒液有 20%石灰乳、5%～20%漂白粉溶液、1%～4%氢氧化钠溶液、3%～5%来苏儿、4%福尔马林溶液等。

雏鸡舍要求在冲洗晾干后用火焰喷枪烧平网、围栏与铁质料槽等，然后再进行药物消毒。

5. 第二次干燥　药物消毒后，鸡舍及其内的用具往往处于湿润状态，须经干燥后再进行消毒，否则其后进行的熏蒸消毒只能对水表面进行消毒，起不到彻底杀灭病原菌的目的。

6. 熏蒸消毒　熏蒸前将舍内所有的孔、缝、洞、隙用纸糊严密闭，使整个鸡舍不透气，如鸡舍不密闭，熏蒸效果则不好。每立方米空间用 40%甲醛溶液 42 毫升、高锰酸钾 21 克，密闭 24 小时，然后打开门窗通风换气。经上述消毒过程后，进行舍内采样细菌培养，灭菌率要求达到 99%以上，否则再重复进行药物消毒－干燥－甲醛熏蒸过程。如急需使用鸡舍时，可用氨气来中和甲醛气体。消毒时舍内用具、饲槽、水槽等物品应适当摆开，以利于气体穿过消毒。

(四)设备用具的消毒

1. 料槽、饮水器 塑料制品的料槽与饮水器,可先用水冲刷,洗净晒干后再用0.1%新洁尔灭刷洗消毒。在鸡舍熏蒸前放回,再经熏蒸消毒。

2. 蛋箱、蛋托 反复使用的蛋箱与蛋托,特别是送到销售点又返回的蛋箱,传染病原的危险很大,因此,必须严格消毒。用2%氢氧化钠热溶液浸泡与洗刷,晾干后再送鸡舍。

3. 运鸡笼 送肉鸡到屠宰厂的运鸡笼,最好在屠宰厂消毒后再运回,否则肉鸡场应在场外设消毒点,将运回的鸡笼冲洗晒干再消毒。

(五)环境消毒

消毒池放2%氢氧化钠,池液每天换1次,若用0.2%新洁尔灭,则应每3天换1次。大门前通过车辆的消毒池水深在3厘米以上。每季度先用小型拖拉机耕翻鸡舍间的空隙地,将表土翻入地下,然后用火焰喷枪对表层喷火,烧去各种有机物。每天用0.2%次氯酸钠溶液喷洒生产区的道路1次,如当天运鸡则在车辆通过后消毒。

(六)鸡体消毒

鸡体是排出、附着、保存、传播病菌、病毒的根源,是污染源也会污染环境,如果忽视鸡体消毒,尽管已经对鸡舍进行了彻底的消毒,也不能完全防止病原体的侵入,因此应经常进行鸡体消毒。对鸡体消毒的关键在于选用杀菌作用强但对鸡体无害的药物,即要广谱、高效、低毒,同时对笼具等饲养设备无腐蚀作用,目前常用0.1%新洁尔灭、0.1%过氧乙酸溶液、卫康、农福、百毒杀、特灭杀等。通常采用喷雾消毒,其作用是防止马立克氏病、传染性法氏囊等病的感染，杀死或减少鸡舍内空气中悬浮的病毒与细菌等，使鸡体体表（羽毛、皮肤）清洁，使鸡舍内较为清洁，沉降鸡舍内飘浮的尘埃，抑制氨气的产生和吸附氨气。喷雾消毒宜每隔 1～2 天进行 1 次，还要注意环境及消毒液的温度，对雏鸡喷雾，药物溶液的温度要比育雏器提供的温度高 3℃～4℃。当鸡群发生传染病时，每天消毒 1～2 次，连用 3～5 天。喷雾消毒必须与通风换气相配合，便于鸡体表面干燥。另外消毒时喷雾机的喷口不应直射鸡体，以喷湿鸡体表面和器具为宜。

四、免疫接种

免疫预防是疫苗经一定的途径进入鸡体，以激发机体产生相应的免疫应答，使其原本对某一传染性疾病易感而变为不易感，即对该种传染病具有抵抗力，避免传染病的发生和流行。免疫接种是肉鸡健康高效养殖中疫病防治的重要措施。免疫预防的意义在于用最少的人力、物力收到最理想的防病效果，全面提高鸡群抗传染病的水平，达到预防、控制传染病的传播、流行的目的，使肉鸡生产得以顺利进行。特别是目前对大多数病毒性传染病尚无有效的治疗药物可供选择使用，免疫预防就显得更为重要。

（一）免疫方法

免疫方法可分为群体免疫和个体免疫。群体免疫针对群体进行，主要有饲料免疫、饮水免疫、气雾免疫等。其最大优点是省时、省工，但有时效果不够理想，免疫效果参差不齐。个体免疫针对每只鸡逐个地进行，包括滴鼻、点眼、涂擦、刺种、注射等。其最大优点是免疫效果确定，但费时、费力，劳动强度大。

不同种类的疫苗接种途径有所不同，究竟采用哪一种途径，要按照疫苗说明书进行，不要擅自改变。一种疫苗有多种接种方法时，应根据具体情况决定免疫方法，既要考虑操作简单，经济合算，更要考虑疫苗的特性和免疫效果。总的来说，无论何种疫苗、何种接种方法，只有正确地、科学地使用和操作，才能获得预期的免疫预防效果。

1. 滴鼻与点眼 是先将疫苗用稀释液稀释好，用消毒滴管或专用滴鼻滴眼瓶吸取稀释好的疫苗，准确无误地将1～2滴疫苗滴入鼻孔或眼球上。滴鼻时，应一手握鸡，使其一侧鼻孔朝上，另一手拿滴管，对准鼻孔滴入疫苗，若鼻孔不吸入，则用小手指按压住一侧鼻孔使疫苗从另一侧鼻孔被吸入。点眼时，将疫苗点入眼内，也可两侧各点1滴，要等待疫苗扩散确定被鸡吸进鼻孔或眼内后才能放开鸡。滴鼻与点眼多用于雏鸡的免疫。为了免疫效果，一般滴鼻与点眼结合，常用于新城疫Ⅰ、Ⅱ、Ⅳ系疫苗、传染性支气管炎疫苗和传染性喉气管炎弱毒疫苗的接种。

2. 刺种免疫 常用于鸡痘疫苗、新城疫Ⅰ系疫苗的接种。接种时，先按规定剂量将疫苗稀释，用接种针在鸡翅膀内侧无血管处的翼膜刺种，每只鸡刺种1～2下。接种后1周左右，可见刺种部位的皮肤上产生绿豆大小的小疱，以后逐渐干燥结痂脱落。若接种部位不发生这种反应，表明接种不成功，可重新接种。

3. 注射免疫 根据疫苗注入的组织部位不同，其又有皮下注射、肌内注射之分，多用于灭活疫苗和某些弱毒疫苗的接种。先将注射器、针头、镊子等煮沸消毒15分钟。肌内注射时在胸肌或腿肌肌肉丰满处、肩关节附近或尾部两侧，胸肌注射时由上至下进针，顺着胸骨侧45°角斜向刺入，不能将针对胸部垂直刺入，以免刺入胸腔。胸肌注射法适用于大禽。禽霍乱弱菌苗、鸡新城疫Ⅰ系苗等免疫多用此法。皮下注射时将鸡头颈后皮肤用左手拇指和食指捏起，针头顺着两指中间刺入。现在广泛使用的马立克氏病疫苗宜用颈部皮下注射法接种，用左手拇指和食指将头顶后的皮肤捏起，局部消毒后，针头近于水平刺入，按量注入即可。

4. 饮水免疫　适用于大群免疫，具有简便易行、不惊扰鸡群的效果，常用于新城疫疫苗、传染性支气管炎疫苗以及传染性法氏囊弱毒苗等的免疫接种。按照常规，饮水免疫前，鸡群必须断水2～4小时，夏季停水2小时左右，冬季停水4小时左右，使鸡产生渴感，夏季最好夜间停水，清晨饮水免疫，以便使全部鸡能尽快而又一致地饮到足量的疫苗。疫苗稀释好后应迅速饮水，最好在1小时内饮完。由于鸡的饮水量有多有少，所以疫苗的用量应加倍，饮水免疫用水量可参考如下：4日至2周龄每只鸡8～10毫升；2～4周龄12～15毫升；4～8周龄20毫升；8周龄以上40毫升。为使饮水免疫达到应有的效果，用于饮水免疫的疫苗必须是高效价的，在饮水免疫前后的24小时不得饮用任何消毒药液，稀释疫苗用的水最好是井水或蒸馏水，也可用冷开水，不可使用含有漂白粉等消毒剂的自来水，如能在饮水中加入0.2%脱脂奶粉或2%鲜奶作为稳定剂就更理想。饮水器具必须洁净，无任何铁锈、脏物，并且数量充足，以保证每只鸡都能在短时间内饮到足够的疫苗量，大群免疫要在第二天用同样方法补饮1次。

5. 拌料免疫　应在免疫前停喂半天，以保证每只鸡都能摄入一定的疫苗量。稀释疫苗的水不要超过室温为宜，然后将稀释好的疫苗均匀地拌入饲料，鸡通过采食而获得免疫。已经稀释好的疫苗进入鸡体内的时间越短越好，因此，必须有充足的饲具并放置均匀，保证每只鸡都能吃到。

6. 气雾免疫　指使用特制的专用气雾喷枪，将稀释好的疫苗气化喷洒在高度密集的鸡舍内，雾化粒子均匀地悬浮于空气中，在鸡自然呼吸时，将疫苗吸入体内而使鸡获得免疫。气雾免疫一般选择能关闭门窗的鸡舍进行，黎明、傍晚、阴天多云时是气雾免疫的良好时机。雏鸡气雾免疫易发生应激反应，最好在1月龄以上鸡群中进行。

(二)免疫注意事项

根据本地传染病发生和流行情况,结合本场实际,制定出切实可行的免疫程序。中小型鸡场和养殖户可以使用兽医防疫部门推荐的程序,大型饲养场应在免疫接种前对预定接种的鸡群健康状况做深入细致的了解,并根据本地当时疫病流行情况、鸡体母源抗体水平、饲养管理条件、饲养季节、鸡群状态等拟定适合本场的免疫程序,并加强监控,使鸡群抗体水平始终保持在安全线以上。免疫程序制定好后,要选用质量可靠的正规厂家生产并在有效期内的疫苗。不要选用下列疫苗:没有标签或标签模糊,特别是头份和有效期不清;药瓶破裂或瓶塞松动;疫苗质量与说明书不符,如色泽、沉淀等有变化,制剂内有异物或发霉变质;没有批号,不正规厂家生产,或不按规定保存。不要盲目相信进口疫苗,因为其可能污染本场没有的病原体。对各种疫苗一定要按说明书的要求进行运输、保管和使用,以确保免疫效果。正确处理用完的疫苗瓶,不得乱扔乱放,防止残留弱毒扩散,成为新的传染源。根据疫苗要求和鸡场情况灵活选择可靠的免疫方法,如滴鼻、点眼、饮水、气雾以及肌内或皮下注射等。也可利用免疫增强剂来提高免疫效果,常用的免疫增强剂有左旋咪唑、脂质体和中草药等。免疫接种时要做好记录。

一个鸡场要接种多种疫苗,因此必须考虑各种疫苗的相互作用和间隔接种时间,以减少疫苗相互之间的干扰,保证免疫效果。免疫接种用的注射器、针头和镊子等用具及器械,应严格消毒。疫苗稀释或开瓶后,须在当天 3～6 小时用完。马立克氏病疫苗要求在稀释后 1 小时内用完,超过 1 小时则剂量加倍,2 小时以上应废弃不用。不能将疫苗尤其是稀释后的疫苗放在阳光下照射,以免失效。接种疫苗后,要注意观察鸡群的接种反应,在接种一定时间(15 天左右)后,应检查免疫效果,尤其是改用新的免疫程序及疫苗种类时更应检查。

鸡群在免疫后往往会出现一些不良反应，最常见的是发生呼吸道症状，在接种新城疫弱毒苗、传染性支气管炎疫苗后，特别是在冬季，通风不好、空气污浊时，鸡群表现为摇头、甩鼻、有呼吸音。反应轻者2～3天症状消失，重症则宜饮用红霉素或电解多维，并适当升高舍温、加强通风。

此外，疫苗接种期间要停止在饮水中加消毒剂和带鸡消毒，还应加强饲养管理，特别是增加蛋白质和各种维生素饲料的供给，以满足机体产生免疫力（抗体）的营养需求。同时应尽量减少和避免各种应激因素，以保证机体产生足够的免疫力。

（三）免疫程序的制定

根据鸡群抗体消长规律，制定科学、合理的免疫程序，适时对鸡群进行免疫接种，才能使鸡群产生足够的特异性抗体，增强鸡群对传染病的抵抗力。

鸡场疫病的免疫计划应根据本地区、本场疫病发生情况（疫病流行的种类、发病季节、易感日龄等），制定适合本场的免疫计划。对本地区从未发生过的传染病可不作预防，对本地区以前未发生过、刚开始发生且危害严重的必须预防，对常发生、危害重的重点预防。另外，只有健康的鸡群，才能对疫苗做出免疫应答并产生足够数量的抗体。鸡群在应激或疾病状态下免疫的效果较差，特别是当鸡群患有某些免疫抑制性疾病如传染性法氏囊病、马立克氏病等时，接种后机体只能产生低水平抗体，且不良反应多。

实际生产中，应在传染病常发日龄前1周做好有效免疫，目前在快大型白羽肉仔鸡生产中主要免疫新城疫、传染性法氏囊病、肾型传染性支气管炎等疫苗。而对黄羽肉仔鸡，因饲养时间延长，则接种的疫苗种类要多些，肉种鸡则更多。免疫程序可参考表2-4至表2-7。

表 2-4　快大型白羽肉仔鸡免疫参考程序

接种日期	疫苗种类	接种方法
1日龄	马立克氏病疫苗	皮下或肌内注射
3日龄	新城疫疫苗	滴鼻或点眼
7日龄	肾型传染性支气管炎疫苗	按说明书
12日龄	传染性法氏囊病油苗(弱毒)	滴鼻或点眼
18日龄	新城疫Ⅳ系苗	饮水
	新城疫油乳剂苗	肌内注射
26日龄	传染性法氏囊病油乳剂苗(中毒)	滴鼻或点眼

注:疫苗分灭活苗和活苗。灭活苗指用物理或化学方法对病原微生物进行灭活,去除致病力,保留其免疫原性而制备的疫苗。活苗通常为减毒活疫苗,注入后机体后和感染野生型毒株基本一致,但致病力丧失,依据其毒性强弱又分为弱毒苗和中毒苗。

表 2-5　快大型白羽肉种鸡免疫程序

接种日期	疫苗种类	接种方法
1日龄	马立克氏病疫苗	皮下或肌内注射
3日龄	新城疫Ⅱ系苗	滴鼻或点眼
7日龄	新城疫-传染性支气管炎二联苗	滴鼻或饮水
12日龄	新城疫Ⅳ系苗	滴鼻或点眼
	新城疫油乳剂苗	肌内注射
16日龄	病毒性关节炎疫苗	饮水
20日龄	传染性法氏囊病疫苗(中毒)	滴鼻或点眼
25日龄	鸡痘疫苗	翅下刺种
	鸡传染性鼻炎油乳剂苗	肌内注射
30日龄	新城疫-传染性支气管炎二联苗	点眼或饮水

续表 2-5

接种日期	疫苗种类	接种方法
35 日龄	鸡传染性喉气管炎疫苗(发病区)	点眼
41 日龄	传染性法氏囊病疫苗(中毒)	饮水
60 日龄	新城疫Ⅰ系苗	肌内注射
70 日龄	鸡痘疫苗	翅下刺种
80 日龄	传染性脑脊髓炎疫苗	饮水
90 日龄	鸡传染性喉气管炎疫苗(发病区)	点眼
120 日龄	新城疫-减蛋综合征二联油乳剂苗	肌内注射
130 日龄	病毒性关节炎油乳剂苗	肌内注射
140 日龄	传染性法氏囊病油乳剂苗	肌内注射
300 日龄	传染性法氏囊病油乳剂苗	肌内注射

表 2-6　黄羽肉仔鸡免疫程序

接种日期	疫苗种类	接种方法
1 日龄	马立克氏病疫苗	皮下注射
7 日龄	新城疫-传染性支气管炎二联苗 鸡痘疫苗	滴鼻或点眼 刺种
12 日龄	传染性法氏囊病油乳剂苗(弱毒)	饮水
21 日龄	新城疫Ⅰ系苗	肌内注射
24 日龄	传染性法氏囊病油乳剂苗(中毒)	饮水
30 日龄	鸡传染性喉气管炎疫苗	滴眼
42 日龄	新城疫Ⅰ系苗	饮水或肌注

表 2-7　黄羽肉种鸡免疫程序

接种日期	疫苗种类	接种方法
1 日龄	马立克氏病疫苗	皮下注射
1～3 日龄	新城疫-传染性支气管炎二联苗 鸡痘疫苗	滴鼻或点眼 刺种
7 日龄	传染性法氏囊病油苗乳剂(弱毒)	滴鼻、点眼
14 日龄	新城疫Ⅰ系苗	肌内注射
24 日龄	传染性法氏囊病油乳剂苗(中毒)	饮水
28 日龄	新城疫Ⅰ系苗	肌内注射
35 日龄	鸡传染性喉气管炎疫苗	滴鼻、点眼
90～100 日龄	新城疫Ⅰ系 传染性支气管炎疫苗	肌内注射 滴鼻、点眼
140 日龄	新城疫＋传染性支气管炎＋传染性法氏囊病＋减蛋综合征四联油乳剂灭活苗	肌内注射

五、药物的安全使用

药物预防也是重要的防疫措施之一。在饲料、饮水或添加剂中加入某种既安全可靠又价格低廉的抗菌药物或其他药物，可以预防细菌性传染病和寄生虫病以及其他一些疾病的发生，对促进肉鸡生长、增强肉鸡体质以及提高饲料转化率具有显著的效果，如用诺氟沙星、土霉素可以预防鸡的副伤寒和大肠杆菌病等疾病的发生，磺胺类药物可以预防禽霍乱、鸡球虫病等。

（一）药物使用方法

1. 饮水给药　指将药物溶解在饮水中，让鸡群在饮水的过程中同时饮入药物，从而达到预防治疗的作用。常用于预防和治疗鸡病，尤其在鸡群发病，食欲降低但能饮水的情况下更为适用。使用饮水给药应了解药物的溶解度，掌握药物的浓度，按量给水调配药液，且药物要充分溶解并搅拌均匀。保证绝大部分鸡只在一定时间内喝到一定量的药物水，一般药水以在1小时内饮完为宜，防止剩水过多、饮水不够、饮水不均，造成吸入鸡体内的药物剂量不够或不均。根据肉鸡日龄及鸡群大小估算肉鸡的可能饮水量，据此计算所需药液量。用药前应停水，以确保药效，一般寒冷季节停水4小时左右，气温较高季节停水2～3小时。

2. 拌料给药　指将药物均匀地混入饲料中，通过采食将药物吃入鸡体内。适用于长期投药和不溶于水的药物。如一般的抗球虫药及抗组织滴虫药，只有在一定时间内连续使用才有效，因此多采用拌料给药。抗生素用于控制某些传染病时，也可混于饲料中给药。进行拌料给药时应特别注意所给药物与饲料混合充分，拌药时坚持做到：从小堆到大堆，反复多次搅拌，避免个别鸡只中毒的发生。加入饲料中的药量越小，越要先用少量饲料混匀，切忌把全部药量一次加入到所需饲料中简单混合，造成部分鸡只药物中毒和部分鸡只吃不到药，达不到防治目的。有些药物如呋喃类、磺胺类和某些抗寄生虫药物如果混合不均匀，或服用过量极易引起中毒等不良反应。

3. 气雾给药　指将液体药物用喷雾的形式通过肉鸡呼吸道吸入体内的给药方法。该方法具有药物吸收快，药效出现迅速，不仅能起到局部作用，也能经肺部吸收后作用于全身。此给药方法要求鸡场有喷雾设备。

4. 体内注射　适用于逐只防治，尤其是紧急治疗。对于难被消化道吸收的药物，为了获得最佳的效果常用注射法给药。

5. 药物常用剂量单位及浓度的换算 固体型药物剂量单位有千克、克、和毫克等(1克=1 000毫克=1 000 000微克,1千克=1 000克,1市斤(已不用)=500克,1两=50克),液体剂型药物剂量单位有毫升、升(1升=1 000毫升)。部分抗生素、激素、维生素及抗毒素(抗毒血清)等用国际单位(IU)表示。1ppm(已不用)表示1千克饲料或1升水中含药1毫克，即百万分之一。那么，若配制30ppm喹乙醇，配法是在1吨(1 000千克)饲料中加入30克喹乙醇，或1千克饲料中加入30毫克，即百万分之三十。ppm与百分比(%)可互相换算，如将%换算为ppm，将小数点向右移四位，例如：0.10%=1 000ppm；如将ppm换算为%，将小数点向左移四位，例如：500ppm=0.05%。肉鸡给药常用剂量“只”(表示每只鸡用药一次的量)，也有的用剂量“千克体重”(表示每千克体重的用药量)。如卡那霉素肌注用量为10～15毫克/千克体重，体重2千克的鸡一次肌注量为20～30毫克。药物制剂的百分含量指药物的实际浓度，例如，10%磺胺嘧啶钠注射液是指100毫升注射液内含10克磺胺嘧啶钠。用药过程中还应注意内服给药剂量与饲料添加给药量的换算，内服剂量通常以每千克体重使用药物剂量来表示，饲料添加剂量以单位饲料重量中添加药物的重量来表示。鸡一次内服剂量的多少与鸡体重成正比关系，而饲料添加给药剂量与每日所耗饲料量相关，消耗饲料多，药物在饲料中的比例减少；若每日消耗饲料减少，则药物在饲料中的比例应增大。

(二)合理用药

在进行药物防治时要注意合理用药，避免滥用药物，防止不良反应，有些药物如磺胺类和某些抗寄生虫药物使用不当会导致鸡中毒。注意选择最适宜的给药方法，严格掌握剂量和疗程。当2种以上药物联用时，必须了解药物之间的作用，注意药物之间的配伍禁忌。

必须指出，一种药物或同一类型药物的长期使用，容易使细菌产生耐药性或鸡体产生不良反应，影响防治效果，如磺胺类药物使用时间不宜过长，否则会引起不良反应。因此，在应用药物预防时，应根据药物的特性和临床实际需要，更换和使用不同种类的药物。另外还需注意，一些药物会在肉中残留，使鸡肉产生异味，不宜食用，或被人食用之后，危害人体健康，如氯苯胍、磺胺类药物、盐霉素等，因此肉仔鸡在宰前数天应停止用药。

六、肉鸡常见病防治

（一）鸡新城疫

本病是由副黏病毒引起的一种急性、高度接触性、败血性传染病。鸡新城疫传播快，死亡率高，广泛分布于世界各地，尤其在亚洲地区流行广泛，又称亚洲鸡瘟，是危害养禽的严重疾病之一。

【病　原】 主要传染源是病鸡，病毒存在于病鸡的唾液、鼻液、粪便、血液和所有的组织器官中。病毒在低温阴湿条件下可存活很长时间，但在阳光照射下很快被杀灭，对消毒药抵抗力不强。感染途径主要是呼吸道和消化道。该病毒能使一些禽类及哺乳动物的红细胞发生凝集，这种凝集又能为特异血清所抑制，这一特性可用于诊断鉴定或免疫监测。

【流行特点】 不同日龄的鸡均可发病，高发期为 30～50 日龄。一年四季均可发生，春、秋两季较多。传染源主要是病鸡、带毒鸡。传播途径主要是呼吸道（空气、灰尘）和消化道（污染的饲料和水），也可经蛋垂直传播。

【症　状】 自然感染的潜伏期一般为 3～5 天，根据临床表现和病程长短，可分为最急性型、急性、亚急性或慢性 3 种类型。

(1)最急性型　突然发病,无特征症状而突然死亡。多见于流行初期和雏鸡。

(2)急性型　初期病鸡体温升高达43℃～44℃,食欲减退或废绝,有渴感,精神不振,垂头缩颈或翅膀下垂,状似昏睡,鸡冠及肉髯渐呈暗红色或暗紫色。产蛋期的鸡产蛋停止或产软壳蛋。随着病程的发展,出现比较典型的症状:病鸡咳嗽,呼吸困难,有黏性鼻液,张口呼吸,并发出"咯咯"的喘气声或尖锐的叫声。口角常流出多量黏液,病鸡常做摇头或吞咽动作。嗉囊内充满液体内容物,倒提时有大量酸臭液体从口内流出。粪便稀薄,呈黄绿色或黄白色,有时混有少量血液,后期排出蛋清样排泄物。有的病鸡出现神经症状,弯颈。翅、腿麻痹或痉挛抽搐,最后体温下降。2～4天内死亡,死亡率在90%～100%之间。

(3)亚急性或慢性型　多发生于病程流行后期、成年鸡、免疫后发病鸡,病程稍长。病鸡除有轻度呼吸道症状外,同时出现神经症状,翅、腿麻痹,运动失调,常见伏地转圈,头向后或向一侧扭转,一般经10～20天死亡。

(4)非典型性新城疫　近年来,我国普遍使用新城疫疫苗,但有的免疫程序不尽合理,母源抗体或之前免疫产生抗体干扰疫苗的作用,使一些个体免疫力不够坚强,导致出现非典型性新城疫,给诊断和防制带来新的困难。非典型性新城疫多发生在免疫鸡群,且多在二免前后发生,发病数和死亡率均低于一般的流行,雏鸡最初以呼吸道症状为主,逐步表现出新城疫典型的神经症状,成年病鸡症状不明显,死亡率不高,以呼吸系统症状为主,以产蛋量减少为主要症状,产蛋鸡群常出现产蛋量突然急剧下降,产小蛋、软壳蛋或沙壳蛋,有的蛋白稀薄如水。病初对病鸡群采血进行血凝抑制(HI)试验,HI抗体水平不整齐,个体之间相差很大,病后2周再检查,HI抗体水平有明显的不正常升高。非典型新城疫除造成经济损失外,更重要的是感染鸡群会成为野毒储存库,使疫病连续传播。

【病理剖检】　典型病理变化只有在急性病例经过 2～4 天病程之后才易见到。主要病理变化是全身黏膜和浆膜出血，淋巴系统肿胀，出血和坏死，尤其以消化道和呼吸道最明显，嗉囊充满酸臭稀薄的液体和气体。腺胃黏膜水肿，乳头或乳头间有鲜明出血点，或有溃疡和坏死。食管与腺胃交界处、腺胃与肌胃交界处有出血点或出血斑，肌胃角质膜下也有出血点，小肠至盲肠、直肠有大小不等的出血点，肠黏膜上有纤维素性坏死性病变，假膜脱落后形成溃疡。气管黏膜出血或坏死，周围组织水肿，产蛋母鸡的卵黄膜和输卵管显著充血，卵黄膜极易破裂，若卵黄膜破裂，卵黄流入腹腔引起卵黄性腹膜炎。

【诊　断】　病鸡腹泻，呼吸困难，发出“咯咯”声或“咕咕”声，或有神经症状，剖检时腺胃出血，肌胃角质膜下出血，小肠出血或坏死，扁桃体肿大、出血或坏死，用磺胺类药或抗生素治疗无效可初步诊断。确诊需采取病料做病毒分离鉴定。

诊断时注意与传染性支气管炎、禽霍乱、慢性呼吸道病、大肠杆菌病等相区别。

传染性支气管炎：传播迅速，一般只引起雏鸡死亡，可引起肾脏病变，产蛋鸡产蛋量下降，产畸形蛋，蛋清稀薄如水。

传染性喉气管炎：主要引起青年鸡和产蛋鸡发病，表现出明显的呼吸道症状，喉头和气管内有血痰或黄色干酪样分泌物，无明显内脏变化。

禽霍乱：病程短，死亡突然，肝脏表面有灰白色针尖大小坏死点，心冠脂肪出血，抗生素治疗有效，触片染色镜检可见两极浓染的巴氏杆菌。

慢性呼吸道病：病程长，死亡较少，易复发。抗生素治疗有效。

大肠杆菌病：死亡率较低，肠道出血没有非典型新城疫严重，心肝表面常见纤维素性渗出物，抗生素治疗有效。

【防　制】 目前对鸡新城疫尚无有效治疗方法，为了防止本病流行，必须建立综合防制措施。首先要杜绝病原侵入鸡群，建立健全严格卫生管理和消毒防疫制度。其次是制订合理免疫程序，要求鸡群具有整齐一致、持久、高水平的免疫力。为此应兼顾局部免疫和全身免疫，在自然条件下，新城疫野毒首先在呼吸道定殖，然后扩散到全身，用弱毒疫苗对雏鸡进行点眼或滴鼻即可在呼吸道建立起免疫屏障。群体也可饮水或喷雾免疫。饮水免疫的疫苗剂量应加倍，气雾免疫最好在1月龄以上鸡群使用，以免引发雏鸡应激反应。全身免疫可防止病毒感染全身，接种油乳剂灭活苗是建立全身免疫的有效方法。鸡场一旦发生新城疫，立即根据病鸡日龄和发病情况选用合适疫苗进行紧急接种，防止疫情扩大。病鸡尸体、被污染羽毛、垫料、粪便应深埋或焚毁。鸡舍及全场范围内加强消毒措施。

鸡新城疫应在抗体监测的基础上采用弱毒苗和油乳剂灭活苗相结合的方法进行免疫。利用鸡血清中抗新城疫抗体抑制新城疫病毒对红细胞凝集的特性，来监测抗体水平，据此选择最佳免疫时期和判定免疫效果。因此有条件的鸡场应进行免疫监测，一般用血凝抑制（HI）试验，根据HI抗体效价的高低确定免疫时间及免疫效果。为保证首次免疫成功，排除母源抗体的干扰，雏鸡群的HI抗体效价应在16倍以下进行首免。首免日龄也可选择在母源抗体水平尚未升高的1～2日龄。在首免后2～3周应监测1次，确定免疫是否成功，若失败则应再次免疫。免疫雏鸡和后备青年鸡的HI效价要求16倍以上，种鸡要求80倍以上。免疫后至少每月对鸡群进行HI抗体监测1次，当鸡群中出现 $\log 2^3$ 以下敏感鸡时，进行气雾免疫。种鸡在120日龄上笼前应接种油乳剂灭活苗，以及滴鼻或喷雾弱毒苗，强化全身免疫和局部免疫，以保证鸡群在产蛋期内有较高的免疫水平。

（二）鸡传染性法氏囊病

传染性法氏囊病又称腔上囊炎，是由传染性法氏囊病病毒引起的一种免疫抑制性急性接触性传染病，主要危害3～10周龄鸡，发病率高，病程短，感染鸡的免疫应答能力降低，影响疫苗接种效果，并易感染其他传染病，毒力强的变异株能引起鸡群较高的死亡率。

【病　原】 鸡传染性法氏囊病毒属于双RNA病毒科，无囊膜，由双链RNA组成。该病毒对理化因素的抵抗力极强，在鸡舍内能存活122天，酸性环境下1小时不被灭活，60℃经90分钟还可存活。对乙醚、氯仿、紫外线也有很强的抵抗力。在碱性环境中易死亡，3%煤酚皂液、苯酚溶液、5%福尔马林、0.5%氯胺丁10分钟可杀死病毒。

【流行特点】 3～6周龄鸡易感性最强。本病高度接触传染，可经呼吸道、消化道及种蛋传染。在高度易感的鸡群中，发病率高，几乎达到100%，死亡率不高，一般为4%～5%，在卫生条件较差，或伴发其他疾病时，死亡率会高达40%～60%甚至以上。一年四季均可发生。

【症　状】 在易感鸡群中，本病往往突然发生，潜伏期短，感染后2～3天出现临床症状，早期症状是鸡啄自己的泄殖腔。发病后，病鸡腹泻，排浅白色或淡绿色泡沫样甚至奶油样稀粪，腹泻物中常含有尿酸盐。随着病程的发展，饮水、食欲减退，怕冷，步态不稳，体温正常或在疾病末期体温低于正常，精神委顿，头下垂，最后极度衰竭而死。通常于感染3天开始死鸡，并于5～7天达到最高峰，死亡往往集中发生在很短几天之内，以后逐渐减少，鸡群迅速康复，但流行后常呈隐性感染，病毒在鸡群中长期存在。

【病理剖检】 病死鸡脱水，胸肌颜色发暗，大腿外侧和胸部肌肉常有条纹或斑块状紫色出血点或出血斑，腺胃和肌胃交界处黏膜有淡红色或暗红色出血斑。肠道内黏液增多，肾脏肿大，有尿酸沉积，有时整个肾脏呈苍白色。典型特征为感染后第三天法氏囊由于水肿和出血，体积、重量均增大，第四天重量增加到正常值的2倍或以上，囊壁增厚3～4倍，呈浅黄色，浆膜面上覆盖淡黄色胶冻样渗出物，以后体积开始缩小。有的法氏囊明显出血，黏膜皱褶上有出血点或出血斑，水肿液呈淡粉红色。严重者法氏囊呈黑紫色如紫葡萄状，因水肿法氏囊黏膜皱褶发亮，浆膜面出现黄色胶冻样水肿液并有纵行条纹。第五天恢复到原来的重量，渗出物消失，以后法氏囊迅速不断地萎缩，8天以后，仅为原重量的1/3左右，其颜色也变成深灰色。

【诊　断】 根据流行特点(3～6周龄发病，突然发生，发病率高，死亡率较低，有一过性特点)、临床症状和病理剖检变化(肌肉出血，法氏囊红肿、出血和有分泌物)，综合分析，可做出初步诊断。确诊需要做病毒分离和鉴定、血清学和雏鸡接种试验。

诊断时注意与新城疫、鸡住白细胞虫病和磺胺类药物中毒相区别。

新城疫：典型新城疫腺胃乳头出血严重，法氏囊则病变较轻，肠道溃疡出血较严重，死亡率较高，有呼吸道和神经症状，病程较长。

鸡住白细胞虫病：除胸、腿部肌肉出血外，肌肉上常见白色小结节，肝脏出血，嗉囊内有血液，血液检查可见到裂殖体，或配子体。

磺胺类药物中毒：胸、腿部肌肉出血，肾苍白肿大，有磺胺结晶，骨髓黄染，有使用磺胺类药物史，停喂后病情好转或停息。

【防　制】 制订严格的免疫程序是控制本病的主要方法。免疫时选用合适的疫苗，在发病比较普遍的地区最好不用弱毒疫苗，以中毒疫苗为主，或选用变异株疫苗。如现有疫苗无效，可用当地病死鸡法氏囊组织做油佐剂灭活苗，针对性强、效果好。传染性法氏囊病的发生主要通过接触感染，所以平时应加强卫生管理，定期消毒，控制强毒污染。

若无监测条件，可根据如下情况进行疫苗接种。

若雏鸡来自未接种鸡法氏囊病灭活苗的鸡群，7～10 日龄时采用滴鼻或饮水作第一次鸡法氏囊病弱毒疫苗免疫，30～35 日龄时作第二次鸡法氏囊病弱毒疫苗二次免疫。经过 2 次鸡法氏囊病弱毒苗免疫的种鸡于 18～20 周龄采用肌内注射作鸡法氏囊灭活油乳剂疫苗免疫。

若雏鸡来自接种过鸡法氏囊病灭活苗的种鸡群，母源抗体较高时，首免应在 18～20 日龄时用鸡法氏囊病弱毒疫苗免疫，30～35 日龄时再用弱毒苗免疫 1 次，至 18～20 周龄用鸡法氏囊病灭活油佐剂疫苗免疫，接种过弱毒疫苗的种母鸡再注射灭活疫苗时，由于回忆反应的作用，具有母源抗体滴度高、持续时间久的特点，能有效防止雏鸡早期感染，也有利于鸡群免疫程序的制定和实施。

如果一旦免疫失败，鸡群发病，尽早用蛋黄抗体液或高免血清治疗。

本病的免疫应根据雏鸡的母源抗体监测水平及发病场的发病日龄(在发病前 7～10 天)进行首次免疫。首免后 10～14 天进行第二次加强免疫。合理的免疫程序应根据 1 日龄雏鸡琼脂扩散(AGP)母源抗体阳性率制定。按雏鸡总数 0.5%抽检，当 AGP 阳性率≤20%时应立即进行免疫，为 40%时在 10 日龄和 28 日龄各免疫 1 次，60%～80%时 17 日龄首免，AGP 阳性率≥80%时应在 10 日龄再次监测，此时 AGP 阳性率小于 50%应于 14 日龄首免，大于 50%在 24 日龄首免。

(三)马立克氏病

鸡马立克氏病是一种由 B 型疱疹病毒引起的肿瘤性传染病，以外周神经、各组织脏器淋巴组织增生和形成肿瘤为特征。

【病　原】 鸡马立克氏病病毒属于疱疹病毒B亚群，为细胞结合性病毒。马立克氏病毒(MDV)有3个血清型，Ⅰ型具致癌性，按毒力又可分为温和马立克氏病毒(mMDV)、强毒马立克氏病毒(vMDV)和超强毒马立克氏病毒(vvMDV)；Ⅱ型为非致癌性；Ⅲ型为火鸡疱疹病毒。病毒在体内有2种形式，在肿瘤中是无囊膜的不完全病毒，只能寄生在细胞内，当细胞破裂死亡时病毒失去传染性；而在羽毛囊的上皮细胞内是有囊膜的完全病毒，可以脱离细胞而存活，对外界抵抗力强，是主要的传染源。福尔马林、氢氧化钠等消毒药可杀灭病毒。

【流行特点】 各日龄鸡均可感染，但多发于2～5月龄鸡，本病一经感染后终生存在于感染鸡的大多数组织器官中，终生带毒并排毒，因此本病传染源主要是病鸡和带毒鸡。传播方式为直接接触，也能通过媒介而间接传播，如通过病鸡或带毒鸡及脱落的皮毛屑、排泄物，被污染的饲料、垫料等传染。传染途径主要为呼吸道和消化道。

【症　状】 根据临床症状可将马立克氏病分为4种类型，即神经型、内脏型、眼型、皮肤型，临床上这4种类型经常混合发生。潜伏期短则3～4周，长则几个月，临床症状多样化。

(1)内脏型　最常见，病死率高。病鸡精神沉郁，下腹部胀大，严重营养不良，渐进性消瘦，贫血，黏膜苍白，厌食，腹泻，最后衰竭死亡。

(2)神经型　主要侵害外周神经，表现神经症状，呈慢性病程。坐骨神经一侧不完全麻痹，一侧完全麻痹，呈特征性“劈叉”姿势，单侧翅下垂，头下垂或颈歪斜，失声，嗉囊麻痹或扩张，呼吸困难，腹泻。有的只一侧坐骨神经麻痹，病鸡患肢不能着地。两侧坐骨神经完全麻痹时，病鸡蹲伏或躺卧在地，不能行走。

(3)眼型　虹膜受损，一侧或两侧失明。一侧或两侧虹膜正常色素消失，呈同心环状或斑点状以至呈弥漫的灰白色，俗称“灰眼”。虹膜变形，边缘不整，瞳孔缩小，严重者如针尖大小，对光反射迟钝或消失。

(4)皮肤型　最初见于颈部及两翅，以后遍及全身皮肤，毛囊肿大形成结节或瘤状，颈部、腿部或背部毛囊尤其明显。

(5)混合型　同时出现上述2种或几种类型的症状。

【病理剖检】

(1)内脏型　病死鸡脏器可见肿瘤呈巨块状或结节状，大小不等，灰黄白色，质地坚硬而致密，切面平整呈油脂样。有时肿瘤细胞于组织中呈弥散性增长，整个器官变大，灰白色的肿瘤组织与原有组织相间，呈大理石斑纹状，其中以性腺、肾、肝、脾、心脏等器官最易受损。法氏囊通常发生萎缩，此点与鸡白血病不同。

(2)神经型　病鸡病变侧神经（腰荐或坐骨神经）因水肿而变粗，比正常粗2～3倍，呈黄白灰色或灰白色，横纹消失。个别神经或神经段的圆周有时表现肿瘤状增大。

(3)眼型　虹膜或睫状肌淋巴细胞增生、浸润。

(4)皮肤型　毛囊肿大、淋巴细胞性增生，形成坚硬结节或瘤状物。

(5)混合型　可见上述2种或几种类型的病理变化。

【诊　断】　必须结合流行情况、症状、病理变化及实验室检查等进行综合诊断。如神经型马立克氏病，根据病鸡特征性的劈叉、麻痹症状和神经病变可确诊，症状轻微而不典型的，需同其他疾病加以鉴别，例如与鸡新城疫表现的神经症状、鸡脑脊髓炎引起的运动障碍以及因维生素和矿物质缺乏发生的运动和发育障碍等区别。

内脏型马立克氏病应与淋巴细胞性白血病进行鉴别，两者肉眼病理变化相似，仅根据内脏的肉眼病变还不能区别。具如下症状可诊断为或可能为马立克氏病：在周围神经确认有病变者，为马立克氏病；在皮肤、肌肉确认有病变者，为马立克氏病；120日龄以内发病且仅在内脏有病变，虽未见有周围神经病变，亦可能为马立克氏病；达150日龄（性成熟期）开始发病，而不见上述神经或皮肤、肌肉病变，仅有内脏尤其是卵巢病变，不能确诊为马立克氏病或是淋巴细胞性白血病，但当法氏囊肿大，肝、肾、脾等器官明显有肿瘤病变时，则为淋巴细胞性白血病；眼球的虹膜褪色，瞳孔不整齐，可能是马立克氏病。

【防　制】　目前没有有效方法治疗马立克氏病，应采取综合防治措施，关键是做好预防接种，免疫接种应在出雏24小时以内。可以选用HVT冻干苗或细胞结合苗，也可以用双价苗，确保一个免疫剂量不少于4 000个蚀斑单位即可。火鸡疱疹病毒干苗由于便于保存而应用广泛，1日龄雏鸡皮下注射马立克氏疫苗可防止肿瘤发生，接种后3周产生免疫力，为避免雏鸡产生免疫力前发生感染，育雏室必须严格消毒，用福尔马林熏蒸，并需严格隔离饲养。疫苗用规定的稀释液稀释，用量要足，稀释后易失效，现配现用，疫苗瓶置于冰浴中，稀释后的疫苗1小时内用完，1小时后疫苗剂量应加倍，稀释后2小时不宜使用。

（四）禽 流 感

禽流感是由正黏病毒科流感病毒属A型流感病毒引起的以禽类为主的一种严重全身性传染性疾病，1878年首发于意大利，死亡率极高，感染后的家禽和野禽可表现亚临诊症状，如轻度呼吸系统疾病、产蛋量降低，或急性全身致死性疾病。世界动物卫生组织将该病列为必须报告的动物疫病，在我国被列为一类动物疫病。为预防、控制和扑灭该病，必须严格执行高致病性禽流感防治技术规范。

【病　原】　禽流感病毒是正黏病毒科的成员，病毒表面有一层棒状和蘑菇状的纤突，前者称为血凝素（HA），后者称为神经氨酸酶（NA）。这些抗原以不同的组合产生极其多样的亚型毒株。

HA 和 NA 诱发的抗体可用来鉴定亚型并对病毒的感染有保护作用。病毒在干燥的尘土中可存活 14 天,在冷冻的肉中可存活 10 个月,但对直射阳光和加热抵抗力不强。常用消毒药也可杀灭病毒。

【流行特点】 A 型流感病毒能感染多种家禽,传染源主要为病禽和带毒禽,野禽或自由飞翔的鸟可大量散播病毒。病毒可长期在污染的粪便、水等环境中存活,如病毒可在野鸭肠道细胞中复制,随粪便排入水中,在水中能存活数天到数周。病毒传播主要通过接触感染禽(野鸟)及其分泌物和排泄物、污染的饲料、水、蛋托(箱)、垫草、种蛋、鸡胚和精液等媒介,经呼吸道、消化道、皮肤损伤和眼结膜途径感染,也可通过气源性媒介传播。禽流感潜伏期几小时至几天不等,一般发病率高、死亡率低,但高致病性毒株感染时,发病率和死亡率可达 100%。

【症 状】 由 A 型流感病毒引起的禽流感,因感染禽种类、年龄、性别、并发感染情况、病毒血清型的不同及所感染毒株的毒力和其他环境因素不同,表现出的症状也不一致,一般没有特征性症状。有时呈致死率极高的急性感染,有时呈致死率低的呼吸道感染,有的仅引起短期的产蛋率下降或只发生额窦炎、腹泻。临床上可分为最急性、急性、亚急性及隐性感染。

病初通常呈现体温急剧上升,精神沉郁,食欲减退、消瘦,昏睡,母鸡产蛋量下降,脚鳞出现紫色出血斑,有的颈部出现向后扭转的神经症状,多呈急性死亡。表现咳嗽、打喷嚏、气管出现啰音,大量流泪、副鼻窦肿大,扎堆,羽毛松乱,窦炎,头部和颜面部水肿,冠和肉髯发绀,有神经症状和腹泻。以上这些症状可单独出现,也可能同时出现。

【病理剖检】 病理变化因感染病毒株和禽的种类不同而不同。在皮肤、冠和肉髯可见到充血、出血、渗出、坏死等变化,渗出性肿胀,皮下有胶样浸润。内脏器官肝、肾、脾、肺常见灰黄色坏死灶,腺胃乳头出血,脾脏、肝脏肿大出血,有时毛细血管破裂出现血肿,肾肿大。气囊、腹膜和输卵管表面有灰黄色渗出物,心肌软化、纤维素性心包炎和不严重的窦炎。法氏囊水肿呈黄色。卵泡畸形、萎缩。腹腔有纤维素性渗出物。

【诊　断】 由于禽流感的临床症状变化较大且无典型特性,所以,确诊要依靠病原学或血清学鉴定。

【防　制】 禽流感病毒存在许多亚型,彼此之间缺乏明显的交叉保护作用,抗原性又极易变异,即使同一血清型的不同毒株,往往毒力也有很大的差异,这给防制本病带来了很大的困难。生产中不从有病地区引种和带入畜禽产品,并对鸡群进行强制免疫禽流感灭活苗,加强检疫、隔离、消毒工作,对疫情严加监视,在发现可疑疫情时要立即封锁、隔离、消毒,并迅速报告有关主管部门,尽快做出确诊,及时采取果断有力的扑灭措施,将疫情控制在最小的范围内。

(五)产蛋下降综合征

本病简称 EDS_{76},由腺病毒科禽类腺病毒属的 EDS_{76} 病毒引起母鸡产蛋急剧下降的一种传染病。以产蛋量下降、蛋壳异常、蛋体畸形、蛋质低劣等为特征。

【病　原】 病原为腺病毒,能凝集鸡、鸭、鹅、鸽等的红细胞,可通过血凝(HA)试验和血凝抑制(HI)试验诊断本病和做免疫监测。病毒在鸭胚、鹅胚中繁殖良好,在鸡胚中不繁殖。病毒自然宿主是鸭和鹅。本病主要通过种蛋垂直传播,也可经鸡群水平传播。

【流行特点】 鸭、鹅、鹌鹑等均可感染本病毒,但无临床症状,是病毒的自然宿主。不同年龄的鸡均可感染本病,公鸡和开产前母鸡呈隐性发病,开产后母鸡转为显性,25～36 周龄的母鸡发病率最高,40 周龄以上的母鸡很少发病,褐壳蛋鸡发病率高,白壳蛋鸡发病率则较低。传染源主要是病鸡、带毒鸡及鸭、鹅等自然宿主。病毒主要通过鸡胚垂直传播，病鸡所产的蛋及排出的粪均含有病毒，可以污染蛋盘、饲料、饮水及饲养管理用具和运输工具，从而经消化道感染。水平传播较慢，约需 11 周。

【症　状】 经蛋感染的鸡在性成熟前不表现临床症状，病毒处于“休眠”状态，但鸡群在 25～35 周龄产蛋率达到 50%至高峰时，病毒活化，在输卵管峡部大量复制，产蛋鸡突然出现群体产蛋率下降，幅度在 10%～50%之间，产异常蛋率增加 15%～40%，蛋的破损率增加 10%～20%，产蛋减少持续 4～10 周，以后缓慢恢复，但很难达到正常水平。最初褐壳蛋颜色变浅，接着出现薄壳、软壳、无壳蛋等畸形蛋，蛋变小、重量减轻。蛋壳品质差，表面粗糙，犹如砂纸或蛋壳端部有粗颗粒，蛋打开后蛋清稀薄如水或有血液，蛋黄颜色变浅。

【病理剖检】 本病缺乏特征性的肉眼病变，个别鸡只卵巢发育停止和输卵管萎缩，输卵管和子宫黏膜呈炎性水肿，黏膜增厚，腔内有白色渗出物或干酪样物，有时卵泡软化。

【诊　断】 由于多种因素可以造成集约化饲养鸡群发生产蛋下降，因此，在诊断时应注意综合分析和判断。若饲养管理正常，在鸡群产蛋高峰时，突然发生不明原因的群体产蛋下降，同时伴有畸形蛋、蛋品质下降，剖检时有生殖道病变，临床诊断时无其他特异的表现时，可怀疑为本病。

确诊须进行实验室诊断。由于该病病毒能凝集鸡、鸭、鹅的红细胞，所以采用红细胞凝集和抑制试验进行诊断，有很高的特异性。同时在诊断时，需注意与引起产蛋下降为主要症状的疾病区别开，如霉变饲料、成年鸡非典型性新城疫、成年鸡的传染性支气管炎、产蛋鸡的传染性鼻炎等。

【防　制】 本病目前尚无有效方法治疗，预防须避免接触传染源并接种疫苗。健康鸡场做好隔离消毒工作，不将病毒带入场内。鸡场不宜同时饲养鸭和鹅。种鸡在开产前体内病毒还未活化时(开产前2～4周)皮下或肌内注射0.5毫升油乳剂灭活苗。近年来有的地区按常规方法免疫后鸡群虽未明显出现减蛋现象,但开产期推迟、产蛋量达不到高峰,这可能是免疫前病毒已活化,损害了生殖系统。建议在这些地区可免疫2次,首免时间提前在8周龄时接种,开产前再加强1次。免疫鸡的减蛋综合征血凝抑制(HI)抗体滴度要求80倍以上。

(六)传染性支气管炎

鸡传染性支气管炎由冠状病毒科冠状病毒属的传染性支气管炎病毒引起,是一种急性、高度接触性的呼吸道传染病。各种年龄鸡均可发生,主要侵害10～21日龄雏鸡。

【病　原】 鸡传染性支气管炎病毒是冠状病毒属的成员,主要存在于病鸡呼吸道渗出液,肝、脾、肾和血液中也能发现病毒。各地分离的病毒血清型复杂,经常有新的血清型出现,不同血清型之间仅有部分交叉保护作用,甚至不能交叉保护。而血清型与临床表现无明显相关,血清型相同的毒株可能有不同的临床表现。病毒对外界抵抗力不强,耐寒不耐热,一般消毒药物可杀死病毒。

【流行特点】 仅鸡发生鸡传染性支气管炎,其他家禽均不感染。各种年龄的鸡均可发病,但雏鸡最严重。病鸡为主要传染源。病鸡从呼吸排出病毒,病毒通过空气飞沫传播,也可通过病毒污染的饲料、饮水、饲养用具及污染的种蛋传播。感染后康复鸡的排毒时间很长。本病一年四季均可发生,以冬、春季多发。

【症　状】 潜伏期平均18～36小时,有时幼雏可达6天或更长,特别是当其具有先天性抗体时潜伏期较长。症状表现比较复杂,可分成几个临床表现型。

(1)呼吸道型 病鸡精神沉郁,羽毛蓬松,咳嗽,打喷嚏,喘气,气管有啰音,雏鸡突然出现呼吸道症状,并迅速波及全群为本病特征,出现浆液性鼻液,有的鼻窦肿胀,流黏性鼻液,食欲减退或停食，精神不振，怕冷，最后昏迷死亡，有时眼湿润，鼻肿胀，生长速度减慢，气管和鼻道上有卡他性或干酪样渗出物，黏膜水肿，气囊变厚、混浊。

(2)肾型 病鸡最初多表现呼吸道症状，在恢复期时病情加重。粪便稀薄，饮水增加，肾脏肿大苍白，肾小管和输尿管充满尿酸盐而呈斑驳状，死亡率较高。

(3)生殖道型 病鸡若在1日龄时感染，由于输卵管受侵害而发育不全，可发生输卵管持久性损伤而导致性成熟后产蛋量永久性降低，甚至不产蛋，随着鸡患病的日龄增加这种损伤逐渐减轻。6周龄以上和成年鸡最明显症状是呼吸困难，气管有啰音，咳嗽，一般不见有分泌物。成年鸡感染后气管症状很轻微，常并发尿石症，体重降低，产蛋减少或停产，有的毒株可引起产蛋量下降50%，有的则仅引起蛋壳颜色改变或产量略有下降，种蛋的孵化率降低，出现软壳蛋、砂皮蛋、硬壳蛋或蛋壳表面粗糙，蛋品质下降，蛋清稀薄如水，见不到正常鸡蛋中浓、稀蛋白间清楚的分界线。

(4)腺胃型 近年来出现一种新的临床类型，多发生于20～100日龄鸡群，病鸡出现流泪、眼肿，伴有呼吸道症状，极度消瘦，腹泻，发病率高，死亡率在30%左右，个别鸡场达95%。剖检腺胃显著肿大如球状，而肌胃缩小，腺胃壁增厚，黏膜肿胀，乳头水肿、充血、出血或凹陷，周边出血、坏死或溃疡，胰腺肿大、出血，有人将其称为腺胃型传染性支气管炎。

【病理剖检】 主要病变为气管、支气管、鼻腔和窦内有浆液性、卡他性或干酪样渗出物。气囊混浊或含有黄色干酪样渗出物。产蛋母鸡腹腔可发现液状的卵黄物质，卵泡充血、出血、变形。被侵害肾脏的毒株致病时，引起肾脏肿大、苍白、肾小管和输尿管常充满尿酸盐结晶。

【诊 断】 根据流行特点、临床症状和病理剖检变化可以做出初步诊断。进一步确诊，需作病毒分离和鉴定等实验室检查。

【防　制】目前尚无有效的治疗方法。采用预防接种和良好的饲养管理，能防止本病的感染。

(七)传染性喉气管炎

传染性喉气管炎由疱疹病毒属的传染性喉气管炎病毒引起，是一种急性呼吸道传染病，传播快，死亡率较高。病变特征只发生于气管上1/3。

【病　原】传染性喉气管炎病毒为α-疱疹病毒亚科成员。病毒在鸡体内长期持续感染，不易根除。病原对脂溶剂、热和各种消毒剂抵抗力不强。

【流行特点】在自然条件下，本病主要侵害鸡和野鸡。该病全年都能发生，与天气和气候无关。虽然各种年龄鸡均可感染，但以10周龄幼年母鸡和母鸡第一个产蛋期的易感性最高，成年鸡的症状最明显。病鸡和带毒鸡是主要传染源，也能通过人员、野鸟和饲养用具散播。传染性喉气管炎病毒能在康复鸡气管中保持多月仍有感染力。

【症　状】

(1)最急性型　病鸡突然出现呼吸道症状，出现明显的呼吸困难，当吸气时，头颈前伸，眼半闭或全闭，尽力吸气，同时可听见咯咯声或湿啰音。当痉挛性咳嗽时会摇头，试图排出气管内的堵塞物，咳出血块或带血黏液，污染墙壁和地面。头部发绀，鼻中流出带泡沫的液体。若气管内的堵塞物不能咳出，便窒息而死。发病率和死亡率很高，发病2～3天开始死亡，死亡率5%～70%不等，平均10%～20%，产蛋鸡产蛋率下降10%～60%，4周后逐渐恢复正常。

(2)亚急性型　病程进展较慢，喘息、咳嗽和其他呼吸道症状可能维持数天。发病率高，死亡率10%～15%。

(3)慢性型　生长迟缓，产蛋减少，流泪，结膜炎。严重者出现眶下窦肿胀，持续性鼻液和出血性结膜炎。发病率5%左右，病程1～4周，多数在10～14天内康复。

【病理剖检】 主要病变见于气管喉部组织，喉头和气管黏膜肿胀、充血、出血，甚至坏死。气管腔内常含有大量血性黏液及凝块，或淡黄色干酪样渗出物。喉头周围及气管黏膜常见点状出血。有些病例的炎症会向下蔓延扩展到支气管、肺及气囊。轻型病例表现结膜及眶下窦水肿、充血，结膜囊和眶下窦充满干酪样渗出物。

【诊　断】 本病临诊症状和变化与其他呼吸道病相似，需从下面几个方面综合诊断：本病常突然发生，传播快，成年鸡发生最多；发病率高，死亡因条件不同而差别大；临诊症状较为典型，张口呼吸、喘气、有啰音，咳嗽时可咳出带血的黏液。头向前、向上做张口吸气动作；气管呈卡他性和出血性炎症病变，此为特征症状。进一步确诊需做病毒分离鉴定等实验室检查。

【防　制】 目前尚无特效药物治疗本病。发生本病后防止并发感染，可采用各种抗菌药物，以缓解症状，减少死亡。

易感鸡接种弱毒疫苗可获满意的保护效果，以细胞免疫为主，抗体水平的高低不是衡量免疫状态的指标。由于弱毒疫苗还有一定的毒力，且接种鸡长期带毒，所以只有在本病的流行地区才使用，未发生本病的鸡场不宜接种疫苗。在污染区使用弱毒苗有较好效果，常用的免疫途径是点眼、滴鼻，有少部分鸡眼睛可能出现炎症反应。也可饮水免疫，但效果稍差，应加大剂量。

(八)鸡　痘

鸡痘由痘病科禽痘病毒属的禽痘病毒引起，是家禽和鸟类的一种急性、热性、高度接触性传染病。发病率取决于毒株毒力的强弱、饲养管理的好坏及防治措施是否有力。通常分为皮肤型和黏膜型，前者以皮肤(尤以头部皮肤)痘疹、结痂、脱落为特征，后者引起口腔和咽喉黏膜的纤维素性坏死性炎症，常形成假膜，故又名禽白喉。

【病　原】 鸡痘病毒为痘病毒科禽痘病毒属的成员。病毒对环境抵抗力较强，常存在于病禽皮屑、粪便和喷嚏、咳嗽的飞沫中，野鸟作为传染源的作用不容忽视，吸血昆虫如蚊子、双翅目的鸡皮刺螨也是重要传播媒介。其在蚊子（主要是库蚊和伊蚊）体内可保持感染力达数周，常造成夏季较大范围的疫病流行。

【流行特点】 家禽中以鸡的易感性最高，各年龄、性别和品种鸡均可感染。以雏鸡和育成鸡最常发病，其中雏鸡能引起大批死亡。鸡痘的传染是由于健康鸡与病鸡接触，脱落和碎散的痘痂带毒，经有损伤的皮肤和黏膜而感染。蚊子及体表寄生虫可传播本病。一年四季均可发生，以夏、秋两季和蚊子活跃的季节最易流行。

【症状和病理变化】 潜伏期4～8天。因侵害部位不同，分为皮肤型、黏膜型、混合型，偶有败血型。

(1)皮肤型　主要在鸡冠、肉髯、眼睑、腿部、肛门和身体其他无毛处皮肤出现结节样（痘样）病变，病程一般3～4周，无并发症及饲养管理好的鸡群较易康复。一般无明显的全身症状，但病重的小鸡易出现精神不振、食欲消失、消瘦等。产蛋鸡呈现产蛋减少或停产。

(2)黏膜型　单纯黏膜型鸡痘，皮肤上没有明显的痘样结节，呼吸道症状易与其他传染病混淆，常造成较大损失，发生于雏鸡和育成鸡时致死率较高，有时死亡率可达50%。病初呈鼻炎症状，出现鼻炎样呼吸道症状，炎性过程可能延伸到眶下窦，导致窦肿大，假膜有时伸入喉部，引起呼吸困难，甚至窒息死亡。病鸡委顿厌食，流鼻液，初为浆性黏液，后转为脓性。眼结膜充满脓性或纤维蛋白性渗出物，严重者继发角膜炎而失明，鼻炎出现后2～3天，口腔、咽喉的黏膜发生痘疹，出现溃疡，上有大片沉着物（假膜），随后形成厚的棕色痂块，凹凸不平，且有裂缝，将假膜剥掉，呈现出血性糜烂区。

（3）混合型　感染鸡皮肤和黏膜均被侵害，败血型则很少见。

【诊　断】 皮肤型和混合型有特征症状，可根据发病情况、病鸡的冠、肉髯和其他无毛部分的痘痂病灶，以及口腔和咽喉部的白喉样假膜做出确诊。单纯的黏膜型易与传染性鼻炎混淆，可采用病料接种鸡胚或人工感染于健康易感鸡进行确诊。

【防　制】 鸡群拥挤、通风不良、阴暗潮湿、体表寄生虫存在、维生素缺乏等可使病情加重，如有并发症可造成大批死亡，因而做好鸡群的卫生防疫和饲养管理等一般防疫措施较重要。此外，接种疫苗是最主要的措施。在本病流行地区，每年春、秋各接种1次。用鸡痘弱毒疫苗3周龄刺种（在本病早发地区1周龄可刺种），4～6天后抽查约10％的接种鸡在刺种部位是否有痘肿，如抽检鸡80％以上有反应，则认为免疫成功；如反应率低则应重新免疫接种。4月龄时加强免疫1次。皮肤痘疹，可用1％高锰酸钾液洗涤，再涂甲紫（龙胆紫）或5％碘酊。口腔内病灶，可用镊子小心除去假膜，再用高锰酸钾液冲洗，再涂擦碘酊或碘甘油。

（九）鸡病毒性关节炎

鸡病毒性关节炎也称病毒性腱鞘炎，由呼肠孤病毒引起，以足部关节肿胀、腱鞘发炎继而腓肠腱断裂为特征，多发生于肉鸡。

【病　原】 鸡病毒性关节炎的病原为禽呼肠孤病毒科病毒，该病毒粒子无囊膜，对热有一定的抵抗能力，能耐受60℃达8～10小时，对乙醚不敏感，对过氧化氢溶液、2％来苏儿、3％福尔马林等均有抵抗力，用70％乙醇和0.5％有机碘可以灭活病毒。

【流行病学】 鸡呼肠孤病毒广泛存在于自然界，可从许多种鸟类体内分离到，目前仅发现鸡和火鸡可被其感染引起关节炎。病毒在鸡群可水平传播和垂直传播。不同毒株间毒力差异大。病毒感染鸡后,通过呼吸道或消化道复制后进入血液,随后向体内各组织器官扩散,且在关节腱鞘和消化道的含毒量较高。通过消化道排毒,在鸡群中迅速传播,常为隐性感染。

【症　状】　鸡病毒性关节炎多呈隐性感染或慢性感染,须通过血清学检测和病毒分离才能确定。雏鸡感染后多在 4～6 周龄发病,症状因毒株而异,有的幼雏发生肠炎而下痢,有的引起轻微呼吸道症状。最常见的是关节炎或腱鞘炎,急性感染时,鸡跛行,部分鸡生长受阻,慢性感染时初期步态稍见异常,逐渐发展出现跛行,且跛行更明显,跗关节肿胀,少数鸡跗关节不能运动。病鸡食欲和活力减退,不愿走动,喜坐在关节上,驱赶时才跳动,但步态不稳,患肢不能伸张,不敢负重,跛行或单脚跳跃。病鸡因得不到足够水分和饲料而日渐消瘦,贫血,发育停滞,长期不能恢复,少数逐渐衰竭而死。育成鸡或成鸡趾屈曲,患肢向外扭转,步态蹒跚。

【病理剖检】　病鸡可见跗关节周围肿胀,曲趾腱和腓肠腱周围水肿,切开关节可见腓肠腱水肿,充满淡红色滑膜液,有淡黄色或血样渗出物,若混合细菌感染,少数病例有脓性渗出物。育成鸡或成鸡易发生腓肠腱断裂,局部组织可见出血、坏死。慢性病鸡(主要为成鸡)的关节腔内渗出物较少,腓肠腱增厚、硬化和周围组织黏着,失去活动性,在跗关节远端关节软骨上出现凹陷的点状溃烂,然后变大、融合,延伸到下方的骨质,关节表面纤维软骨膜过度增生。有的关节腔有脓样、干酪样渗出物,有时还可见心外膜炎,肝、脾和心肌上有细小坏死灶。试验室诊断多用琼脂扩散试验,病毒感染 2～3 周后血清中出现沉淀抗体,持续 10 周以上。

【诊　断】　病毒性关节炎的初期诊断较困难,关节肿胀与沙门氏菌、大肠杆菌和葡萄球菌病引起的症状不易区分,也极易与这些病菌混合感染。对本病的诊断,多根据症状及流行特点做初步诊断,确诊须进行病原学及血清学检测。

【防　制】　目前无有效方法治疗本病,预防接种是防止鸡病毒性关节炎的最有效方法。种母鸡在开产前2～3周注射油乳剂灭活苗，雏鸡得到母源抗体，可在3周龄内不受感染。对无母源性抗体的雏鸡，在6～8日龄时接种弱毒苗，8周龄时再用弱毒苗加强免疫，可保护肉雏鸡在生长期内不发病，在开产前2～3周注射灭活苗。

除预防接种外，应加强卫生管理及鸡舍的定期消毒，采用全进全出的饲养制度，隔断传染源，淘汰病鸡。

（十）鸡球虫病

鸡球虫病是幼鸡常见的一种急性流行性原虫肠道寄生虫病，以3～10周龄的幼鸡易染，常呈地方性流行，春、夏季发生最多，发病率和死亡率较高，成年鸡多不表现症状成为带虫鸡，本病是平养肉鸡须防治的重要疾病。

【病　原】　鸡球虫主要是艾美耳属的9种球虫，其中对鸡危害性最大的球虫有两种，一种是盲肠球虫（柔嫩艾美耳球虫），寄生于鸡的盲肠，另一种是小肠球虫（毒害艾美耳球虫），寄生于小肠黏膜，能引起鸡的肠型球虫病。病鸡和带虫鸡粪便中的卵囊是本病的感染源，潮湿而温暖的条件有利于卵囊发育成具有侵袭力的孢子化卵囊，鸡吞食后即可发生球虫病。5～8月份是本病的流行季节，育雏室过分拥挤潮湿，饲料配合不当，缺乏维生素A和维生素K等常为本病的诱因。

【症　状】　根据病程长短可分为急性和慢性2种。

急性病程数天到2～3周，多见于雏鸡。病初精神沉郁，羽毛松乱，食欲减退，泄殖腔周围羽毛粘连稀粪。逐渐发展至运动失调，嗉囊充满液体，食欲废绝，冠、髯及可视黏膜苍白，逐渐消瘦，排水样稀粪，并带有血液，因腹痛发出“唧唧”声，若为柔嫩艾美耳球虫所引起，粪便呈棕红色，以后变为纯粹血粪；若为毒害艾美耳球虫所引起，排出大量黏性血便。翅下垂，呆立，共济失调，鸡冠及可视黏膜苍白，末期发生痉挛和昏迷衰竭而死亡，死亡率可达50%～80%，甚至更高。

慢性型多见于育成鸡（2～4月龄）或成年鸡，临床症状不明显，病程数周或数月，病鸡逐渐消瘦，足和翅常发生轻瘫，产蛋量减少，间歇下痢，但死亡较少。

【病理剖检】 柔嫩艾美耳球虫致病力最强，常致使肠黏膜充血、出血、局部坏死，肠管扩张，肠壁增厚，主要侵害盲肠，特征病变为两侧盲肠显著肿大，充满凝固暗红色血液，盲肠上皮变厚或脱落，使雏鸡大批发病死亡。

毒害艾美耳球虫致病力仅次于柔嫩艾美耳球虫，损害小肠前段和中段，使肠壁扩张，极度松弛，增厚，黏膜上有许多出血点，肠壁深部及肠腔中积存凝血，使肠的外观呈淡红色或黑色。

【诊　断】 根据流行特点、临床症状和剖检病理变化可初步诊断。可进行实验室检查进一步确诊，取发病鸡少量粪便置于载玻片上，加甘油和水等量液1～2滴混匀，加盖玻片镜检，可见球虫卵囊。

【防　制】 预防本病须进行综合防疫措施。合理搭配日粮，保持正常营养需要，增加饲料中维生素A、维生素K、维生素D的含量，提高机体抗病力；搞好清洁卫生，及时清粪，缩短卵囊在舍内停留时间，从而降低本病的发生；鸡舍保持适当温度、湿度和光照，通风良好，防止潮湿，饲养密度适当；幼鸡和成鸡分开饲养，减少交叉感染机会；采用网上或棚养的饲养方式；用生物热处理粪便，杀死球虫卵囊；死鸡和淘汰鸡应妥善处理；在鸡未发病或有个别鸡发病时，应用预防剂量的药物，如青霉素、氯苯胍、氨丙啉等药物拌料或加入水中饲喂。

尽管采用各种预防措施，也可能发生本病。治疗球虫病的药物种类很多，由于球虫易产生耐药性，并能代代相传，所以无论应用哪种药物治疗，都不能长期应用，要选择有效药物交替使用或联合使用。临床常用球痢灵(硝苯酰胺)、氯苯胍通过拌料、饮水预防或治疗本病。其他抗生素也可使用,如青霉素,饮水或拌料,每只鸡 5 000 单位;盐霉素(优素精),0.005%～0.01%拌料;土霉素,0.02%～0.04%拌料;金霉素:0.022%拌料,必须每天清扫鸡舍病鸡粪便 1～2 次,可以避免重复感染。注意使用药物氯苯胍时,宰前 7 天应停药,否则肉中带异味。

(十一)禽脑脊髓炎

禽脑脊髓炎又称流行性震颤,是一种侵害家禽中枢神经系统的病毒性传染病,主要危害 1～3 周龄雏鸡,产蛋鸡感染则产蛋率急剧下降。

【病　原】 禽脑脊髓炎病毒是小核糖核酸病毒科肠道病毒属的成员,传染性很强,对氯仿、酸、胰酶、胃酶和脱氧核糖核酸酶有抵抗力。病毒能在无免疫性母鸡所产蛋的鸡胚脑部和卵黄囊中增殖,也可在神经胶质细胞、鸡胚肾细胞、鸡胚成纤维细胞和鸡胚胰细胞等细胞培养物上生长繁殖。

【流行特点】 鸡、火鸡、鹌鹑等可自然感染。各种年龄鸡均可感染,但仅 3 周龄内的雏鸡症状明显,成年鸡一般呈隐性发生,肉鸡发病较多。病鸡通过粪便排出病原,污染饲料、饮水、用具、人员,发生水平传播。病原在外界环境中存活时间较长。病毒也可垂直传播,感染后的产蛋母鸡,多数在 3 周内所产蛋中含病毒,带毒种蛋孵化时,一部分鸡胚死亡,其余出雏后在 1～20 日龄间发病和死亡,并暴发流行。

【症　状】 感染病毒的母鸡通过种蛋垂直传染给雏鸡,出壳后即有一定数量的弱雏,潜伏期仅 1～7 天。病雏也可水平传染给健康雏鸡,潜伏期为 10～30 天。通常在 1～3 周龄发病。典型症状是共济失调,头颈震颤,脚趾卷曲,翅膀着地呈犬坐姿势,严重者侧卧瘫痪在地。由于共济失调不能走动,摄食和饮水不足,最后衰竭死亡。雏鸡群可迅速全部感染，但发病率通常为4%～50%，有时达60%，死亡率10%～70%，平均25%。随着雏鸡日龄的增长，抵抗力逐渐增强，4～5周龄鸡症状不明显。成年母鸡感染后无明显临床症状，可出现短时间（1～2周）的产蛋量急剧下降，下降幅度5%～15%，之后逐渐恢复，同时获得免疫力，所产种蛋孵出的雏鸡对本病有抵抗力。

【病理剖检】 无特征性肉眼可见的病理剖检变化，有的病雏脑部轻度充血，少数在肌胃肌肉层中有散在的灰白区。

【诊　断】 根据流行病学和临床特征可初步诊断，确诊需进行病毒的分离鉴定和血清学试验。

【防　制】 本病无特效药物治疗，因此预防是重点。不在病区引进种蛋或种鸡，做好消毒及环境卫生工作，免疫接种种母鸡，通过母源抗体使雏鸡在易感期内有足够的抵抗力。目前主要使用弱毒疫苗预防本病，在8～10周龄及产蛋前4周进行接种，灭活油乳剂苗则在开产前1个月肌内注射。

（十二）鸡传染性鼻炎

鸡传染性鼻炎是由鸡副嗜血杆菌引起的急性或亚急性呼吸道传染病。

【病　原】 鸡副嗜血杆菌为革兰氏阴性，两极浓染，不形成芽孢，无荚膜、无鞭毛，不运动。本菌对外界抵抗力不强，在宿主体外会很快死亡，在自然环境中数小时即死，对热和消毒药敏感。

【流行特点】 本病发生于各年龄鸡，4周龄至3年的鸡易感，有个体差异，老龄鸡感染较严重，且老龄鸡潜伏期短、病程长。病鸡和隐性带菌鸡为传染源，而慢性病鸡及隐性带菌鸡是暴发疾病的重要原因。传播途径主要以飞沫和尘埃经呼吸道传播，也可通过污染的饲料和饮水经消化道传播。

本病多发于冬、秋两季，其发生与饲养管理密切相关，如鸡群拥挤，不同年龄鸡混群饲养、鸡舍通风不良、闷热或寒冷潮湿、氨气浓度大，缺乏维生素A、寄生虫病等可促使鸡群严重发病。鸡群接种禽痘疫苗引起全身反应也常诱发该病。

【症　状】　鸡传染性鼻炎发病率高、死亡率低，早期死亡较少，但在恢复阶段，因继发感染可导致死淘率增加，但不见死亡高峰。病鸡精神沉郁，食欲和饮水下降，体重减轻，有的表现腹泻，流鼻涕，打喷嚏，甩头，鼻腔和鼻窦有黏液性分泌物，发出难闻的臭味，分泌物干燥后鼻孔周围有结痂。眼结膜发炎，眼睑水肿、粘连，一侧或两侧眼眶周围组织肿胀。脸部水肿，严重的整个头部肿大，有时发生肺炎和气囊炎。肉仔鸡生长不良，成年母鸡产蛋减少，公鸡肉髯肿大。若炎症蔓延至下呼吸道，则呼吸困难，病鸡常摇头甩黏液，伴有啰音，咽喉积有分泌物的凝块，最后窒息而死。

【病理剖检】　育成鸡鼻腔和窦黏膜呈急性卡他性炎，黏膜充血肿胀，表面覆有大量黏液，窦内有渗出物凝块，后成为干酪样坏死物。卡他性结膜炎，结膜充血肿胀，严重时可见气管黏膜炎症，偶有肺炎及气囊炎。

【诊　断】　本病和慢性呼吸道病、慢性鸡霍乱、鸡痘及维生素缺乏症等症状相似，临床上难以区分，应注意鉴别。传染性鼻炎常有并发感染，在诊断时必须考虑其他细菌或病毒并发感染的可能性。若群内死亡率高，病期延长，则应考虑混合感染的可能，须进一步鉴别诊断。

【防　制】　加强饲养管理，饲料中含足量的维生素A。改善鸡舍通风条件，做好卫生消毒工作和病毒性呼吸道疾病的防治工作，带鸡消毒和饮水消毒可减少本病传播。疫区在35～40日龄首免油乳剂灭活苗，110～120日龄加强免疫，可保护整个产蛋期不发病。

磺胺类药物是治疗的首选药物，鸡副嗜血杆菌对其敏感，一般用复方新诺明或磺胺增效剂与其他磺胺类药物合用，或用2～3种磺胺类药物组成的联磺制剂。若病鸡食欲下降，饲料投药治疗效果差，则可用抗生素(链霉素或青、链霉素合用连用3天)注射。本病常不能根治，停药后常复发，不能消除带菌状态。另外，本病病原易产生耐药性，必要时可轮换用药。

(十三)鸡白痢

鸡白痢是由鸡白痢沙门氏菌引起的鸡和火鸡等禽类的肠道传染病。饲养密度过大、营养不良、环境卫生差会增加沙门氏菌病的发病率、死亡率，病鸡即使康复，生产性能也会下降，常终身带菌成为传染源，对种鸡场危害很大。

【病　原】 鸡白痢的病原是鸡白痢沙门氏菌，沙门氏菌属于肠杆菌科，革兰氏染色为阴性，抵抗力不强，一般消毒药和直射阳光能将其杀灭。

【流行特点】 本病的流行限于鸡与火鸡，其他家禽、鸟类可自然感染。传染源主要是病鸡和带菌鸡。可通过种蛋垂直传播。3周龄内雏鸡易发病，发病率和死亡率很高。

【症　状】 被感染种蛋在孵化过程中易出现死胚，孵出的弱雏及病雏常于1～2天内死亡，因而造成雏鸡群的横向感染。出壳后感染者4～5日龄常呈急性败血症死亡，7～10日龄者发病日渐增多，至2～3周龄达到高峰。急性者常无症状而突然死亡，稍缓者常怕冷扎堆，气喘，不食，翅下垂，精神委靡，畏寒，排出白色或带绿色的黏性糊状稀便并污染肛门周围，糊状粪便干涸后堵塞肛门，致使病雏排粪困难而发出尖锐的叫声。病雏体温升高，呼吸困难，关节肿大，心力衰竭而死。耐过的病雏多发育不良，成为带菌者。成年母鸡感染后产蛋率及受精率下降，孵化率低，严重者死于败血症。

【病理剖检】 急性死亡的雏鸡病变较轻，肝脏充血肿大，有条状出血，其他脏器充血，肝、心、肌胃常有灰白色小结节，盲肠肿胀，常有干酪样渗出物。成年慢性型母鸡外表无显著变化，腹腔内卵泡变形、变色或呈囊肿状，有时发生腹膜炎和心包炎。公鸡感染后睾丸和输精管的肿胀，渗出物增多或化脓。

【诊　断】 雏鸡发病，一般根据部分雏鸡腹泻、呼吸困难，同时死亡率很高，剖检多见心、肝、肺有坏死结节等特点即可做出初步诊断。青年鸡发病，除一般病状外，在病理剖检时，也可见到肝、脾、心肌、肺等器官的坏死结节，同时见到肝破裂引起的内出血。成年鸡发病症状不明显，死鸡卵巢发生病理变化。确诊须进行微生物学鉴定。

【防　制】 鸡白痢沙门氏菌污染面大，感染者可终身带菌，既可通过种蛋垂直传播，又可水平传播，流行可贯穿养鸡的全过程，因此应给予重视。种鸡应严格执行定期检疫与淘汰制度。种鸡在140～150天进行第一次鸡白痢检疫，视阳性率高低再确定第二次普检时间，产蛋后期进行抽检，淘汰白痢阳性鸡。种蛋用甲醛熏蒸消毒后再送入蛋库贮存，种蛋进入孵化器后及出雏时宜再次消毒。

雏鸡可选用敏感的药物如诺氟沙星、庆大霉素和卡那霉素等加入饲料或饮水中进行预防。用药物治疗急性病例可以减少雏鸡的死亡，但愈后仍可成为带菌者。发病时可用土霉素按0.2%的量拌和饲料中，连喂7天；庆大霉素拌料或混饮0.1%～0.2%，连喂3～4天；亦可用诺氟沙星、小诺霉素、痢菌净等拌料或饮水。发病后给药的同时须降低日粮蛋白质含量。

(十四)禽霍乱

禽霍乱(禽出血性败血症，简称禽出败)是多杀性巴氏杆菌引起的家禽和野禽急性、烈性、败血性传染病，鸡、鸭、鹅和野鸟均可发生，通常呈急性败血性过程和剧烈下痢，发病率和致死率都很高，是危害养禽业的重要传染病之一。

【病　原】 禽霍乱的病原为多杀性巴氏杆菌，革兰氏阴性，不运动，不形成芽孢，在组织、血液和新分离培养物中菌体呈两极染色，有荚膜，对一般消毒药抵抗力不强。

【流行特点】 鸡一般在 16 周龄以上才发病，病原是病禽和健康带菌者，经损伤皮肤和黏膜感染，因而传染途径主要为消化道和呼吸道。一年四季均可发生，在高温潮湿的夏、秋多雨季节和气候多变的春季较多发生。常为散发或呈地方流行性发生。

【症　状】 自然感染的潜伏期为 4～9 天。由于禽体抵抗力、病原体致病力和感染强度不同，表现为最急性、急性和慢性 3 种病型。

最急性型常发生在发病的流行初期。病鸡不表现临床症状，可在奔跑中突然倒地或交配时坠地，翅膀扑动而死亡。肥胖和高产母鸡易发生最急性型禽霍乱。

急性型较常见。病鸡精神沉郁，不爱活动，羽毛蓬松，食欲减退或废绝，口流分泌物，呼吸急促带有湿啰音，体温上升至 43℃～44℃，有剧烈腹泻，排黄色、灰色或绿色稀粪。死前冠、肉髯发绀肿胀，病程几小时至几天，最后消瘦衰竭而死亡，耐过后转为慢性或康复。

慢性型常见于疫病流行的后期，多由急性型转化而来。病变多局限于身体的某些部位，如肉髯肿大，关节炎或关节化脓，跛行，鼻窦肿大流黏液，呼吸困难，持续性腹泻。病程数周至数月，若康复则成为带菌者。

【病理剖检】 最急性型死亡病鸡无特殊病变，有时只能看见心外膜有少许出血点。

急性病例具特征性病变，病鸡腹膜、皮下组织及腹部脂肪、呼吸道和肠道黏膜常见小点出血，肠道尤以十二指肠发生严重急性卡他性肠炎或出血性肠炎。心包变厚，心包内积有不透明淡黄色液体，有的含纤维素絮状液体，心外脂、心冠脂肪出血尤为明显，胸腹腔有纤维素性渗出物。肺有充血和出血点。肝脏是本病的特征性病变，肝稍肿，质变脆，表面有许多白色针头大的坏死点。脾脏变化不明显。十二指肠和肌胃出血尤为显著，整个肠道呈卡他性和出血性肠炎，肠内容含有血液，产蛋母鸡成熟卵泡常呈松弛状，而未成熟卵泡则充血，有时可见掉入腹腔的卵黄物质。

慢性病例可见局部感染的关节、肉髯、结膜囊、眶下窦、鼻甲骨有干酪样渗出物，卵巢变形，表现腹膜炎、气囊炎。

【诊　断】 根据多种禽类同时发病、死亡率高的流行特点及浆膜、黏膜出血和肝坏死点剖检变化和抗菌药物有疗效等，可做出初步诊断，确诊需要做病原分离和鉴定。在诊断时应注意与鸡新城疫相区别。剖检时，腺胃没有出血和坏死，可确定不是鸡新城疫。此外，鸡新城疫的出血也没有霍乱普遍，嗉囊内常积气或积有大量液体，慢性病症有明显的神经症状，这些都与禽霍乱不同。

【防　制】 带菌家禽是本病的主要传染源，因此鸡场不宜引进新禽混养，也应避免鸡与鸭、鹅一起饲养。预防本病的最关键措施是做好平时的饲养管理和严格执行消毒卫生制度。可用疫苗进行免疫预防，目前有几种弱毒疫苗供选择使用，也可用灭活苗。由于病原菌血清型有差异，用当地死鸡的组织制成灭活苗效果往往更好，在禽霍乱常发生或流行严重地区，可注射疫苗进行预防。发生禽霍乱时可选用抗生素或磺胺类药治疗。

(十五)鸡大肠杆菌病

大肠杆菌是人类和动物肠道的正常寄生菌，在肠道内合成维生素 B 和维生素 K。有些血清型的菌株对动物有明显的致病作用，外表健康的鸡肠道中常栖息有致病性血清型大肠杆菌，当饲养管理不良、温度突然变化、寒冷潮湿、饲养密度过大、通风换气差、营养不均衡导致抵抗力下降或有毒力强的变异菌株出现时，可诱发鸡群暴发大肠杆菌病。

【病　原】 大肠杆菌为革兰氏阴性、两端钝圆的中等大杆菌，有鞭毛，无芽孢，一般不形成荚膜(有的菌株可形成)。大肠杆菌有O、K及H 3种抗原，根据这3种抗原形成了众多的血清型。本菌的抵抗力较弱，一般消毒药可将其杀死。

【流行特点】 大肠杆菌病主要发生在集约化养鸡场，各品种、性别和年龄鸡均对本菌易感，尤其雏鸡发病最多。饲养环境污秽、潮湿，密度过大、通风不良，过冷过热或温差很大，有毒有害气体长期存在，饲养管理失调，营养不良(主要是维生素缺乏)及病原微生物(如支原体及病毒)感染造成的应激等均可促使本病发生。大肠杆菌随粪便排出，可污染蛋壳使鸡胚死亡或雏鸡出壳时发病和带菌，这是该病的重要传播途径。带菌鸡通过消化道以水平方式传染健康鸡。

【症　状】 大肠杆菌病症状因鸡的年龄、侵害器官不同而有许多表现型，有些症状及剖检变化易与其他疫病相混淆。

孵化期出现死胚、初生雏鸡腹膜炎及脐带炎，此型为垂直传播，大肠杆菌常经患病母鸡卵巢、输卵管及污染的蛋壳进入蛋内部，在孵化过程中大量增殖，造成多数胚胎在出壳前死亡。勉强出壳的雏鸡活力低，软弱、发抖、昏睡、腹胀、畏寒聚堆，卵黄吸收不良成黄绿色黏稠状，腹部膨胀，易发生脐带炎，排白色泥土状稀便，多在出壳后2～3天内死亡。

大肠杆菌急性败血症，多见于雏鸡和6～10周龄育成鸡，寒冷季节多发，有呼吸道症状。夏季病鸡常出现黄白色下痢，与白痢和副伤寒不易区分。外表健康的开产鸡常出现软脚、产蛋困难或抽搐，如不及时治疗常急性死亡。

眼球炎，多出现败血症的后遗症，后期眼睑肿胀，流泪，怕光，逐渐瞳孔浑浊，眼房水及角膜浑浊，视网膜脱落，失明，眼球萎缩。

关节炎及滑膜炎，多发生于雏鸡，散发。病鸡跗关节周围呈竹节状肿胀，关节液浑浊，腔内出现脓汁或干酪样物，有的发生腱鞘炎，行走困难。

【病理剖检】 小肠、盲肠、肠系膜、肝脏及心肌等部位出现结节状灰白色至黄白色肉芽肿。

大肠杆菌急性败血症特征性病变为纤维性心包炎和肝包炎，心包肥厚混浊，表面附有纤维素和干酪样渗出物，心包粘连。肝肿大呈绿色，肝脏边缘钝圆，包膜肥厚，纤维素沉着，常有大小不等的坏死斑。脾脏肿胀充血，常有肺炎变化。

产蛋鸡腹气囊受大肠杆菌侵袭后发生腹膜炎，进而输卵管发炎。输卵管变薄，管腔充满干酪样物，堵塞输卵管，排出的卵落入腹腔。

某些产内毒素的大肠杆菌菌株可引起出血性肠炎，肠黏膜呈密集性充血出血，有溃疡，肌肉、皮下、心肌及肝脏也有出血。

【防　制】 控制大肠杆菌病，搞好孵化卫生及环境卫生，防止病原通过种蛋传递及初生雏鸡之间的水平传播是重要的一环。为此应强化科学的饲养管理，加强种蛋、孵化厅及鸡舍内外环境的清洁卫生，严格执行消毒程序，减少种蛋和雏鸡感染大肠杆菌的机会，避免污染孵化室，防止水源和饲料污染，注重灭鼠和驱虫。在育雏期适时(3～5 日龄，4～6 周龄)于饲料中添加抗菌药物预防本病。多种抗菌药物可用于大肠杆菌病的治疗，但大肠杆菌极易产生抗药性，故在用药前最好对分离的细菌做药敏试验，有针对性地选择敏感药物，或根据情况适时更换抗菌药物。常用药物有庆大霉素、阿米卡星和磺胺类药物等，为准确选用敏感药物，可定期对本鸡场的大肠杆菌株进行药敏试验，但对已出现心包炎、气囊炎和腹膜炎的病鸡治疗意义不大。由于大肠杆菌血清型非常复杂，不同血清型之间缺乏交叉保护作用，因此若用疫苗进行免疫，可采用自家(或优势菌株)多价灭活佐剂苗，一般免疫程序为 7～15 日龄、25～35 日龄、120～140 日龄各 1 次。

七、肉鸡场废弃物的处理

规模化、集约化的肉鸡生产会产生大量的各种废弃物，若处理不当，会对周围环境及鸡场自身生物安全产生不良影响，因此，应加强对鸡场废弃物的管理。

（一）鸡场废弃物的种类

肉鸡场除了一些带有臭味、含有灰尘的污浊空气、噪声、场内孳生的昆虫等会形成公害，需要预加防范或治理外，还有孵化废弃物、禽粪、死禽与污水等需要管理。

（二）孵化废弃物的管理

孵化的废弃物有无精蛋、死胚、毛蛋、蛋壳等，这些废弃物很容易招引蝇类，在热天尤甚。有条件的可对其加工处理，未受精蛋常用于加工食品，死胚、毛蛋、死雏等制成干粉，蛋白质含量达22%～32%，可替代肉骨粉与豆饼，蛋壳粉为钙质饲料。这些废弃物利用前必须进行高温灭菌。没有条件做高温灭菌或加工成副产品的小型孵化厂，每次出雏的废弃物必须尽快做深埋处理。

（三）鸡粪的收集与利用

1. 鸡粪的收集 收集分干粪和稀粪。收集干粪时，平时不清粪，淘汰鸡群或转群后一次全部清除积粪。收集干粪对鸡舍内环境影响小，有害气体与臭味发生较少，苍蝇的繁殖也能控制，对鸡场的卫生有利，也很少导致公害的发生，能防止潜在水污染，减轻或消除臭味，不需要经常清粪，粪含水分少，易于干燥，但要求地面能防止水分的渗漏，供水系统不能漏水或溢水，必须设置良好的通风系统，气流能够均匀地通过积粪的表层。收集稀粪须设地沟和刮粪板，且粪便可以通过管道或传送设备运送，需用人力较少，不足之处在于有臭味，鸡舍内易产生氨与硫化氢等有害气体，还可能污染地下水。

2. 鸡粪的利用　肉鸡鲜粪的产量相当于其每天采食量的110%～120%，其中含有固体物25%左右。新鲜禽粪也可直接施撒农田，但用量不可太多，禽粪中有20%的氮、50%的磷能直接为作物利用，其他部分为复杂的有机分子，需经土壤微生物分解后才能逐渐为作物所利用。也可利用微生物将鸡粪发酵，让其充分腐熟，其施用量比新鲜禽粪可多4～5倍。鸡粪也可作饲料，干的鸡粪中含有约1/3的粗蛋白，22.5%无氮浸出物、26%灰分和10%粗纤维，在各种必需氨基酸中，丝氨酸、色氨酸和蛋氨酸较多，鸡粪可以用于喂牛、羊等反刍家畜，这类家畜可将鸡粪中的非蛋白态氮，在瘤胃中经微生物分解利用，合成菌体蛋白，然后再为畜体消化吸收后利用。喂肉牛与乳牛时可在饲料中加入鸡粪与垫料的混合物23%～25%。

（四）病死鸡尸的处理

对于病死鸡，最简单的处理方法就是挖1米左右深的窄沟，根据需埋死鸡多少确定沟的长度。也可用专用的焚尸炉，焚烧死鸡。还可将死鸡进行堆肥，利用嗜气菌与嗜热菌成批分解死鸡尸体。不管用哪种处理方法，运死鸡的容器应便于密封消毒，以防运送过程中污染环境。若鸡死于传染病，则最好焚烧处理。

（五）污水处理

肉鸡场每天会产生大量污水，这些污水中含有固形物1/10～1/5不等。如果任污水流淌，特别是通过阴沟，会臭味四散，污染环境或地下水，因此应对其进行适当的处理。污水经24小时沉淀，80%～90%的固形物会沉淀下来。有些鸡场将污水通过地沟流淌到鸡场后的污水处理场，经过两级沉淀后，水质变得清澈，可用于浇灌果树或养鱼。污水还可用生物滤塔过滤，生物滤塔是依靠滤过物质附着在多孔性滤料表面所形成的生物膜，来分解污水中的有机物，污水中的有机物经过滤和分解，浓度大大降低，可得到比沉淀更好的净化程度。

第三章　肉鸡品种选择

种鸡的品质和生产性能直接关系到鸡肉产品的数量和质量，是肉鸡健康高效养殖的物质基础。所选肉鸡品种生产性能高、具有较强的抗病害和抵御不良环境的能力，不但可减少病害发生机会、降低养殖风险、增加养殖效益，同时也可避免大量用药对环境可能造成的危害以及对人类健康的影响。只有选择适合当地的优良品种，才能获得大量优质的种蛋、鸡苗，保证肉鸡饲养的高产出和高收益，因此品种的选择是肉鸡健康高效养殖的关键。实现肉鸡健康高效养殖，必须选择适合当地条件、生长快、饲料利用率高、抗病力强的优良肉鸡品种。

我国肉鸡品种主要有白羽肉鸡和优质肉鸡，白羽肉鸡主要是指快大型肉鸡，也称快大型白羽肉鸡，从国外引进，主要品种有爱拔益加（AA）、艾维茵（Avian）、罗斯、科宝和海波罗等。优质肉鸡最先从广东兴起，最初其羽毛颜色多为黄色，广大消费者称之为“三黄鸡”。由于各地区的消费习惯不同，对优质鸡的体型外貌、肉质和生长速度等也要求不一。优质鸡配套系从羽毛颜色来看，有黄羽和麻羽；从商品代的生长速度来看，有快速型、中速型和慢速型之分。一般来说，生长速度越慢，肉质越优。

一、快大型白羽肉鸡

（一）快大型白羽肉鸡品种的发展历程

快大型白羽肉鸡的发源地是美国，在 20 世纪初，美国在家禽业协会和家禽爱好者的推动下，先后育成洛岛红、新汉夏、横斑洛克等兼用品种，最初这些品种主要用于产蛋。20世纪20年代，当时美国德尔马瓦半岛的Steels夫妇开始全年饲养肉鸡，从而使现代肉鸡产业成为一个独立的产业。由于当时只育成了洛岛红、新汉夏、横斑洛克等兼用品种，因此，其也成为肉鸡生产中使用的品种。这些品种用于肉鸡生产，主要问题在于屠宰后屠体不美观，残留的羽毛清晰醒目，因此后来在生产中还使用过白科尼什和白洛克等品种。50年代，美国以科尼什鸡和白洛克鸡为素材，采用杂交配套先后育成Arbor Acres(AA)、Hubbard等肉鸡配套系，这些配套系在外貌上是白羽，屠体美观，杂种优势的利用使其生活力和生产性能比原有标准品种更优秀，更受生产者和消费者的欢迎，因而逐步取代原有洛岛红等兼用型品种。新的配套系在商业上更有竞争力，大大推动了肉鸡业向前发展。至此，快大型白羽肉鸡品种基本定型，科技工作者一直使用白科尼什和白洛克作育种素材，采用现代育种理论，用白科尼什培育父系，用白洛克培育母系，改进其一些不利于生产的特征，将父系和母系杂交生产出商品代推向市场，充分利用杂种优势，使生产性能逐步提高。目前全世界白羽肉鸡市场以爱拔益加、艾维茵、哈巴德、海波罗等几大品种占据主导地位，其中爱拔益加和艾维茵占据80%市场份额，哈巴德占10%，海波罗占3%，其余占7%。父母代年更换量3.42亿套。

(二)快大型白羽肉鸡品种

快大型白羽肉鸡主要由白科尼什选育而成的父系和由白洛克选育而成的母系杂交生产出的肉用仔鸡。我国还没有自己的快大型白羽肉鸡品种，自20世纪60年代中期以来先后从国外引进肉鸡配套系近20个，目前生产中所使用的品种皆是从国外引进父母代或祖代鸡，再生产商品肉用仔鸡供给广大农户饲养。世界上有几十家家禽育种公司培育快大型白羽肉鸡，其中美国占绝大多数

(表 3-1)。我国曾引进过多个白羽肉鸡配套系，目前在生产中所使用的主要是爱拔益加、罗斯和艾维茵，占白羽肉鸡市场份额的95%左右，其他还有科宝、海波罗和哈巴德等。

表 3-1 世界主要快大型白羽肉鸡配套系

国 家	公 司	肉鸡品种(配套系)	羽 色
美 国	爱拔益加(Abor Aerec)	爱拔益加(Arbor Acres)	白羽
美 国	艾维茵(Avian)	艾维茵(Avian)	白羽
美 国	皮特森(Peterson)	皮特森(Peterson)	白羽
美 国	哈巴德(Habad)	哈巴德(Habad)	白羽
美 国	辉瑞(Ptizer)	辉瑞(Ptizer)	白羽
美 国	塔特姆(Tatm)	塔特姆(Tatm)	白羽
美 国	科宝(Cobb)	科宝(Cobb)	白羽自别雌雄
美 国	印地安河(Indian River)	印地安河(Indian River)	白羽
法 国	伊萨(ISA)	明星	白羽矮小型
德 国	罗曼(Lohmann)	罗曼(Lohmann)	白羽
荷 兰	尤里布里德(Euriburid)	海波罗(Hybro)	白羽

1. 爱拔益加肉鸡 简称 AA 肉鸡，是美国爱拔益加育种公司培育的四系配套白羽肉鸡品种，羽毛白色，单冠。我国从 20 世纪 80 年代开始引入到我国的山东、江苏、上海、广东、辽宁等省、直辖市，目前已有十多个祖代和父母代种鸡场。该鸡可在我国绝大部分地区饲养，适于集约化养鸡场、规模化鸡场、专业户和农户饲养，是我国白羽肉鸡中饲养较普遍的品种。

AA 肉鸡具有生产性能稳定、增重快、胸肉产肉率高、成活率高、饲料报酬高、抗逆性强的优良特点。

AA 肉鸡父母代生产性能：全群平均成活率 90%，入舍母鸡

66周龄产蛋数193枚,入舍母鸡产种蛋数185枚,入舍母鸡产健雏数159只,种蛋受精率94%,入孵种蛋平均孵化率80%,36周龄蛋重63克。

公母混养条件下,AA肉鸡商品代生产性能:35日龄体重1 800～1 810克,成活率96.5%～97.0%,饲料利用率1.56;42日龄体重2 395～2 440克,成活率96%～96.5%,饲料利用率1.72～1.73,胸肉产肉率16.1%～17.4%;49日龄体重2 985～3 040克,成活率95.5%～95.8%,饲料转化率1.89～1.90∶1,胸肉产肉率16.8%～18.1%。

2. 艾维茵 艾维茵肉鸡是美国艾维茵国际禽业有限公司培育的三系配套白羽肉鸡品种。我国从20世纪80年代开始引进并进行选育,目前在我国建有祖代和父母代种鸡场。该鸡可在我国绝大部分地区饲养,适于集约化养鸡场、规模化鸡场、专业户和农户饲养,是白羽肉鸡中饲养较普遍的品种。

艾维茵肉鸡由增重快、成活率高的父系和产蛋量高的母系杂交而成,其体型饱满,胸宽、腿短、黄皮肤,具有繁殖力强、抗逆性强、死淘率低,商品代肉仔鸡增重快、成活率高、饲料报酬高的优良特点。

艾维茵肉鸡祖代生产性能:入舍母鸡平均产蛋率母系60%、父系52%,累计产蛋数母系163枚、父系138枚,产蛋合格率平均为91%;平均孵化率母系为82%、父系为77%,母系生产雏鸡122只,父系为94只,母系生产可售父母代雏鸡58只,父系为45只;41周产蛋期母鸡成活率母系90%、父系85%。

艾维茵肉鸡父母代生产性能:入舍母鸡产蛋5%时成活率不低于95%,产蛋期死淘率不高于8%～10%;高峰期产蛋率86.9%,41周可产蛋187枚,产种蛋数177枚,入舍母鸡产健雏数154只,入孵种蛋孵化率最高达91%以上。

公母混养条件下艾维茵肉鸡商品代生产性能:35日龄体重

1.67～1.97 千克，料肉比 1.68∶1；42 日龄体重 2.18～2.38 千克，料肉比 1.81～1.84∶1；49 日龄体重 2.66～2.92 千克，饲料转化率 1.96～1.98∶1，成活率 97%以上，56 日龄体重 3.15～3.77 千克，料肉比 2.12∶1。

3. 罗斯肉鸡 罗斯 1 号肉鸡是英国罗斯种畜公司育成的四系配套肉用鸡品种。20 世纪 80 年代引入祖代鸡，生产性能表现较好，含快慢羽伴性遗传基因，商品代肉仔鸡可自别雌雄。父母代种鸡 64 周龄产蛋量 170 枚，入舍母鸡可孵种蛋数 161 枚，入孵蛋孵化率 84%，23～24 周产蛋率达 5%～10%，产蛋期死亡率 7%。商品代仔鸡 42 日龄平均体重 1.67 千克，料肉比 1.89∶1；49 日龄平均体重 2.09 千克，料肉比 2.01∶1；56 日龄平均体重 2.5 千克，料肉比 2.15∶1；63 日龄平均体重 2.92 千克，料肉比 2.28∶1。

罗斯 Pm3 肉鸡为英国罗斯育种公司培育的四系配套白羽肉鸡，母鸡具有矮小型基因，可节约饲料 20%，节省空间 15%，降低雏鸡成本。其商品代鸡生产性能：8 周龄平均体重 2.63 千克，料肉比 2.16∶1。

图 3-1 罗斯 308 肉仔鸡

罗斯 308 肉鸡（图 3-1）是美国安伟捷公司培育的肉鸡新品种，具有生长快、抗病能力强、饲料报酬高、产肉量高等优点，特别适合东亚环境特点。父母代育雏期成活率 95%，产蛋期成活率 95%，64 周龄产蛋量 180 枚，64 周龄可产种蛋 171 枚，高峰产蛋率 84.3%，孵化率 85%，23 周入舍母鸡可提供健雏 145 只。商品肉鸡可以混养，也可通过羽速自别将公母分开饲养，出栏均匀度好，成品率高。

公母混养，35 日龄平均体重 1.8 千克，料肉比 1.59：1；42 日龄平均体重为 2.4 千克，料肉比为 1.72：1；49 日龄平均体重为 3.05 千克，料肉比为 1.85：1。

二、优质肉鸡品种

(一)优质肉鸡的发展历程

1. 优质鸡的形成 20 世纪 50 年代，我国的广东省向香港销售石歧鸡，由于历史的原因，在 60 年代销往香港的石歧鸡数量下降，港农对石歧鸡进行选种、繁殖，但由于其产蛋太少，于是引入新汉夏、狄高、红波罗等外来种进行杂交选育，杂交后称石歧杂。杂交选育而成的肉鸡在生长性能和产蛋性能上优于原有鸡种，但在肉的风味、嫩度和口感上都无法与传统的肉鸡相比，于是提出了优质鸡。其实，从不同的角度出发，肉鸡的优劣也是不同的。邱祥聘(1989)认为，优质鸡应从风味、外观、保存性、纯洁度、嫩度、营养品质和价格等来衡量，其中，风味指肉的气味和滋味，外观主要指鸡的羽色、肤色和屠体组成，保存性主要指在加工、贮藏、运输等过程中能承受外界因素的能力，纯洁度指肌肉中不能有任何有毒有害物质、微生物及其他外物(包括吸收水分等)。吴常信(1994)认为，优质鸡是一些地方鸡种经过多年的纯化选育，产蛋性能和生长性能有所提高，在适时屠宰时鸡肉皮薄、肌间脂肪适量、肉味鲜美、肉细嫩软滑的地方鸡种，但我国地域辽阔，不同民族、地区、饮食习惯和烹调方法对鸡的肉质要求不同，难以有统一的标准确定肉质的优劣。我国人口众多，家庭经济实力各不相同，需求也是多元化的，仅用原有地方鸡种生产优质鸡远远不能满足人们对鸡肉的需求。从 20 世纪 80 年代末到 90 年代初开始，我国的优质鸡育种开始采用多元杂交配套体系，使用的品种也不止一个，各种配套组合的生产性能不一致。赵河山(1998)认为,优质鸡除了具有优良的肉质外,还须有较好的符合某地区和民族喜好的体型外貌,如特定的羽色、肤色等,并有较高的生产性能,因此生产成本得到降低,可以满足不同消费层次的需求,例如大多数的地方鸡种(土种鸡)、仿土鸡(或半优质鸡,土种鸡与外种鸡的杂交后代)、三黄鸡、乌骨鸡等,即优质鸡是经选育提高或杂交改良的土种鸡。

综合上述观点,在我国,肉鸡质量的优劣主要包含鸡肉的营养、口感、肉鸡外貌和成本。在营养上,要求优质肉鸡的鸡肉蛋白含量高,氨基酸平衡且与人体需要相符合,能补充代谢消耗,调节生理功能,脂肪含量适中,胆固醇含量低,不含残留药物和毒物,总之要有益于人体健康。在口感上,要求肌肉与脂肪比例适中,有一定的皮下和肌间脂肪,肌纤维细,肉滑细嫩,肉质鲜美,鸡味浓,口感好。在外貌上,要求优质肉鸡羽毛颜色、外形特征等与地方鸡外貌相似。最后,要以最低成本、最方便工艺手段生产优质肉鸡。这几方面更侧重于感官质量,即指色泽、风味、口感、嫩度和多汁性等方面。据此,可以概括地说,凡具有我国地方品种鸡(即土鸡)的特点,以地方鸡血缘为主,其风味、口感、滋味上乘,羽色、肤色各异,适合我国传统加工工艺加工或烹调方式,受消费市场欢迎的良种鸡,就是优质肉鸡。

2. 优质鸡的配套组合　优质肉鸡广泛分布于我国大部分地区,品种资源极为丰富,全国鸡地方品种有 81 个,被列入国家级重点保护品种名录的地方鸡有 23 个品种。最初的优质鸡育种停留在本品种选育或简单杂交阶段,种鸡的产蛋量和肉仔鸡的生长速度还比较低。从 20 世纪 80 年代末到 90 年代初开始,我国的优质鸡育种开始采用多元杂交配套体系,将现代家禽的优良特性如生长快、产蛋多、矮小基因、隐性白羽等引入地方鸡种中,得到生长速度较快、肉质优良的优质鸡。现代育种技术为我国黄羽肉鸡产业发展注入了新的活力。通过企业与大学、科研院所的合作,充分利用国内丰富的品种资源，以市场为导向，培育了一批适合我国国情的优质肉鸡配套系，如新兴黄鸡、江村黄鸡和岭南黄鸡等10多个配套系。目前最大的10家黄羽肉鸡育种公司，每年可提供父母代种鸡约3 000万套，约占全国需求量的75%。

(1)地方鸡种间的简单杂交　地方鸡种间的杂交不会明显改进生长速度，但可增强杂交鸡的生活力，而且有利于保持优质鸡的肉质风味，还能提高成活率。如肖智远(1998)利用杏花鸡、胡须鸡、清远麻鸡等土种鸡进行杂交，后代羽色具有原广东地方鸡种的特征，丰富了产品类型，较受生产者欢迎。江宵兵(1998)也报道过福建省利用狼山鸡、萧山鸡、浦东鸡、仙居鸡、寿光鸡等杂交组合生产优质鸡。

(2)地方鸡种与褐壳蛋鸡杂交　褐壳蛋鸡比白壳蛋鸡和快大型白羽肉鸡的肉质好，生长速度也比许多地方鸡种快，而且产蛋多、蛋重大，将其作为优质鸡生产中的母系，能在一定程度上保持优良的肉质，又能提供数量较多、初生重较大的商品雏鸡。肖智远(1998)利用杏花鸡作父系，以自行培育的福星黄鸡作母系杂交，效果较佳。

(3)地方鸡种与快大型有色羽鸡杂交　为保持地方鸡种的羽色外貌，将地方鸡种与快大型肉鸡如"红宝"、"荻高"等有色羽鸡杂交生产肉鸡。用地方鸡种父系、有色羽鸡作母系生产的肉仔鸡肉质较好，但种鸡的繁殖性能欠佳，如四川山地乌骨鸡作父系、红宝黄羽肉鸡父母代作母系配套杂交。也可用地方鸡种作母系、有色羽鸡作父系生产肉仔鸡，如"苏禽F系"公鸡与当地土种母鸡杂交，后代羽毛黄色，体型似土种鸡，很受市场欢迎。

(4)隐性白羽基因的利用　用地方鸡种与快大型肉鸡中的隐性白羽鸡杂交，能够较快提高商品鸡的早期生长速度，并能基本保持地方鸡种的体型外貌。杂交方式如下：

地方种鸡×隐性白(母)

↓

地方鸡公鸡×F1

↓

商品肉鸡

将第二次交配的公鸡换为合成系，或用地方鸡公鸡与快速型黄羽肉鸡母鸡的杂交后代，则生长速度提高更多。

(5)矮小基因(dw)的应用　矮小基因降低鸡的增重、成年体重和体型，但对鸡的产蛋、繁殖和饲料转化效率影响不太大，优质鸡生产中将该基因引入父母代母系，减少了父母代母系鸡的饲养费用，而对商品代的体重和增重影响不大。其杂交方式如下：

父母代　　正常型父系($Z^{DW}Z^{DW}$)×矮小型母系($Z^{dw}W$)

↓

商品代全为正常型　$Z^{DW}Z^{dw}$(♂)　$Z^{DW}W$(♀)

3. 优质鸡的类型　我国处于温带和亚热带地区，气候温和，地势、地形和生态环境复杂，各地自然气候和消费习惯不尽相同。由于各地区的消费习惯不同，对优质鸡的体型外貌、肉质和生长速度的要求不一样。从羽毛颜色来看，优质鸡配套系有黄羽、麻羽和麻黄等。从皮肤和胫色上分为黄、青和乌等。从杂交方式来看，有特优型、高档型和普通型。特优型主要是指在优良地方品种基础上进行本品种的选育，各个系的选育方向不同，然后进行品系间杂交，而多数则没有进行多元配套组合。高档型是用地方鸡种作父系，与经杂交选育的母系配套组合而成，其产蛋和生长性能高于特优型。普通型则是用地方鸡种作父系，与快大型隐性白羽肉鸡杂交而成，其含快大型肉鸡血缘不少于25%。从商品代的生长速度来看，有快速型、中速型和慢速型之分。一般来说，生长速度越慢，肉质越优。快速型配套系生长速度快，饲料报酬高，其父母代66

周产蛋 160～170 枚，商品代 10 周龄体重达 1.5～1.6 千克，料肉比 2.6～2.8：1，如新兴黄鸡、苏禽黄鸡等。中速型配套系父母代种母鸡年饲养日产蛋量 160～180 枚，商品代公鸡的出栏时间 70～80 天，出栏体重 1.5～1.8 千克，商品母鸡 95～110 日龄出栏，出栏体重 1.8～2.0 千克，料肉比 3.0：1。如江村黄鸡、康达尔黄鸡等，出栏时已达性成熟，适合供港及广州、深圳等地的消费。慢速型配套系以纯地方鸡种为育种素材，选育出 2 个或 3 个品系进行配套，如北京油鸡、石岐鸡、清运麻鸡等。慢速型配套 110～120 天出栏，母鸡体重 1.6～1.8 千克，售价也较高。

优质肉鸡的消费大多以活鸡为主，且市场区域差异特别大，目前市场上快速型、中速型和慢速型优质鸡市场占有额约 50%、30% 和 20%，两广地区以慢速型和中速型为主，华东地区以快大型为主，云贵川以中速型青脚麻鸡为主。

(二)优质肉鸡品种

目前，全国已有 20 余个品牌的优质肉鸡上市，满足人们对优质鸡肉的消费需求。

1. 北京油鸡

(1)育成概况　北京油鸡（图 3-2）原产于北京城北侧安定门和德胜门外一带，以朝阳区所属的大屯和洼里两个乡最为集中，其邻近地区，如海淀、清河等地也有一定数量的分布。其肉质细嫩，肉味鲜美，适合多种传统烹调方法，在活鸡市场上具有良好信誉，是一个优良的地方鸡种。

该品种在清朝初期已出现，距今已有 250 余年历史，20 世纪 50 年代濒于灭绝，后由中国农业科学院畜牧所和北京市农林科学院畜牧兽医研究所收集选育、保种、开发而得以保存并发展壮大，中国农业科学院还在此基础上培育了矮脚油鸡。现主要分布于海淀、朝阳等北京郊区，已销至国内许多省、市，并试销日本、朝鲜。

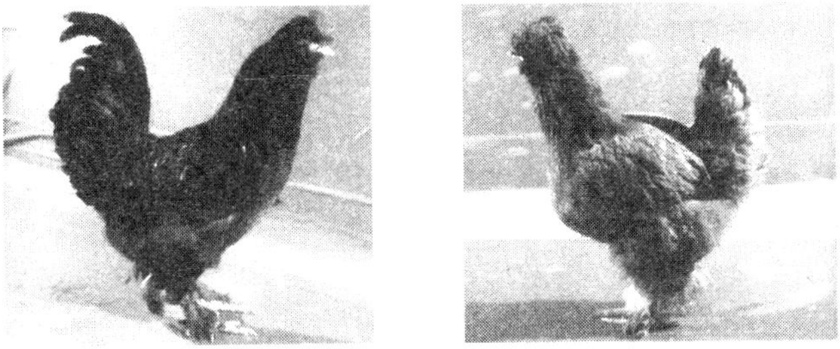

公　　　　　　　　　　母

图 3-2　北京油鸡

(2)外貌特征　北京油鸡体躯中等,其中羽毛呈赤褐色(俗称紫红毛)的鸡体型较小,羽毛呈黄色(俗称素黄毛)的鸡体型则略大。初生雏全身披着淡黄或土黄色绒羽。成年鸡冠羽、胫羽、髯羽很明显,体浑圆,羽毛厚密而蓬松。公鸡羽毛色泽鲜艳光亮,头部高昂,尾羽多呈黑色。母鸡头和尾微翘,胫部略短,体态敦实。其尾羽与主、副翼羽中常夹有黑色或以羽轴为中界的半黑半黄羽片。北京油鸡具有冠羽和胫羽,有些个体兼有趾羽。不少个体的颌下或颊部生有髯须,因此,人们常将这“三羽”(凤头、毛腿和胡子嘴)性状看做是北京油鸡的主要外貌特征。冠型为单冠,冠叶小而薄,在冠叶的前段常形成一个小的“S”状褶曲,冠齿不甚整齐。具有髯羽的个体,其肉髯很少或全无。头较小。冠、肉髯、脸、耳叶均呈红色。眼较大,虹彩多呈棕褐色。喙和胫呈黄色,喙的尖部微显褐痕。少数个体有五趾。

(3)生产性能　北京油鸡性成熟较晚,在自然光照条件下,公鸡 4 月打鸣,6 月后精液品质正常,母鸡 7 月龄开产,开产体重 1 600 克。在农村放养的条件下年产蛋 110 个,蛋重约 56 克,保种核心群 57 周龄平均产蛋 108.7 个。就巢性强,种蛋受精率 93.2%,受精蛋孵化率 82.7%。现保种核心群受精蛋孵化率为

84%～85%。生长速度缓慢，平均初生重 38.4 克，4 周龄重 220 克，8 周龄重 549.1 克，12 周龄重 959.7 克，16 周龄重 1 228.7 克，20 周龄公鸡重 1 500 克、母鸡重 1 200 克。

中国农业科学院畜牧研究所将 dw 基因引入到油鸡中，42 日龄平均体重 641.9 克，102 日龄体重平均达 1 815.0 克，300 日龄平均产蛋率 53.0%。北京中华宫廷黄鸡育种中心已利用中华矮脚鸡配套杂交推广，完全保持了油鸡的优良特征特性，并获得了良好经济效益。

2. 固 始 鸡

(1)育成概况　固始鸡(图 3-3)是我国优良地方鸡种之一，属蛋肉兼用型。原产于河南省固始县，主要分布于沿淮河流域以南、大别山脉北麓的商城、新县、淮滨等 10 个县、市，安徽省霍邱、金寨等县亦有分布。

(2)外貌特征　固始鸡个体中等，外观清秀灵活，体型细致紧凑，结构匀称，羽毛丰满，尾型独特。初生雏绒羽呈黄色，头顶有深褐色绒羽带，背部沿脊柱有深褐色绒羽带，两侧各有 4 条黑色绒羽带。成鸡冠型分为单冠与豆冠 2 种，以单冠者居多。冠直立，冠齿 6 个，冠后缘冠叶分叉。冠、肉髯、耳叶和脸均呈红色。眼大、略向外突起，虹彩呈浅栗色。喙短、略弯曲、呈青黄色。胫呈靛青色，四

公　　　　母

图 3-3　固始鸡

趾，无胫羽。尾型分为佛手状尾和直尾2种，佛手状尾是该品种的特征，其尾羽向后上方卷曲，悬空飘摇。皮肤呈暗白色。公鸡羽色呈深红色和黄色，镰羽多带黑色而富青铜光泽。母鸡的羽色以麻黄色和黄色为主，白、黑色很少。该鸡种性情活泼，敏捷善动，觅食能力强。

(3)生产性能　固始鸡平均开产日龄170.5天，开产体重960.7克，年平均产蛋量为150.5枚，开产蛋重40.5克，平均蛋重50.5克，蛋壳质量很好。平均受精率90.4%，受精蛋孵化率83.9%。就巢性能强。雏鸡1月龄成活率81.4%。固始鸡早期增重较慢，60日龄平均体重265.7克，90日龄公鸡体重487.8克、母鸡体重355.1克，180日龄公母鸡体重分别为1 270克、966.7克，5月龄半净膛屠宰率公鸡81.76%、母鸡80.16%，6月龄半净膛屠宰率公鸡81.76%、母鸡80.16%。

目前固始鸡已全面系统保种选育，在此基础上引进中华矮脚鸡进行配套杂交利用，进行产业化生产，固始县“三高集团”对其进行开发利用，并已取得了良好效果。

3. 鹿苑鸡

(1)育成概况　鹿苑鸡(图3-4)为兼用型鸡种，因产于江苏省沙洲县鹿苑镇而得名。鹿苑镇原隶属常熟县，后划归为沙洲县。

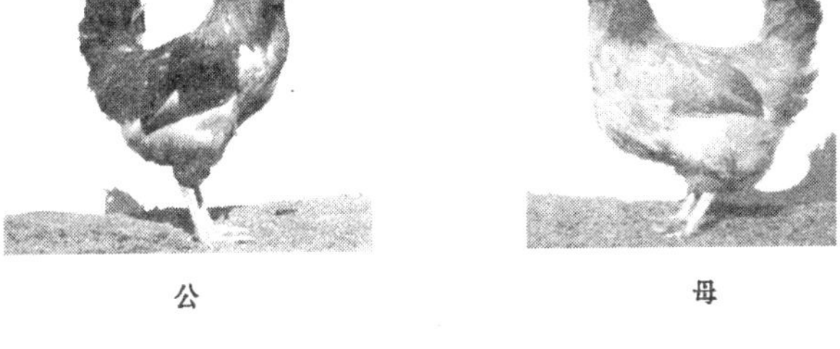

公　　　　母

图3-4　鹿苑鸡

以鹿苑、塘桥、妙桥、西张和乘航等乡为集中产区。该鸡以屠体美观、肉质鲜嫩肥美而著称，驰名大江南北。

鹿苑鸡远在清代已作为“贡品”供皇室享用，并作为常熟四大特产之一。常熟等地制作的“叫化鸡”就以其做原料，保持了香酥鲜嫩等特点。

(2)外貌特征　鹿苑鸡体型高大，体质结实，胸部较深，背部平直。成年公鸡体重 3 千克、母鸡 2 千克左右。头部冠小而薄，肉髯、耳叶亦小。眼中等大，瞳孔黑色，虹彩呈粉红色。喙中等长、黄色，有的喙基部呈褐黑色。全身羽毛黄色，紧贴体躯，且使腿羽显得丰满，颈羽、主翼羽和尾羽有黑色斑纹。公鸡羽毛色彩较浓，梳羽、蓑羽和小镰羽呈金黄色，大镰羽呈黑色，皆富有光泽。胫、趾黄色，两腿间距离较宽，无胫羽。雏鸡绒羽黄色。

(3)生产性能　90 日龄鹿苑公母鸡活重分别为 1 475.2 克、1 201.7 克。半净膛屠宰率 3 月龄公母鸡分别为 84.94%、82.6%。1990 年上海市农业科学院畜牧研究所经选育后，70 日龄平均活重鹿苑 1 系和 2 系公母鸡分别为 1 203.6 克、1 213.4 克。母鸡开产日龄 180 天，开产体重 2 000 克，年产蛋平均 144.72 个，蛋重 55 克。种蛋受精率 94.3%，受精蛋孵化率 87.23%。经选育后受精率略有下降，30 日龄育雏成活率 96%以上。

4. 惠阳胡须鸡

(1)育成概况　惠阳胡须鸡(图 3-5)是广东省的优良肉用型地方鸡种，它以特有的优良肉质与三黄胡须的外貌特征而驰名中外，在育种、生产和外贸活鸡市场上都具有较高的经济价值，是我国珍贵的家禽品种资源。惠阳胡须鸡主要产区分布于广东省各个县、市，其中惠阳、博罗、紫金、龙门和惠东 5 个县为主产区，河源、东莞、宝安、增城次之。

(2)外貌特征　惠阳胡须鸡属小型肉用品种，体质结实，头大颈粗，胸深背宽，胸肌发达，后躯丰满，体形呈方形。该鸡种有 10

公

母

图 3-5　惠阳胡须鸡

个特点：黄羽、黄嘴、黄脚、胡须、短身、矮身、矮脚、易肥、软骨、白皮和玻璃肉。标准特征为颌下发达而张开的胡须状羽，无肉髯或仅有一些痕迹。公鸡喙粗短而黄，虹彩橙黄色，耳叶红色，梳羽、蓑羽和镰羽金黄色而富有光泽。背部羽毛枣红色，尾羽分有主尾羽和无主尾羽 2 种。主尾羽多呈黄色，但也有些内侧是黑色，腹部羽色比背部稍淡。母鸡全身羽毛黄色，主翼羽和尾羽有些黑色，尾羽不发达，脚黄色。

（3）生产性能　惠阳胡须鸡开产日龄 180 天，年平均产蛋量 110 个，平均蛋重 46 克，蛋壳主要呈浅褐色。就巢性特别强，种蛋受精率为 88.6%，受精孵化率为 84.6%。平均初生雏重 31.6 克，5 周龄重 250 克，12 周龄公鸡重 1 140 克，母鸡重 845 克；15 周龄公鸡重 1 410 克，母鸡重 1 015 克。150 日龄半净膛率 87.5%，全净膛率 78.7%。

5. 清远麻鸡

（1）育成概况　清远麻鸡（图 3-6）原产于广东省清远县。因母鸡背侧羽毛有细小黑色斑点，故称麻鸡。它以体型小、皮下和肌间脂肪发达、皮薄骨软而著名，是三大供港活鸡品种之一。清远当地畜牧水产局组织有关人员对清远麻鸡进行保种选育，华南农业大学又进一步进行了系统选育，开始杂交利用，目前正在进行产业化生产。

公

母

图 3-6 清远麻鸡

(2)外貌特征　清远麻鸡体型特征可概括为“一楔”、“二细”、“三麻身”。“一楔”指母鸡体形呈楔形，前躯紧凑，后躯圆大；“二细”指头细、脚细；“三麻身”指母鸡背羽面主要有麻黄、麻棕、麻褐3种颜色。公鸡体质结实灵活，结构匀称，属肉用体型。出壳雏鸡背部绒羽为灰棕色，两侧各有一条约4毫米宽的白色绒羽带，直至第一次换羽后才消失，这是清远麻鸡雏鸡的独特标志。公鸡单冠直立，颜色鲜红。肉髯、耳叶鲜红。虹彩橙黄色。喙黄。颈部长短适中，头颈、背部羽金黄色，胸羽、腹羽、尾羽及主翼羽黑色，肩羽、蓑羽枣红色。脚短而黄。母鸡单冠直立，冠中等，冠、耳叶呈鲜红色。喙黄而短。虹彩呈黄色。颈长短适中，头部和颈前1/3的羽毛呈深黄色。背部羽毛分黄、棕、褐三色，有黑色斑点，形成麻黄、麻核、麻褐3种，其中以麻黄、麻棕两色居多。主、副翼羽的内侧呈黑色，外侧呈麻斑，由前至后斑点逐渐消失。胫趾短细、呈黄色。

(3)生产性能　成年公、母鸡体重分别为2 180克、1 750克。35日龄体重309克，84日龄体重951克，105日龄体重1 157克，180日龄体重1 300克，经15天肥育增重250克。

6. 如皋黄鸡

(1)育成概况　如皋黄鸡(图 3-7),是江苏省长江流域地区饲养最普遍的黄羽鸡。近年来为加强如皋黄鸡的选育工作,如皋市对如皋黄鸡进行了有计划的选育工作,从而使该鸡种在体型、外貌及生产性能上趋于一致。

公

母

图 3-7　如皋黄鸡

(2)外貌特征　如皋黄鸡属于蛋肉兼用型鸡种,体型中等,外貌清秀、紧凑。该鸡喙黄、脚黄、羽毛黄,项羽、翼羽、尾羽夹有黑色。公鸡羽色金黄,富有光泽,羽毛紧贴身体,显得灵活清秀。母鸡黄羽、黄喙、黄脚,颈、翼、尾羽尖端有黑色斑纹羽,具"三黄三黑"特征。

(3)生产性能　如皋黄鸡育成期成活率 97%,产蛋期成活率 96%。成年公鸡体重 1.75～2.00 千克,母鸡 1.35～1.60 千克。90 日龄体重 0.95 千克,150 日龄体重 1.50 千克。

如皋黄鸡多被作为黄羽肉鸡配套生产的母本,与引入的外来肉用鸡种作父本进行杂交,生产的商品代黄羽肉鸡生活力好、生长速度快、饲料报酬高,目前已成为当地的支柱产业。

7. 石岐杂鸡

(1)育成概况　20 世纪 60 年代中期,香港在广东地方良种石岐鸡的基础上,先后引用外来品种进行杂交,育成石岐杂鸡。1980

年，广东省家禽科学研究所引入石岐杂鸡并立题进行系统研究和选育，经选育后基本上保持着三黄鸡的黄羽、黄皮、黄脚、黄脂、短肢、单冠、圆身、薄皮、细骨、脂丰、肉厚、味浓等多个特点，此外还具有适应性好、抗病力强、成活率高、个体发育均匀等优点。在此基础上向全国推广，在相当长的时期内是广东外贸生产基地的当家品种。在20世纪70年代以后，多家育种单位对石岐杂鸡进行了选育，并已育成多个新品系，其风味成为黄羽肉鸡中的佼佼者，在港、澳地区有一定的市场。

(2)外貌特征　石岐杂鸡体型大，腿矮小，身躯短，呈圆桶形，胸肉厚，公鸡羽毛红黄色，母鸡羽毛麻黄色。

(3)生产性能　石岐杂鸡公鸡10周龄重为1.8千克，母鸡为1.4千克，料肉比为2.8∶1。母鸡开产期165天，高峰期产蛋率80%，平均蛋重55克，500日龄产蛋约180枚。

8. 苏禽黄鸡　是江苏省家禽科学研究所培育的优质系列黄羽肉鸡品种，分为快大型、优质型和青脚型3个配套系(图3-8)，其生产性能见表3-2。

快大型

优质型

青脚型

图3-8　苏禽黄鸡

表 3-2 “苏禽黄鸡”生产性能

代次	项目	优质型		快大型		青脚型	
父母代	5%产蛋率时周龄(周)	20		23		24	
	5%产蛋率时体重(克)	1800		2150		2100	
	产蛋高峰周龄(周)	27		29		30	
	高峰产蛋率(%)	84		86		82	
	68 周龄产蛋数(枚)	180		185		175	
	平均受精率(%)	95		95		95	
	育成期成活率(%)	96		95		97	
	开产至 68 周龄成活率(%)	94		92		94	
商品代	性别	公鸡	母鸡	公鸡	母鸡	公鸡	母鸡
	周龄(周)	8	12	8	8	10	12
	体重(克)	1200	1370	1730	1370	1200	1250
	料肉比	2.25∶1	3.30∶1	2.17∶1	2.44∶1	2.45∶1	3.49∶1
	成活率(%)	97.8	98.3	98	98	98	97.5

(1)快大型　具典型黄鸡特点，羽毛黄色，颈、翅、尾间有黑羽，生长速度快，快羽，饲料报酬高。父母代产蛋较多，入舍母鸡 68 周龄所产种蛋可孵雏鸡 142 只；商品代 60 日龄体重，公鸡 1 700 克、母鸡 1 400 克；料肉比为 2.5∶1。四系配套中各系性能特点是：A 系，作父本公鸡，由引进国外快大黄鸡品系选育而成，生长速度快，羽毛淡黄色；B 系，作父本母鸡，用土种鸡与快大鸡合成选育而成，其优秀的生活力、羽毛等优越性能在配套中起着极其重要的作用；C 系，作母系父本，来源于石岐杂鸡，经多年的严格选择，其产蛋率和羽色较好；D 系，作母系母本，主要特点是高产蛋率、生活力强和较好的配合力，66 周龄产蛋约 186 枚，可孵出雏鸡 143 只。

(2)优质型　商品代羽毛麻色，似土种鸡，其抗病力强，生长速度快，快羽，肉质鲜嫩，特别适合于40多天上市、体重在1千克左右的市场需求。优质型苏禽黄鸡三系配套，由地方鸡种的麻鸡引进外血后作第一父本，具有生长快、产蛋率高、肉质鲜嫩等特点；第二父本系国外引进的快大系黄鸡。因而，配套鸡的各项性能表现均处于国内先进水平，尤其父母代耗料少。

(3)青脚型　主要含我国地方鸡种血缘，其羽毛黄麻、浅黄色，脚青色，生长速度中等，肉质风味好，是典型的仿土鸡品系。商品代仔鸡70日龄左右上市，鸡肉可用于烧、炒、清蒸、白斩等，在河南、安徽、江西等省有较大市场。

9. 岭南黄鸡

(1)育成概况　岭南黄鸡是广东省农业科学院畜牧研究所家禽研究室利用现代遗传育种技术选育成功的优质、节粮、高效黄羽肉鸡新品种，主要包括优质黄羽矮小型肉鸡品系4个、优质黄羽正常型肉鸡品系5个，均不含隐性白羽鸡血缘。

岭南黄鸡第一个明显特点是生产配套种类多样化，适合我国黄鸡市场要求多元化的发展趋势。为达到节粮高效的目的，岭南黄鸡生产配套的基本模式是父本生长快、母本产蛋性能优异。第二个特点是科技含量高，突出表现为生产性能优异，饲养成本低。如伴性快慢羽自别雌雄配套系的建立，初生雏雌雄鉴别准确率达到99%以上；更重要的是将矮小型基因成功导入到优质黄羽肉鸡，给黄羽肉鸡育种和生产带来巨大影响，矮小型基因在黄羽肉鸡配套系中的成功应用，使肉鸡综合生产效益提高15%～25%。

(2)生产性能　目前，向市场推出的岭南黄鸡配套系有：Ⅰ号中速型、Ⅱ号快大型、Ⅲ号优质型，其主要生产性能见表3-3。其中，岭南黄鸡Ⅱ号快大型经国家家禽生产性能测定站检测，42日龄公母鸡平均体重为1302克，饲料转化比为1.83：1，成活率为98.5%，在全国同批参加检测的14个黄羽肉鸡品种中，其生长速度、饲料转化比均列于首位，性能优秀，达到国内先进水平，适合北方地区市场。

表 3-3 岭南黄鸡生产性能

代次	项目	Ⅰ(中速型)		Ⅱ(快大型)		Ⅲ(优质型)	
父母代	开产周龄(周)	23		24		23	
	开产体重(克)	2100		2350		1500	
	高峰期周均产蛋率(%)	83		83		85	
	68 周入舍母鸡产种蛋数(枚)	175		174		180	
	68 周入舍母鸡产苗鸡数(只)	145		140		147	
	育雏育成期成活率(%)	96		96		95	
	20～68 周龄成活率(%)	96		95		95	
商品代	性别	公 鸡	母 鸡	公 鸡	母 鸡	公 鸡	母 鸡
	周龄(周)	9	9	6	6	10	14
	体重(克)	1950	1450	1431	1174	1500	1250
	饲料转化比	2.40	2.70	1.65	2.01	2.80	3.10

10. 康达尔黄鸡 是由深圳康达尔(集团)家禽育种中心培育而成的优质黄鸡配套系。根据不同品系之间的配套组合，分“康达尔黄鸡 128”和“康达尔黄鸡 132”两大系列。

(1)康达尔黄鸡“128” 属快大型黄鸡配套品系，由于父母代母本采用了隐性白羽鸡的杂交后代，在生产性能方面，无论是产蛋率、均匀度、生长速度还是蛋形都有了较大的改善。

父母代种鸡的生产性能：20 周龄体重 1.66～1.77 千克，24 周龄体重 2.00～2.10 千克，64 周龄体重 2.50～2.55 千克，5%产蛋周龄为 25 周，产蛋高峰周龄 30～31 周，68 周平均产蛋数 164 枚，饲养日产蛋数 170 枚，健雏数 127 只，平均种蛋合格率 95%，平均受精率 92%，平均孵化率 84.2%，育成期死亡率 5%，产蛋期死亡率8%，饲料消耗49千克。

商品代肉鸡的主要生产性能：肉鸡出栏日龄70～95天，活重1.5～1.8千克，料肉比2.5～3.0：1，白羽率2.5%～3.2%。

(2)康达尔黄鸡“132” 引入矮脚基因，用矮脚鸡作母本生产快大鸡，可使父母代种鸡较正常型节省25%～30%的生产成本，用来生产仿土鸡，可极大地提高种鸡的繁殖性能，降低生产成本。

①快大型黄鸡 利用矮脚鸡作父本、隐性白母鸡作母本，生产矮脚型的父母代母本，再以快大型黄鸡品系或品系之间的杂交后代作父本，生产快大型的黄鸡品种，使商品代的生长速度达到市场上的主要快大黄鸡品种的性能。

主要生产性能：肉鸡出栏日龄70～95天，活重1.5～1.8千克，料肉比2.5～3.2：1，白羽率2.5%～3.2%。

②仿土鸡 利用地方黄羽肉鸡(土鸡)作父本、矮脚母鸡作母本的杂交生产方式，在外观上和肉质上具有地方种鸡的特色。种母鸡的生产性能较地方鸡有较大的提高，可极大地提高地方鸡生产的经济效益。这种配套的商品代，公鸡为黄羽快大型，母鸡为具有黄羽的矮脚型，肉质鲜美，胸肌发达，并较一些地方品种的生产速度快。

父母代种鸡的主要生产性能：20周龄体重1.45～1.55千克，24周龄体重1.70～1.80千克，64周龄体重2.15～2.25千克，5%产蛋周龄为24周，产蛋高峰周龄29～30周，68周平均产蛋数164枚，饲养日产蛋数170枚，健雏数127只，平均种蛋合格率95%，平均受精率92%，平均孵化率81.2%，育成期死亡率5%，产蛋期死亡率8%，饲料消耗39千克。

11. 江村黄鸡

(1)育成概况 江村黄鸡是广州市江村家禽企业发展公司为适合香港特区市场要求，利用不同产地的石岐鸡杂交培育的黄鸡配套系，分优质型、快速型和中速型。该鸡种具有香港石岐杂鸡和本地土种鸡的优点，生长速度快，饲料转化率高，抗逆性好，既适合于大规模集约化笼养或平养，也适合于个体户小群放养。江村黄鸡种鸡繁殖率高，商品肉鸡整齐度好，群体变异系数小于10%，白羽率小于0.1%。

(2)外貌特征　江村黄鸡头部较小，鸡冠鲜红直立，嘴黄而短，全身羽毛浅黄色，被毛紧实，色泽鲜艳，体形短而宽，肌肉丰满，脚较矮，体胫皮肤黄色，肉质鲜嫩，肉味鲜美，皮下脂肪较佳，宜制作白斩鸡。

(3)生产性能　见表3-4。江村黄鸡父母代母鸡22周龄开产，5%产蛋率周龄为25周龄，高峰期在27～29周龄，产蛋率达75%～80%，66周龄时平均产种蛋150枚，平均受精率92%，入孵蛋出雏率85%，66周龄入舍母鸡平均产雏鸡127只。

表3-4　江村黄鸡的生产性能

项目	祖代		父母代			
	隐性白 JF-W	矮小黄 JF-Y	江村黄 JH-1	江村黄 JH-2	江村黄 JH-3	节粮型
开产周龄	24	22	22	24	23	22
高峰周龄	27	25	27	29	28	27
高峰期耗料(克)	155	105	120	140	135	95
68周产种蛋(枚)	185	195	165	170	168	190
68周产健雏(只)	156	162	138	142	140	161
商品代	公鸡	饲养天数	63	63	63	
		体重(克)	1250	1850	1600	
		料肉比	2.3∶1	2.2∶1	2.3∶1	
	母鸡	饲养天数	90	90	90	
		体重(克)	1450	2050	1850	
		料肉比	2.9∶1	2.8∶1	3.0∶1	

商品代优质型肉用公鸡63日龄体重达1.25千克，料肉比2.3∶1；母鸡90日龄体重1.45千克，料肉比2.9∶1。快速型公鸡63日龄体重1.85千克，料肉比2.2∶1，母鸡90日龄体重2.05千克，料肉比2.8∶1。中速型公鸡63日龄体重1.60千克，料肉比2.3∶1，母鸡90日龄体重1.85千克，料肉比3.0∶1。

12. 新兴黄鸡

（1）育成概况　新兴黄鸡系列是广东温氏食品集团南方家禽育种公司与华南农业大学动物科学系合作，运用现代育种学原理及技术，经过几年时间培育出的黄羽肉用型鸡。品系内毛色体型一致，生长速度快，均匀度高，饲料报酬高，三黄特征显著，肉质好，香味浓郁，适合不同地区、不同层次的消费要求。

（2）外貌特征　新兴黄鸡公鸡红色单冠、金黄色羽毛、尾羽和主翼羽处有轻度黑羽、胸宽、体形团圆、皮黄、胫黄。母鸡红色单冠、三黄特征明显，体形团圆，在尾羽、鞍羽、颈羽、主翼羽处有轻度黑羽。

（3）生产性能　见表3-5。

表3-5　新兴黄鸡生产性能

生产指标	快大黄鸡	快大麻鸡	生产指标	公　鸡	母　鸡
开产周龄(周)	23	23	出栏时间	60天	72天
开产体重(克)	2210	2040	出栏体重(克)	1500	1500
产蛋高峰周龄(周)	29	30	出栏成活率(%)	98	98
高峰产蛋率(%)	85	82	出栏耗料比	1∶2.1	1∶3.0
高峰只母鸡日耗料(克)	135	130	56日龄屠宰率(%)	90.57	90.78
入舍只母鸡产蛋数(枚)	135～155	150	56日龄腹脂率(%)	2.39	4.38
入舍只母鸡种蛋合格率(%)	91	92	56日龄肉骨比(%)	21.83	17.83

续表 3-5

生产指标	快大黄鸡	快大麻鸡	生产指标	公　鸡	母　鸡
入舍只母鸡种蛋受精率(%)	85～90	90	91 日龄屠宰率(%)	—	90.35
产蛋期死淘率(%)	8	8	91 日龄腹脂率(%)	—	5.53
			91 日龄肉骨比(%)	—	14.86

除上述几个培育品系与配套系外，我国尚育成了广源鸡、粤黄羽肉鸡、广黄肉鸡、福星黄羽肉鸡、佛山黄羽肉鸡、墟岗黄羽肉鸡、京海黄鸡等配套系，各地也根据当地市场的需求，培育出适合当地环境条件的配套系，同时体型外貌和生产性能也逐步完善和提高。

第四章 肉鸡健康高效养殖的种蛋孵化

肉鸡的胚胎发育分两个阶段，即体内发育和体外发育，其中体内发育随着蛋的形成开始发育，蛋产出后遇冷胚胎发育暂停，而在体外条件适合时，胚胎才继续开始发育直至形成雏鸡，该过程也称孵化。在体外发育阶段如果依靠母鸡的抱性进行，称自然孵化；而完全靠母鸡孵化满足不了生产的需要，现代肉鸡业模仿母鸡孵化原理用机器进行孵化，称人工孵化。肉鸡的人工孵化过程主要是掌握合适的温度、湿度、通气、转蛋等孵化条件，这些孵化条件与孵化场的布局、建筑和设备密切相关。但孵化率的高低，除了受孵化条件影响外，还取决于胚胎本身的生活力和种蛋品质。肉种鸡健康程度、近交、营养、种蛋保存的好坏，都与孵化率密切相关，因此在肉鸡健康高效养殖过程中，要确保最佳的孵化率，必须做好种鸡饲养、管理、繁殖工作，然后在孵化前妥善保存种蛋，孵化时保证孵化条件适当，最后还要检查孵化效果是否达到预期目标，如果没有达到应有的孵化率应分析其原因。

一、孵化场的建设

（一）孵化场的总体布局

孵化场的总体布局和内部设计的合理与否，是提高孵化率和确保雏鸡健康的重要条件。孵化场应与外界隔绝，工作人员和一切物件的进入均须遵循消毒规定，以杜绝外来传染源。

1. 孵化场址的选择 孵化场对外输送肉雏鸡，与外界的联系较多，是企业的窗口之一，因此选址时应考虑企业与外界联系方便。孵化场不宜在鸡场内建设，因为孵化场出壳的雏鸡最易受到外界各种细菌、病毒、寄生虫尤其是来自于各种鸡场病原体的污染，同时孵化场由于各类人员、运输车辆进出比较频繁，孵化室的蛋壳、死鸡、死胎、绒毛等也导致孵化场成为一个潜在的污染源，从而污染鸡场的鸡群。孵化场应与外界保持适当的隔离，远离交通干线及居民点，并且用水用电应方便。孵化场与鸡场场址一样应远离居民点500米以上、距离交通要道400米以上、距次级公路100～200米、其他畜禽场2千米以上。若在一个综合饲养场内要设孵化室，则宜建在近鸡场前区的专用道路入口处，不宜深入场区尽头深处，且与鸡场至少应保持150米距离，以免病原微生物相互传染，因鸡场也是病原微生物的集中地。孵化场与鸡场应由专用的运蛋道相通，以防交叉污染。孵化场也应远离饲料加工或贮存车间。

2. 孵化场的布局　孵化场应包含更衣室、淋浴间、蛋库、种蛋检验间、熏蒸间、值班室、配电室、孵化室、出雏室、洗涤间、幼雏存放间和雌雄鉴别间等。各功能间应严格遵循单向流程原则，即从种蛋验收到发送雏鸡的全部过程，只允许一条线流程，其流程为种蛋收集→种蛋消毒→种蛋贮藏→种蛋处置（分级、码盘等）→入孵→移盘→出雏→冲洗→雏鸡处置（分级、鉴别雌雄、预防接种等）→雏鸡存放→出售或育雏室，不能交叉和往返，以利于工作流程的顺畅和卫生防疫工作的进行。小型孵化场可以从种蛋到雏鸡各室排成长条形布局，这种布局要求孵化室与出雏室之间设缓冲室，以方便卫生防疫和操作，但这种布局不利于孵化场将来的发展壮大，扩建时须拆除原有建筑物而造成浪费。大型孵化场一般建成“T”形结构，以种蛋室（进行种蛋的验收、消毒和贮存）和洗涤室为中心来确定孵化场内各室的整体布局，孵化室和出雏室在两侧，以后孵化场则可向“T”形两端扩展，雏鸡的分级鉴别和发送室位于“T”形的下端(图 4-1)。注意种蛋室与孵化室之间、洗涤室与出雏室之间须分别有走道相通,而孵化室与出雏室不可直接相通,否则出雏室的污浊空气易污染孵化室。

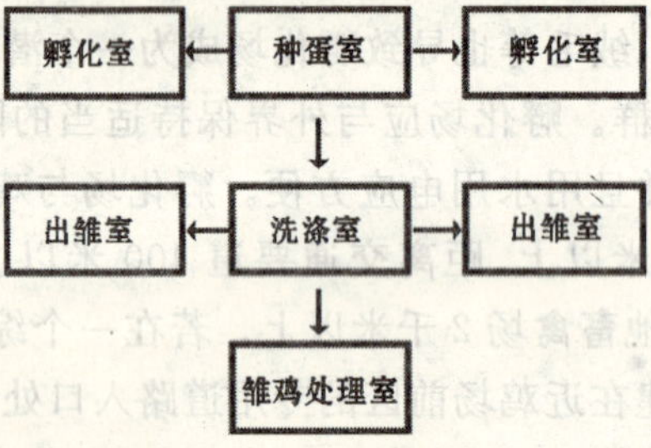

图 4-1 孵化场简易布局

孵化场应特别注意污区与净区之间的隔离,应设置隔离带,且在各通道之间应设置消毒池。有必要设置淋浴室,这一点往往易被许多厂家所忽视。

3. 排水系统 孵化场用水和排水量大,应注意下水道的修建,坡度要稍大,有助于碎蛋壳和脏物排出而不沉积于下水道。孵化场洗涤室应比孵化室和出雏室低且排水良好,以防洗涤室污水倒流入孵化室和出雏室。自来水的管径要足够大,才能保证足够的水压,以利冲洗。

4. 孵化场规模 我国孵化场多为种鸡场的下属单位,其生产规模决定于种鸡场的生产规模及种鸡场周围农户的生产规模,因此建场前应调查当前种鸡场和周围农户的种蛋产量及雏鸡销售情况,并预测未来的发展趋势,据此确定总的孵化量,再据每周(或次)入孵蛋数、每周(或次)出雏数来确定入孵机与出雏器类型、容量与数量,即肉鸡场规模和入孵间隔决定了孵化器单机容量、台数和总容量,这些数据综合起来才能确定孵化场的规模。目前孵化器有箱体式孵化器和巷道式孵化器，如果规模大，蛋源稳定充足，则宜采用大型的巷道式孵化器，相反则宜采用中、小型的箱体式孵化器。机型与数量的确定，同时也意味着孵化室各功能间的结构形式、面积大小的确定，当然也应考虑到生产规模的扩大，要留有一定的扩展空间。孵化室过小，则会造成空间狭窄，给以后生产流程带来不便，影响生产效率；而过大则易造成前期投资不必要的浪费及日后运行费用过高。规划孵化场的占地面积时，首先计算出孵化室、出雏室及附属的操作室和沐浴间等面积，还要考虑废杂物、污水处理，场内道路、停车场、花坛等的占地面积。孵化室和出雏室面积据孵化器大小、台数、机型和人的操作面积而定，其余各室的大小则取决于孵化室和出雏室的容量，以每孵 1 000 枚种蛋需贮蛋室 1.3 米^2、洗涤室 0.55 米^2 来计算。

(二)孵化场的建筑要求

1. 土建要求　孵化场的建筑应该隔热良好，以确保室内小气候的稳定，孵化场内各室四周墙壁宜选用防火、防潮和便于清洗消毒的材料，要求墙壁光滑、防水、结实，可涂漆或铺贴瓷砖。地面要平整、光滑、防潮并具有一定的承载力，最好为水泥地面，以利于种蛋输送和冲洗消毒。室内设天花板，天花板材料要保温隔热且便于冲洗，大型孵化场多采用贴有塑料薄层的泡沫板作为天花板，总之保温材料应使天花板不致出现凝水现象。地面与天花板之间距离 3.1～3.8 米，保证孵化器与墙壁之间的距离不小于 1.1 米，孵化器顶部至天花板间距不少于 1.2～1.5 米。孵化场各室(尤其是孵化室和出雏室)最好是无柱结构，当然也不能影响孵化器布局及操作管理，以利于孵化器的安装与操作，室内电线宜用暗线，开关插座须有防水罩，以便于冲洗防潮。各室之间的门要注意密封性，可选用推拉门或双向弹簧门，在蛋车出入频繁处设塑料帘状门，门宽 1.2～1.5 米、高 2.4 米，以便于各室之间蛋车的运输。设下水道（最好明沟加盖板），并保证畅通。

2. 孵化场的通风换气 通风换气的目的是供给氧气、排除二氧化碳等废气和驱散余热，也是避免空气相互污染的重要措施之一。孵化场的通风设计是最重要的因素，其设计的合理与否对于孵化率的高低有很大的影响。孵化场的天花板上应加装吊扇，以利于房内温度的均匀。消毒间应加装一定风量的排气扇，确保消毒后的余气迅速排出。无论对孵化室还是出雏室，其废气必须排出厅外，同时必须有外界的新鲜空气进入厅内加以补充。最好各室单独通风，至少应把孵化室与出雏室分别通风。如果机器数量比较多，孵化器出来的废气可以排到天花板上，然后由风机集体排出；如果机器数量较少，孵化器出来的废气就可以由排风管道直接排出去。出雏器出来的废气必须由排气管道直接排出室外，不得排到天花板上。

在设计孵化场通风系统时，要考虑到由孵化室和出雏室排出的废气不能再被吸入孵化室内，尤其是由出雏室排出的废气更不得再被吸入到孵化室内。外界的新鲜空气进入可以通过风机抽入，部分空气也可由地窗进入。各室中洗涤室和走道负压通风较好，其余各室正压通风较好，不宜采用负压通风。有条件的可采用正压过滤通风系统以确保孵化场的进气和排气不相互污染，从而大大降低室内的细菌数和绒毛含量，提高孵化率和雏鸡质量。为使通风良好，天花板与孵化器顶部需有1.2～1.5米距离。夏天可以考虑安装降温设备，以降低由外界抽入的高温空气的温度，北方地区冬天室内必须安装暖气设施，以保证室内温度。

对于使用箱体机的孵化室，如果机器数量较少，可以考虑建房跨度为6米，这样可以用旧厂房改造，但只能放一排机器；如果机器数量较多，可以考虑建房跨度为9米，这样比较经济，能放两排机器；如果机器数量非常多，建议建房跨度仍为9米，但要建多个孵化室，中间用墙板隔开，一般不要在同一个厅放两排以上机器，因为这样对于通风和在夏季控温都不利。

3. 各室的具体要求

(1)种蛋贮存间　面积大小应与种蛋数量成一定的比例，据每日入库蛋总量、入孵间隔、每批入孵蛋数等因素而定。要求墙壁和天花板保温隔热性能良好，不设窗户，通风缓慢而充分。室温保持在 13℃～15℃，最好有控温设备，能进行双向调温，功率大小应根据容量多少而定。贮蛋室应尽量减少空间以省电，其高度不宜超过 3 米。

(2)熏蒸间　用于入孵前的消毒，不宜太大，按一次最多可熏蒸种蛋总数计算。其门、窗、墙、天花板要求密封，并设有排气装置。若孵化场规模小，每批入孵量少，可用纤维板制成的密封消毒柜代替消毒室，其大小以能将每次入孵的最多种蛋数消毒完为宜。

(3)种蛋码盘室　要求面积应稍为宽敞，便于存放蛋盘及蛋架车的运转。室温保持在 18℃～20℃为宜。若孵化场规模小，可将熏蒸消毒码盘室合二为一。

(4)孵化室　面积大小和总宽度取决于选用的孵化器机型和排列方式，若用箱体式孵化机，一般采用两列式，故孵化室内总宽度为孵化器与墙壁间距(约 1 米)2 倍、孵化器宽度 2 倍及走道(约 3 米)之和，其长度为各型号孵化器排列台数长度之和。孵化器前距机门 0.3～0.5 米处设宽度和深度均 15 厘米的排水沟，其上铺栅栏，栅栏与地面相平。孵化室除容纳一定数量的入孵器外，应留有便于工作的走廊，以便入孵种蛋在此停留预热，要求地面平整，卫生条件良好，能承受大于 700 千克/米^2 的压力，室温保持在 22℃～24℃。

(5)出雏室　基本要求与孵化室同，若出雏器与孵化器容量相同，则孵化器与出雏器常以 4～5：1 配套。出雏室以每 1 万只肉雏鸡需操作面积 50 米^2 计算，有条件的可将出雏室分隔成相对独立的小间，以利于出雏室、设备的清洗消毒及操作环境的控制。

(6)幼雏存放与雌雄鉴别室　用于性别鉴定和装箱，要求室温保持在29℃～31℃，通风良好，保温遮光，室内四周便于清洗消毒。一般1个鉴别人员占地面积12米^2，据此可计算出出雏时所需的鉴别面积，再加上每1000只雏鸡存放面积约2米^2，则为该室的总面积。

(7)洗涤间　面积不宜过大，可分设两处建浸泡室，分别洗涤蛋盘和出雏盘，防止微生物交叉传染，并且设排水沟直通污水处理池。

此外，在孵化室内还设照检处，在进蛋和发送雏鸡的进出口处，最好设有走廊，以便在雨季和冬季室内外温差很大时，卸蛋和装雏不受外界气温的影响。同时，在进出口处(种蛋码盘室和雏鸡存放室)应设有窗口，蛋、雏一律由专设窗口进出，以控制外界人员进入孵化场。窗口大小一般为窗台高1.0米，窗高0.8米、宽2.0米。

(三)孵化设备

孵化场从种蛋进入到雏鸡发送，需要各种孵化配套设备，各设备的种类和数量随孵化规模等而定，其中最重要的设备为孵化器，我国自行生产的孵化器自动控制历经导电表控制→模拟电路控制→集成电路控制→电脑控制→模糊电脑控制→智能电脑控制，目前多为模糊电脑控制孵化器，其他一些孵化器也相继并存。选择孵化器时要选工作稳定性好、密闭性能好、装满蛋后温差小、检修和清洗等方便、控温系统灵敏、省电的孵化器。

1. 平面孵化器　孵化、出雏在同一地方，有单层和多层之分，也有的上部孵化下部出雏。热源有热水、油灯、电等，此类孵化器能自动控温，但孵化量少，仅有少数专业户或科研院所在使用。

2. 箱式立体孵化器　见图4-2。采用集成电路控制系统，在我国应用较广，其类型多，按出雏方式分为下出雏、旁出雏、孵化出雏两用和单出雏等，也可按活动转蛋车分为八角式、跷板式和滚筒式。各种类型孵化器可分别用于孵化量少的孵化场和大型孵化场，其中，旁出雏和下出雏孵化器只能同机分批出雏，孵化量少，且出雏污染未出雏胚蛋，不利于防疫；孵化出雏两用类型可分批或整批入孵，特别适合仅需 1～2 台孵化器的小型孵化场，若再配备出雏器则可用于大型孵化场；单出雏类型孵化和出雏两机分开，分别放置于孵化室和出雏室，有利于卫生防疫，可整批或分批入孵，适合用于大中型孵化场。

图 4-2　箱体式孵化器及其内部构造

3. 巷道式孵化器　只适用于大型孵化场，孵化器容量可达 8 万～10 万。其孵化和出雏两机分开，分别放置于孵化室和出雏室，采用分批入孵和分批出雏。与箱式立体孵化器相比，巷道式孵化器占地面积小，箱体内温度呈梯度变化，控温加湿转蛋准确可靠。目前我国已能自行生产这种孵化器(图 4-3)。

4. 智能孵化器　我国自 1999 年起已能生产全自动智能化孵化器。该类机型能自动控制温度、湿度、风门和转蛋，还能实现记忆查询、变温孵化和密码保护等功能，是今后孵化器的主要机型，并会向节能化方向发展。

5. 孵化配套设备

(1)水处理设备　孵化场用水量大，水质要求高，水中含矿物质等沉淀物易堵塞加湿器，应有过滤或软化水的设备。

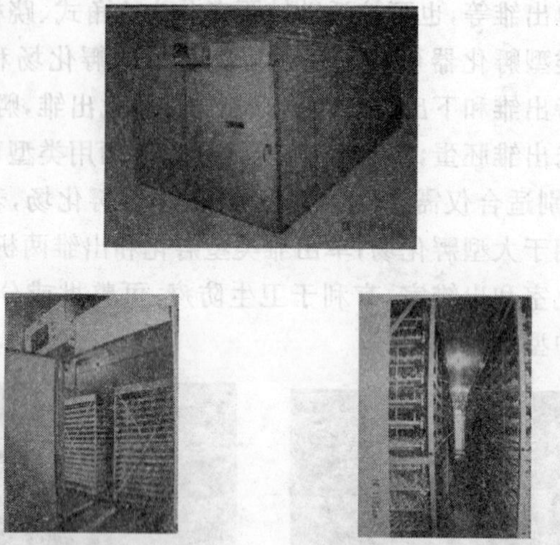

图 4-3　巷道式孵化器及其内部构造

(2)运输设备　用于孵化场内运输蛋箱、雏盒、蛋盘、种蛋和雏鸡。

(3)照蛋器　配有简易照蛋箱，在纸箱或木箱内装灯，箱壁四周开直径 3 厘米孔即可。台式照蛋器，灯光眼与蛋盘蛋数相同，整盘操作，速度快、破蛋少。还可使用单头或双头照蛋器。手提多头照蛋灯，逐行照蛋，快速准确。照蛋车，光线通过玻璃板照在蛋盘内的蛋上，由真空装置自动吸出无精蛋或死胚蛋。

(4)其他　用于停电时的发电机，用于冲洗地面、墙壁和设备的高压水枪，移盘设备，连续注射器，雏鸡盒等。

(四)孵化场卫生

孵化场地面、墙壁、孵化设备和空气的清洁卫生很重要，这是确保孵化工作正常运转的重要举措。有的新孵化场在一段时间内，孵化效果不错，但经过一段时间，在摸清孵化器性能和提高孵化技术后，孵化效果反而下降，原因主要是对孵化场及孵化设备没有进行定期认真冲洗消毒，胚胎长期处在污染的环境下，导致孵化率和雏鸡质量降低。

1. 工作人员的卫生要求　运种蛋和接雏人员不得进入孵化场，更不许进入孵化室。工作人员应沐浴更衣后进入孵化场，更衣柜应定期消毒。有条件的孵化场可以孵化室和出雏室为界，前者设为净区，后者设为污区，并穿不同颜色工作服，以便管理人员监督。

2. 重视消毒工作　在每批孵化结束后应立即进行消毒，孵化场内一般的清洗消毒过程包括将死胚蛋、死弱雏及蛋壳装袋焚烧，孵化器内所有用具送洗涤室冲洗后浸泡在消毒液中，冲刷机内外表面及机顶，清洗冲刷孵化室或出雏室六面，新洁尔灭擦洗机内外表面，甲醛熏蒸孵化器和机内所有用具（甲醛熏蒸浓度可参考表 4-1）。

表 4-1　孵化场甲醛烟熏消毒浓度

	种　蛋	孵化室	出雏室	入孵器	出　雏	雏　鸡	雏鸡存放室	洗涤室	车　辆
浓　度	2X	1～2X	3X	3X	3X	1X	3X	3X	3X
时间（分钟）	20～30	30	30	30	30	3	30	30	30

注：1X＝14 毫升福尔马林＋7 克高锰酸钾/米^3

3. 定期进行微生物学检查　每批出雏完毕后，从绒毛、残死雏和死胚中取样，做微生物检查，以确定致病微生物是否存在及其种类。在冲洗消毒后，还应取空气及附着物进行微生物检查，以了解冲洗消毒效果。

二、种蛋的管理

(一)种蛋的收集与选择

1. 收集 种蛋是指公、母鸡按一定性别比例组群配种或运用人工授精配种后所产的蛋,收集合格种蛋是肉鸡健康高效养殖的基本措施。肉种鸡种蛋收集多在24～68周龄,初产母鸡半个月以内的蛋不作种蛋,因为这时的母鸡性功能活动差,受精率也低,而且产蛋早期蛋较小,异常蛋也多,小蛋所孵雏鸡也小,小雏鸡使生产周期延长;而产蛋后期种蛋品质下降,直接影响雏鸡品质,这些都不利于肉鸡生产。一般第一年产蛋量最高,第二年下降15%～20%,第三年再降15%～20%。生产繁殖场一般仅利用第一年收集种蛋,最多采用强制换羽措施利用2年。收集种蛋时应保持种蛋清洁,尽量避免粪便和微生物的污染,并减少破损。因此要及时收集种蛋,每天收集3～4次。收集种蛋时宜选用适合于鸡蛋规格的塑料蛋盘,注意轻拿轻放。在收集种蛋2小时后应及时进行熏蒸消毒,然后立即将种蛋送到蛋库。

2. 选择 种蛋品质的好坏与孵化率的高低、初生雏的品质及其以后的健康、生活力和生产性能都有着密切的关系。因此,对种蛋必须根据具体情况进行严格认真的选择。

(1)种蛋来源 选择符合检疫要求、健康、无疾病、无病原体和饲养管理严格的鸡所产的种蛋,并且经严格消毒和科学孵化的雏鸡。即种蛋应来源于生产性能高、正确制种、经过系统免疫、无经蛋传播的疾病、受精率高、饲喂全价料、管理良好的鸡群,肉用种鸡受精率85%以上为好。受精率在80%以下,患有严重传染病或患病初愈和有慢性病的种鸡所产的蛋,均不宜作种蛋。如外购,应先调查种蛋来源和种鸡群健康状况和饲养管理水平,最好签订种蛋供应合同，才能确定所购种蛋的种鸡的饲养管理和疫病防治工作。

(2)选择方法

①感官法　主要针对种蛋的清洁度、蛋重、蛋形、蛋壳质量和蛋壳颜色。

合格种蛋应清洁，不应被粪便污染，如蛋上沾染粪便、污泥、饲料等，易遭细菌侵入，引起种蛋腐败变质或造成死胎。轻度污染的种蛋，认真擦拭或经消毒液洗后也可以入孵。

种蛋大小应符合品种标准，过大或过小的种蛋均会影响孵化率和雏鸡质量。一般要求肉用鸡种蛋52～68克，我国自行培育的优质肉鸡种蛋则应符合相应标准。

种蛋的形状应正常，合格种蛋形状应为卵圆形，通常用蛋形指数来衡量蛋的形状，蛋形指数为蛋的横轴与纵轴的比值，正常蛋形指数为0.72～0.76(0.74最好)。应剔除细长、短圆、橄榄形(两头尖)腰凸、双黄蛋等不合格蛋，而且双黄、三黄、蛋中蛋，血斑、肉斑蛋也不可作种蛋，这些异常蛋孵化率较低。

衡量蛋壳质量的指标有蛋比重和蛋壳厚度，正常鸡蛋比重在1.080、蛋壳厚度在0.27～0.33毫米则孵化率较好。一般要求蛋壳均匀致密，厚薄适度，据测蛋壳厚0.33～0.35毫米时孵化率最高，而0.27毫米以下孵化率较低。蛋壳过厚，孵化时蛋内水分蒸发过慢，不利于破壳出雏；过薄，则易破碎，蛋内水分蒸发过快，易造成胚胎代谢障碍。蛋壳不光泽、壳面粗糙(称砂皮蛋)、硬壳(称钢皮蛋)、皱纹、裂纹蛋不作种用。

②透视法　即用照蛋灯或专门的照蛋设备透视蛋壳、气室、蛋黄、血斑。目的是挑出裂纹蛋(树枝状亮纹)、砂皮蛋(有许多不规则亮点)、钢皮蛋(透明度低，蛋色暗)、气室异常蛋[气室破裂、气室不正、气室过大(陈蛋)]、蛋黄上浮(运输过程中受震引起系带断裂或种蛋保存时间过长)、蛋黄沉散(运输过程中受剧烈震动或细菌侵入，引起破膜)、血斑蛋(可见能转动的黑点)。其中裂纹蛋或破

蛋也可用碰击法剔除，即两手各拿3枚蛋，转动五指，轻轻碰撞，听声(破裂声为裂纹蛋、清脆声为非裂纹蛋)辨别是否为破蛋。

③剖视抽查法　将蛋打开倒在衬有黑纸(或黑绒)的玻璃板上，观察蛋的新鲜程度及有无血斑、肉斑等。新鲜蛋则蛋白浓厚、蛋黄高突，而陈蛋则蛋白稀薄呈水样、蛋黄扁平甚至散黄。通常只用肉眼观察即可，育种上则可用蛋白高度仪等进行测定。

在生产中，上述3种种蛋选择方法可据实际情况进行选择，感官法和透视法选择种蛋后还可以再进行孵化，而剖视法检测后的种蛋则不可再进行孵化。因此生产中通常在种蛋来源可靠的情况下只用感官法和透视法剔除异常蛋和破蛋，而只在外购种蛋或孵化率异常时才使用剖视法抽检部分种蛋以确定种蛋质量。

(二)种蛋的消毒

蛋产出后可被粪便、垫料污染，轻度污染的容易被忽略，随着时间的推移，其上细菌大量繁殖。据测定，刚产出的蛋壳上细菌数只有100～300个，15分钟后，500～600个，1小时后达4 000～5 000个，有些细菌能通过蛋壳上的气孔进入蛋内，虽然有胶质层、蛋壳和内外蛋壳膜作屏障，但它们不具备抗菌性能，从而细菌能进入蛋内影响孵化率和雏鸡质量。

1. 消毒时间　收蛋后应及时消毒，再送入种蛋库存放。理论上讲，最好在蛋产出后立即消毒，但生产实践中无法做到。一般可上、下午收集种蛋后半小时内进行第一次消毒。入孵时进行第二次消毒，出雏时还可再进行一次消毒。

2. 消毒方法

(1)甲醛熏蒸法　在密闭的空间里进行，或用塑料薄膜缩小空间。每立方米28毫升40%甲醛，高锰酸钾14克，温度24℃～27℃，空气相对湿度75%～80%，密闭20分钟，可杀死95%～98%的病原体。外购种蛋可加大剂量：42毫升甲醛和21克高锰酸钾。入孵时第二次消毒，则用 28 毫升甲醛和 14 克高锰酸钾，并避开 24～96 小时的胚蛋，且待蛋水珠蒸发后再消毒，否则对胚胎不利。注意：用甲醛熏蒸法消毒时因甲醛挥发性很强，要随用随取，以免失效。且两种药物化学反应剧烈，又具有很大的腐蚀性，应用容积较大的搪瓷盆，先加少量温水，再加高锰酸钾，最后加甲醛，注意不要伤及皮肤和眼睛。

(2)过氧乙酸熏蒸法　过氧乙酸是一种高效、快速、广谱消毒剂，也可用于熏蒸消毒。按每立方米 16%过氧乙酸 40～60 毫升，加 4～6 克高锰酸钾，熏蒸 15 分钟。注意：过氧乙酸遇热不稳定，40%以上浓度 50℃易引起爆炸，应低温保存，腐蚀性很强，应现配现用。

(3)新洁尔灭浸泡　把种蛋放进 1‰新洁尔灭溶液中或把码好盘的种蛋带盘一起放入浸泡 3 分钟，浸泡温度 43℃～50℃。新洁尔灭原液为 5%，用时加温水 50 倍配成 1‰浓度。此液不可与碱、肥皂、碘和高锰酸钾混合。

(4)碘液浸泡　用 1‰碘液浸泡种蛋 0.5～1 分钟，浸泡温度 43℃～50℃，浸泡 10 次后，溶液浓度下降，可延长消毒时间或换新液。配制碘溶液时需加 1.5 倍的碘化钾以利碘溶解。具体配法为：1 千克水加 10 克碘片和 15 克碘化钾使之溶解，然后倒入 9 千克温水中。该法仅适用于入孵前消毒，以免破坏胶护膜，加快蛋内水分蒸发，细菌也易进入。

(三)种蛋的保存

种蛋消好毒后应尽快运到种蛋库中保存。由于孵化生产计划的安排，不可能每天都入孵，所产种蛋需要存放一段时间再孵化，在存放过程中如果条件不当，种蛋品质下降，影响孵化率，因此，种蛋保存要求有一定的环境条件。

1. 温度　种蛋保存的原则是既不能让胚胎发育，又不能让它受冻而失去孵化能力。

鸡胚可继续发育的临界温度为23.9℃，即温度低于23.9℃时，鸡胚发育处于休眠状态，温度在23.9℃～37.8℃时胚胎可继续发育，但不是最佳发育温度，俗称低温发育。低温发育消耗大量的能量，打乱胚胎整个发育过程的物质代谢，胚胎发育不完全或不稳定，容易引起胚胎死亡和衰老，因此夏天无精蛋多，其实质是部分无精蛋已受精，只是血管已被吸收而已。若环境温度太低，以至－2℃以下，则鸡胚不能继续发育而死亡。因此种蛋保存温度为－2℃～23.9℃，为了抑制酶的活性和细菌繁殖，保存1周的最佳温度为18.3℃，一般设定为15℃～18℃；保存2周以上则为12℃，最佳为10℃，所以一般保存种蛋的温度设定为12℃～15℃。保存时间短，则采用温度上限；若保存时间长，则采用下限。

刚产出的种蛋，应逐渐降到保存温度，以免骤然降温危及胚胎活力，一般降温过程以半天至1天为宜。可用带侧壁缝隙的箱子，或蛋托上放塑料膜贮存，而不宜用孵化蛋盘或铁丝筐等保存种蛋。

2. 湿度 种蛋保存的湿度对种蛋质量的影响也比较大，湿度过高，种蛋容易发霉；湿度过低，蛋内水分蒸发过快，气室增大，蛋失重过多，影响孵化成绩。种蛋保存的适宜空气相对湿度一般为75%～80%，既能明显降低蛋内水分的蒸发，又可防止霉菌孳生。

3. 保存时间 种蛋即使保存在适宜条件下，孵化率也会随时间的延长而下降(表4-2)。因为随着时间的延长，蛋白杀菌特性降低，蛋内水分蒸发多，改变了酸碱度，pH值发生变化，引起系带和蛋黄膜发脆。蛋内各种酶的活动，会引起胚胎衰弱及营养物质变性，降低胚胎的生活力。残余细菌的繁殖也会危及胚胎。由于这些原因，蛋保存时间越短越好。

表 4-2　种蛋贮存时间对孵化率的影响

贮存天数	1	4	7	10	13	16	19	22	29
受精蛋孵化率(%)	88	87	79	68	56	44	30	26	0

一般种蛋保存 5～7 天为宜，不要超过 2 周，如果没有适宜的保存条件，应缩短保存时间。原则是天气凉爽时保存时间可长，严冬酷暑时保存时间应短，越短越好。有空调设备的种蛋贮存室，种蛋保存 2 周以内，孵化率下降幅度小；2 周以上，孵化率下降较明显；3 周以上，孵化率急剧下降。总之，在可能的情况下，种蛋越早入孵越好。

4. 保存方法　保存 1 周左右，可直接放在蛋盘或蛋托上，盖上一层塑料膜，以免上层蛋大量接触空气而过度蒸发水分。保存时间较长时，锐端向上放置，这样可使蛋黄位于蛋的中心，避免胚胎与蛋壳粘连，因此种蛋放置宜锐端向上，如钝端向上则必须每天翻蛋 1 次。保存时间更长时，种蛋常规消毒后降至贮存温度，放入填充氮气的塑料袋内密封，可防霉菌繁殖，提高孵化率，且对雏鸡质量无影响，保存 3～4 周时仍有 75%～85%的孵化率。

5. 通风　蛋库内应有缓慢适度的通风，以防发霉。种蛋保存在透气性好的瓦楞纸箱里好，若多层堆放，应在纸箱侧壁开直径约 1.5 厘米的孔，每排留有缝隙，以利空气流通。不宜将种蛋放在敞开的蛋托上，以防空气过分流通，失水多，降温太快，造成孵化率下降。

6. 种蛋库的要求　种蛋库要求隔热性能好，能防冻、防热，清洁卫生，防尘沙，杜绝蚊蝇和老鼠，不让阳光直射和穿堂风直吹种蛋。蛋库一般无窗，四壁用保温砖砌成，天花板离地面 2 米，顶棚铺保温材料，门厚 5 厘米，夹层填上隔热层，侧壁安装窗式空调机则更好。

(四)种蛋的包装和运输

种鸡场距孵化场较远或引进良种时,需要对种蛋进行较长距离的运输,若保护不当,往往引起种蛋破损或卵黄系带松弛,气室破裂而影响孵化率。因此,应该特别注意种蛋的包装与运输。

种蛋包装可用专门的种蛋箱,蛋箱要求结实,能承受一定的压力。蛋箱要保持清洁卫生、干燥。蛋托最好用纸质的,以免蛋相互接触和碰撞。每个蛋托放蛋 30 枚,每箱 10 托,分 2 排放入箱内,最上层还应反盖一层空蛋托,以缓冲压力。装满后用胶带纸或打包带把箱口封好,便可装车运输。

种蛋装箱前必须进行选择,剔除不合格蛋,尤其是破蛋、裂纹蛋。运输时,要求快速平衡,切忌震动,要做到防震、防雨淋、防冻、防晒。汽车要匀速行驶,不能急刹车,路况不好时,速度不能过快,以防种蛋破损或震断系带。装车高度不能超过 6 层,且注意轻装轻卸,减少破损。最好用火车或空运,以减少颠簸。冬季要防止冻害,夏季要防日晒雨淋,盖好防雨布,最好在夜晚运输,尽快运到目的地。有条件的最好用空调车,使温度在 18℃,空气相对湿度 70%左右更理想。

种蛋运到目的地后,应放在孵化室,开箱检查,剔除破损蛋,及时码盘消毒,静置 6～12 小时后入孵。

三、胚胎发育

鸡胚在孵化过程中发育的时期称孵化期。鸡的孵化期为 21 天,不同品种、不同类型鸡的孵化期略有差异,通常蛋鸡孵化期略短于肉鸡、小蛋比大蛋孵化期短,另外种蛋保存时间越长,孵化出雏也延长。高温孵化则孵化期缩短,热带地区因胚胎低温发育也易使孵化期缩短。故应在不同情况下适当调整孵化温度和其他孵化条件，以使雏鸡在最佳时间出雏。

鸡与哺乳动物胚胎发育不同，其营养仅来自胚蛋，而不是母体，而且鸡胚发育分体内和体外 2 个阶段。母鸡生殖道含卵巢和输卵管，当母鸡性成熟后，卵巢上的卵细胞发育成熟，卵黄囊破裂，卵细胞掉入输卵管，也称排卵。排卵后，卵子在漏斗部与精子结合形成受精卵，之后在膨大部形成蛋白，在峡部形成蛋壳膜，在子宫部形成蛋壳及蛋壳的色素，最后经阴道排出种蛋。蛋在输卵管停留时间约 24 小时，若卵黄在漏斗部受精，则受精卵开始分裂分化，形成含有内外胚层的原肠胚。受精蛋产出体外后遇冷，发育暂停。将种蛋平放静止 3～5 分钟后，剖视种蛋，在蛋黄表面可见一个色淡、直径 5 毫米左右细小的圆盘状物体，中央明，周围暗，称胚盘，有胚盘的种蛋为受精蛋；若仅见颜色基本一致的米粒状大小结构，称胚珠，则此种蛋为未受精蛋。

（一）胚胎发育过程

当外界温度适合，胚胎即开始发育。胚胎在原肠期时，上胚层细胞不断地向中线集中并向前延伸，形成一条细胞带，称为原条。原条细胞通过原沟的底部逐渐转入外胚层与内胚层之间，并分别向两侧扩展，这些位于内外胚层之间的细胞称为中胚层。原条细胞也逐渐转入外胚层与中胚层之间，并分别向前伸展，伸展的结构称为头突，后发育成脊索。脊索是胚胎期的纵轴支持器官，最终为脊柱所代替，随着胚胎的不断发育，由外胚层形成皮肤、羽毛、喙、趾、眼、耳、神经系统以及口腔和泄殖腔的上皮等，由中胚层形成肌肉、生殖系统、排泄器官、循环系统和结缔组织等，由内胚层形成消化器官和呼吸器官的上皮及内分泌腺体等，最后形成雏鸡。整个胚胎发育过程见图 4-4。

1. 发育早期　通常将鸡胚发育的 1～4 天称为发育早期，这个阶段在 2 个胚层的基础上形成第三胚层，即中胚层，再从这 3 个

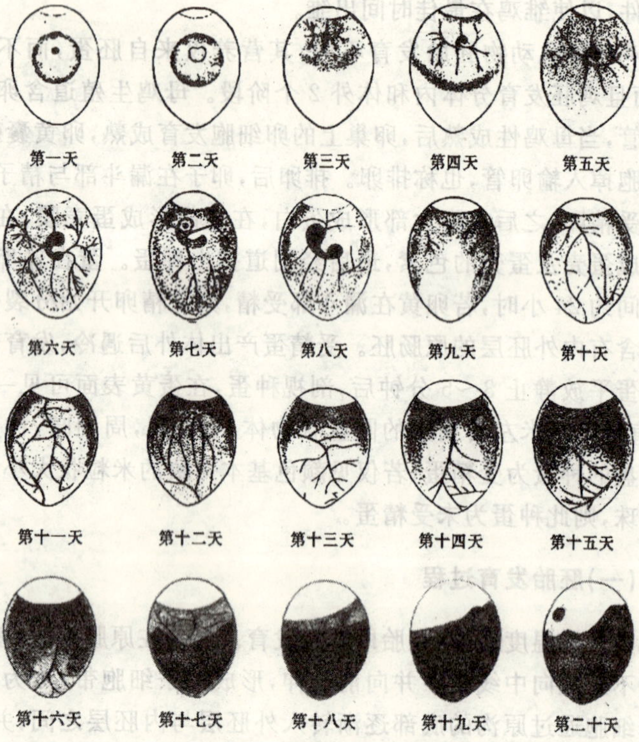

图 4-4 鸡胚发育图

胚层形成胚胎的各种组织和器官。这期间重演系统发育的特征和发生过程，同时形成胚外膜，这些膜是胚胎发育的物质基础，将影响以后的通气和营养，如果此时温度过高，则可能缩短时间，造成器官分化不全；若温度过低，则拖延时间，从而影响营养代谢。

第一天，明区出现原条，孵化 12～18 小时结束原条扩大，在其前方形成亨氏结，再在前方形成头突，并逐渐发达，长度超过原条，形成1～2 对体节。心脏和血管开始发育，12 小时心脏开始跳动，胚胎血管和卵黄囊血管连接，从而开始了血液循环；16 小时体节形成，有了胚胎的初步特征。体节是脊髓两侧形成的众多的块状结构，以后产生骨骼和肌肉，之后消化道、脊柱、神经系统、头和眼逐渐开始形成。中胚层进入暗区，在胚盘边缘出现红点，即血岛，然后合并形成血管。

第二天，耳、卵黄囊、羊膜和浆膜开始形成，胚胎头部开始从胚盘分离出来，照蛋时可见卵黄囊血管区形似樱桃，俗称“樱桃珠”。

第三天，鼻、腿和翅开始发育，胚胎开始转向成为左侧下卧，循环系统迅速增长。照蛋时可见胚和延伸的卵黄囊血管形似蚊子，俗称“蚊虫珠”。

第四天，舌开始形成，各个器官都已出现，卵黄囊血管包围蛋黄达 1/3，胚胎和蛋黄分离。胚胎头部明显增大，胚体更为弯曲。胚胎与卵黄囊血管形似蜘蛛，俗称“小蜘蛛”。

2. 发育中期　鸡胚发育的 5～14 天为发育中期，此期在早期发育的基础上形成鸟类所特有的特征，并不断完善各个器官，在原有位置上按器官不同的比例而发展。

第五天，神经系统、性腺、脾、肝明显发育，生殖器官开始分化，出现了两性的区别，心脏完全形成，形成口腔和四肢，蛋白逐渐减少，蛋黄逐渐增大。胚体弯曲，头尾相连。眼的黑色素大量沉积，照蛋时可明显看到黑色的眼点，俗称“单珠”或“黑眼”。

第六天，卵黄囊覆盖蛋黄表面的 1/2 以上，尿囊达到蛋壳膜内表面，由于羊膜壁上平滑肌的收缩，胚胎出现有规律的运动。开始形成喙和齿，躯干部增长，可明显区分翅和脚。照蛋时可见头部和增大的躯干部 2 个小圆点，俗称“双珠”。

第七天，胚胎出现鸟类特征，颈伸长，翼和喙明显，肉眼可分辨机体的各个器官，照蛋时胚胎在羊水中不容易看清，俗称“沉”。

第八天，羽毛开始形成，可以明显区分上下喙，右侧卵巢开始退化，四肢形成。照蛋时胚在羊水中浮游，俗称“浮”。

第九天，喙开始角质化，软骨开始硬化，喙伸长并弯曲，鼻孔明显，眼睑已达虹膜，翼和后肢已具有鸟类特征。胚胎全身被覆羽乳头，各内脏发育良好，肾上方的性腺已可明显区分出雌雄。

第十天，腿部鳞片和趾开始形成，尿囊在蛋的锐端合拢。照蛋时，除气室外整个蛋布满血管，俗称"合拢"。

第十一天，背部出现绒毛，冠出现锯齿状，尿囊液达到最大量。

第十二天，身躯覆盖绒羽，肾、肠开始有功能，开始用喙吞食蛋白，大量蛋白被吸收入羊膜腔。

第十三天，身体和头部大部分覆盖绒毛，胫出现鳞片，照蛋时，蛋小头发亮部分较少。

第十四天，胚胎发生转动而同蛋的长轴平行，其头部通常朝向蛋的大头。脖颈伸长，翼、喙明显，四肢形成，腹部愈合，全身被覆绒羽，胫出现鳞片。

3. 发育后期 鸡胚发育的15～20天称为发育后期，这个阶段时期胚胎各器官已发育完全，处于生长阶段。此时羊膜中的羊水、尿囊中的液体逐渐减少，最后消失，卵黄在19天时全部被进入腹腔，头部逐渐靠近气室。这段时期营养来自蛋黄、蛋白以及蛋壳中的钙，到后期，蛋白已全部用完，气体交换在19天前经尿囊循环而实现，19天头伸入气室，开始肺呼吸，并用喙尖端的破壳齿顶壳内侧，以及用破壳肌用力顶壳。颈部的破壳肌在孵出后8天萎缩，破壳齿也自行脱落。

第十五天，翅已形成，大部分器官基本形成。

第十六天，冠、肉髯明显，蛋白被全部吸收。

第十七天，肺部开始形成血管，但没有血液循环，也没有开始肺呼吸。羊水和尿囊开始减少，躯干增大，脚、翅、胫变大，两腿紧抱头部。照蛋时蛋小头看不到发亮的部分，俗称"封门"。

第十八天，羊水、尿囊液明显减少，头弯曲在右翼下，眼开始睁开，胚胎转身，喙朝向气室，照蛋时气室倾斜。

第十九天，卵黄囊收缩，连同蛋黄一起被吸入腹腔内，喙进入气室，开始肺呼吸。

第二十天，卵黄囊完全被吸收入体腔，胚胎占据了除气室之外的全部空间，脐部开始封闭，尿囊血管退化。雏鸡开始大批啄壳、大量出雏。

4. 出壳(21 天)　雏鸡破壳而出。

胚胎发育不同日龄的外形特征见表 4-3。

表 4-3　胚胎发育不同日龄的外形特征

胚龄(天)	特　征	胚龄(天)	特　征
2	出现血管	14	胚胎全身覆盖绒毛
2	羊膜覆盖头部	15	眼睑合闭
3	开始眼的色素沉着	16～18	蛋白基本用完
3	出现四肢原基	19	蛋黄开始吸入，开始睁眼
4	肉眼可明显看出尿囊	19	颈压迫气室
7	出现口腔	20	眼睁开
9	背出现绒毛	19.5	开始啄壳
10	喙形成	19 天 18 小时	蛋黄吸入，大批啄壳
10	尿囊在蛋的尖端合拢	20～20 天 6 小时	开始出雏
13	眼睑达瞳孔	20.5	大批出雏
13	头覆盖绒毛	20 天 18 小时	出雏完结

(二)胚膜的形成及功能

鸡胚的发育含两部分，胚内部分即胚胎自身的发育，胚外部分即胚膜的形成。肉鸡胚胎发育还要形成四层胚外膜(即卵黄囊、羊膜、浆膜或绒毛膜、尿囊)，这些膜在胚胎发育早期开始形成，虽然都不形成肉鸡的组织和器官，但是胚胎的营养吸收、排泄和呼吸主要靠胚膜来实现。

1. 卵黄囊 是鸡胚外最先发育的胚外膜,胚胎脏壁层不合拢形成消化道,而包裹卵黄形成卵黄囊,消化道只有一层壁,脏壁中胚层形成许多血管,所以卵黄囊上分布许多血管,从血管的分布可以观察卵黄囊发育的进程。孵化第二天开始形成,第四天包围 1/3 蛋黄,第六天包围 1/2,第九天覆盖整个蛋黄表面。卵黄囊由蛋黄囊柄与胚胎相连,孵化第十九天,卵黄囊及剩余蛋黄绝大部分进入腹腔,第二十天完全进入腹腔,雏鸡 6～7 日龄时小肠吸收完剩余卵黄,仅留一卵黄蒂(小突起)。

孵化前 6 天,卵黄囊分解糖类为胚胎提供氧气,保证气体正常交换。卵黄囊内壁在孵化初期形成血管内皮层和原始血细胞,因此其上分布血管,借助卵黄囊上的血管分布可以进行早期生物学照检,检测种蛋是否为受精蛋。卵黄囊内胚层细胞内有消化酶,能液化卵黄,在孵化的前 16 天借助卵黄囊血液循环输送营养给胚胎。

2. 羊膜与浆膜 二者同时开始形成,其发育时间仅次于卵黄囊,孵化后 30 小时开始形成,从头、侧、尾三个方向形成羊膜褶,第二天覆盖于胚胎的头部并逐渐包围胚胎,第四天在胚胎背上方合并形成羊膜腔,包围胚胎全身,之后羊膜腔增大并充满液体(羊水),第五天至第六天羊水增多,17 天开始减少,18～20 天大大降低至枯萎。羊膜和浆膜表面透明无血管,因此不易看到单独的羊膜和浆膜,但羊膜有平滑肌,第六天开始有规律地收缩,使羊水波动。羊膜褶形成时,胚体有一下沉过程,由胚胎体壁(外胚层和体壁中胚层)形成,因此羊膜包围形成一个腔,内层靠胚体的称羊膜,外层称浆膜(绒毛膜),出壳后羊膜残留在蛋壳膜上。孵化前 6 天浆膜紧贴羊膜和卵黄囊外层,其后由于尿囊发育而与尿囊外层结合,形成尿囊绒毛膜。

羊膜借助平滑肌的收缩使羊水发生轻微振荡,促进鸡胚运动,使胚胎各器官发育平衡，防止胚胎与蛋壳粘连，以免发生畸形，同时也保持早期胚胎的湿度。

3. 尿囊　是胚外最后开始形成的一层膜，孵化第三天才开始形成，由后肠形成一个突起，4～10 天迅速生长，6 天到达壳膜内表面，10～11 天包围整个胚胎内容物，并在蛋的小头合拢，以尿囊柄与肠连接。17 天尿囊液开始下降，19 天动静脉萎缩，20 天尿囊血液循环停止。出壳时，尿囊柄断裂，黄白色的排泄物和尿囊膜留在壳内壁上。尿囊膜结构与卵黄囊膜相同，有血管，由胚胎脏壁形成，其内为内脏壁，其外为脏壁中胚层。

孵化第六天，尿囊膜发育到达蛋壳膜，其脏壁中胚层与浆膜体壁中胚层逐渐合二为一，形成血管丰富的结合膜，称尿囊绒毛膜。尿囊绒毛膜紧贴蛋壳，实现气体交换，同时通过尿囊血管吸收蛋壳的矿物质供给胚胎，而胚胎所有的排泄物积存在尿囊，尿囊内充满尿囊液，使胚胎与蛋壳分开处于湿润的环境中得以保护。因此尿囊绒毛膜的作用即是通过尿囊血液循环吸收蛋白、蛋壳中矿物质，吸收氧气并通过气孔排出二氧化碳，贮存尿素、尿酸等代谢废物。蛋白位于尿囊绒毛膜和卵黄囊之间，第十天后水分进入蛋白，使蛋白变稀，并通过浆羊膜道进入羊膜腔；第十二天后，胚胎通过喙吞食蛋白，在肠内消化吸收；第十七天，蛋白被全部吸收完。

四、孵化条件的控制

鸡胚母体外的发育，主要依靠外界条件，即温度、湿度、通风、转蛋、凉蛋等。

(一)温　度

温度是孵化最关键的条件，只有保证胚胎正常发育所需要的适宜温度，才能获得高孵化率和健雏率。胚胎发育的各个阶段对温度的要求不同。孵化初期，胚胎处于形成阶段，胚胎物质代谢处于低级阶段，没有体温，因此初期要给予较稳定的高温，以促进胚胎的发育。中后期，随着胚龄增长，物质代谢逐渐加强，特别是17胚龄后，蛋白质已全部用完，脂肪代谢增加，胚胎自身可散发出大量热量，这时胚胎自身的温度高于孵化器温度，应给予较低的温度，因而在孵化过程中，采用高、中、低的给温方式比较适宜，尤其要防止胚胎发育早期孵化温度偏低，出雏期间（19～21天）要避免孵化温度偏高。

1. 适宜温度 孵化过程中经常会用到华氏度，其与摄氏度的换算如下：

$$℃=(℉-32)\times 5/9$$

常用孵化温度换算见表4-4。

表4-4 常用孵化温度换算表

华氏(℉)	99	99.5	100.5	101	101.5	102	102.5	103	103.5	104
摄氏(℃)	37.2	37.5	37.8	38.3	38.6	38.9	39.8	39.5	39.7	40

温度在95 ℉～105 ℉(35℃～40.5℃)之间，种蛋都能出雏，但温度的高低会影响蛋内酶的活性。室温24℃～26℃时，最适孵化温度为37.8℃(100 ℉)，出雏最适温度为37℃～37.5℃；若室温不适宜，孵化温度可变化0.5 ℉～1 ℉。

2. 变温孵化与恒温孵化 若一次性将孵化箱全部装满，种蛋同时孵化，雏鸡在同一天出雏，称为整批入孵；若分几次将孵化箱全部装满，同一孵化箱内有不同胚龄种蛋，则称分批入孵。

孵化温度分恒温孵化与变温孵化2种，2种孵化都能获得很高的孵化率，通常分批入孵时采用恒温孵化，整批入孵时既可采用恒温孵化，又可采用变温孵化。

(1)变温孵化 自然孵化都是变温孵化，且不同胚龄需要不同的发育温度，因此人们根据不同的孵化器、孵化室温度和鸡胚龄，给予不同孵化温度。初次进行变温孵化时，可参考表 4-5 的施温方案定温，然后根据胚胎发育情况调整孵化温度(如每隔 3 天抽验 20 枚胚蛋)。经过 1～2 批试孵，即可确定适合本机型各阶段的孵化温度。

表 4-5　不同胚龄期孵化室与孵化器内温度关系

孵化室温度	孵化器温度				
	恒温孵化	变温孵化			
	1～18 天	1～5 天	6～13 天	14～18 天	19～21 天
12.8℃ (55 ℉)	38.9℃ (102 ℉)	39.2℃～39.4℃ (102.5 ℉～103 ℉)	38.9℃ (102 ℉)	38.3℃ (101 ℉)	37.2℃～37.8℃ (99.0 ℉～100 ℉)
18.3℃ (65 ℉)	38.6℃ (101.5 ℉)	38.9℃～39.2℃ (102 ℉～102.5 ℉)	38.6℃ (101.5 ℉)	38.05℃ (100.5 ℉)	
23.9℃ (75 ℉)	38.3℃ (101 ℉)	38.6℃～38.9℃ (101.5 ℉～102 ℉)	38.3℃ (101 ℉)	37.8℃ (100 ℉)	
29.4℃ (85 ℉)	38.05℃ (100.5 ℉)	38.3℃～38.5℃ (101 ℉～101.5 ℉)	38.05℃ (100.5 ℉)	37.5℃ (99.5 ℉)	
32.2℃ (90 ℉)	37.5℃ (99.5 ℉)	37.8℃～38.05℃ (100 ℉～100.5 ℉)	37.5℃ (99.5 ℉)	37℃ (98.5 ℉)	

(2)恒温孵化　即在整个孵化期采用同一孵化温度。室温在 24℃～26℃时，孵化温度可设为 37.8℃，出雏温度设为 37.2℃。如果室温偏低，应当用暖气、热风、火炉等供暖，否则应提高孵化温度 0.5℃～0.7℃；室温过高则应开窗或机械排风降温，若降温不理想，则适当降低孵化温度 0.2℃～0.6℃。

温度偏高会加速胚胎发育，缩短孵化期，但死亡率增加，雏鸡质量下降。而温度偏低，胚胎发育迟缓，孵化期延长，死亡率也会增加。孵化温度与孵化季节、孵化器类型、入孵种蛋批次有很大关系。所以在人工孵化时，要根据孵化器的类型、季节和气温高低等来确定施温方案。

检查孵化温度是否适当的最佳办法就是观察胚胎发育情况，即看胚施温，这需要进行经验的积累与沉淀。孵化效果最好的机型是巷道式孵化机，而中小规模孵化场则多用箱体机。一般在孵化满 10 天和 17 天后有 90%以上的胚胎发育到合拢和封门即较好。环境温度每高或低 2℃，设定温度就要减少或增加 0.1℃，开产种鸡所产种蛋的孵化温度提高 0.1℃左右。孵化过程中应定期对设备的显示温度，门表温度（一般是标准温度计）进行比对校准，确保用温准确。

（二）湿　度

湿度的作用在于调节胚蛋内水分的散失，控制种蛋失重，用以保证胚胎良好发育和正常气体交换，适当的湿度也使空气具有良好的导热性，有利于热量的交换，恰当的湿度还有利于破壳。实际上，胚胎对湿度的适应范围比较广，不如温度那样要求严格，种蛋在 1～19 天的孵化过程中失重率达到 11.5%～13%时都能得到高质量的雏鸡。

孵化期间，机内的空气相对湿度以 50%～60%为宜。出雏器内空气相对湿度为 70%～75%。

（三）通　风

1. 通风的意义　通风对孵化效果很重要，这一点往往易被忽视。通风的目的是为孵化器内不同区域提供新鲜、洁净的空气，排出污浊空气、二氧化碳及绒毛等，在孵化后期还有利于散热。

胚胎在发育过程中除最初几天外，必须不断地与外界进行气体交换，而且随着胚龄的增加而加强，后期每昼夜需氧量为初期的110倍以上，尤其是孵化19天以后，胚胎开始用肺呼吸，需氧量也更多。通常要求氧气含量高于20%、二氧化碳含量0.4%～0.5%，而新鲜空气含氧气21%、二氧化碳0.4%，这非常有利于孵化。因此在温、湿度能稳定地控制在设定值附近的前提下，尽量将风门设定到较大位置，尤其孵化10天后更要重视孵化器通风换气问题。一般在孵化初期，为保温以及使温度平稳，可以关闭进气孔或开放部分进气孔，以后逐渐增大出气孔，第十天时进气孔可开启1/3，16～17天后才完全开放进气孔。

2. 保证通风量的措施　孵化器（出雏器）从孵化室吸进新鲜空气，所以孵化室新鲜空气的进入量一定要大于孵化器（出雏器）所需最大进气量。孵化器和出雏器的排气一定要经引风管道排出孵化厅外，并保证不会再吸进孵化室。排气管不宜直接罩在孵化器（出雏器）的出气口上，否则将会影响孵化器（出雏器）内的温度分布，进而影响到孵化成绩。

3. 通风与温湿度的关系　温度、湿度和通风三者关系密切。理论上讲，只要能保证正常的温度和湿度，机内的通风愈畅愈好。一般通风良好、温度低时，湿度就小；而通风不良、空气不流畅，湿度就大。若通风过度，则温度和湿度都难以保证，并增加能源消耗。

（四）转　蛋

1. 转蛋的作用　转蛋的主要目的是避免胚胎与蛋壳膜粘连。因蛋黄脂肪含量高，相对密度较小，比重轻，总是浮在蛋的上部，胚胎又位于蛋黄之上，特别容易与蛋壳膜接触。转蛋不但可避免胚胎与蛋壳膜因粘连而造成胚胎死亡，而且可使胚胎受热均匀，有利于胚胎发育。此外，转蛋还有助于胚胎运动，增强活力，保持胎位正常。

2. 转蛋的操作 一般孵化鸡蛋时转蛋呈90°，前45°后45°，每2小时转1次。转蛋时动作要轻、稳、慢。机器孵化到第十八天时移盘，因此18天以后可以不再转蛋。从理论上讲，整批入孵时14天后胚胎全身已覆盖绒毛，不转蛋也不至于引起胚胎贴壳粘连，可以不再转蛋。相对而言，孵化前、中期转蛋更重要，尤其是第一周。

(五)凉　蛋

凉蛋是指胚蛋孵化到一定时间，关闭电源甚至将孵化器门打开，让胚蛋温度下降的一种孵化操作程序。

1. 凉蛋目的 胚胎后期脂肪代谢加强，产热多，温度比周围高，对空气的需要量也增多，必须向外排出过剩的热和保持足够的空气，同时凉蛋也可使鸡胚较早接受低温刺激，增加出壳后雏鸡对外界气温的适应能力。一般鸡胚不一定非要进行凉蛋，但该项措施能使胚胎生活力加强，我国已有很多地方采用此措施，效果不错。

2. 凉蛋方法

(1)机内凉蛋　定时停机，关闭电源，每天2次，开始时使用，打开机门(或不开)。适合于整批入孵且气温不高的季节。

(2)机外凉蛋　将蛋架拖出机外，向蛋面喷洒25℃～30℃温水，也可以喷40℃的温水，再送入机内。18～19天移盘后到出雏时进行，每天2次。适于分批入孵和高温季节。

(3)次数　头照至合拢1～2次/日，合拢至封门2～3次/日，封门至出雏3～4次/日。一般封门前不开门，关电源、鼓风，而封门后才开门，关热源、鼓风、抽盘，甚至喷温水。

3. 凉蛋时机的掌握 据胚胎发育情况、孵化天数、气温及孵化器性能等具体情况灵活掌握。当孵化器供温和通风系统设计合理，尤其是有冷却设备时，可不凉蛋。但也不排除在炎热夏天、孵化后期超温时进行凉蛋措施。胚胎发育偏慢，不要凉蛋，以免胚胎发育受阻。大批出雏后，不仅不能凉蛋，还应将胚蛋集中放在出雏器顶层。孵化器通风换气系统设计不合理、通风不良时，必须凉蛋。

五、孵化效果的检查与分析

孵化效果可以通过孵化期间胚胎的照检、胚蛋失重、死亡率、出雏情况和孵化成绩进行综合评价。

（一）孵化期中胚胎的照检

孵化期中胚胎照检的目的是为了及时掌握胚胎发育情况，以便发现问题，查明原因，及时采取措施，从而提高孵化率和雏鸡质量，因此胚胎的照检是提高孵化率的重要措施。

孵化期中一般可以进行3次照检。

第一次照检，也称头照，在5～6天时进行，目的是检出无精蛋和死胚蛋，也可以观察胚蛋在孵化器内不同位置的胚胎发育情况（图4-5）。正常胚胎血管网鲜红，扩散较宽，黑眼明显；弱胚蛋血管网细，颜色淡，扩散面小，黑眼颜色浅；死胚蛋无血管扩散或仅有血线，颜色淡；无精蛋则透明，转动可见卵黄阴影。

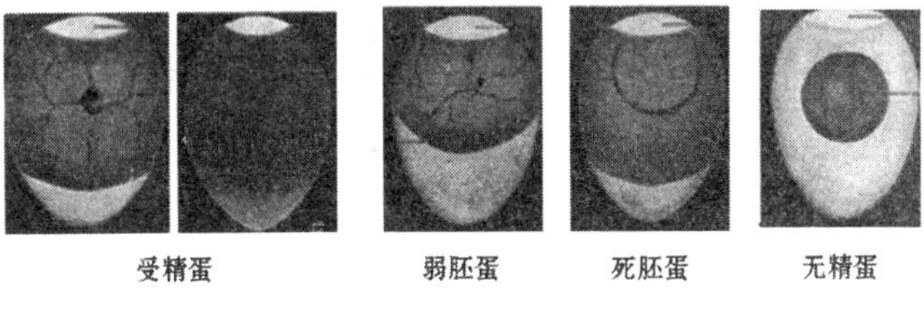

图4-5 头照种蛋情况

第二次照检，也称抽检，在11日抽出几个蛋盘，观察尿囊是否合拢（图4-6）。抽检结果可为调整孵化条件提供参考，若经过多次孵化，确定孵化条件适合，则可以不进行抽检；但如果孵化器是新机型，或初次孵化某种特定的种蛋，则一定要进行抽检以确定适合的孵化条件。

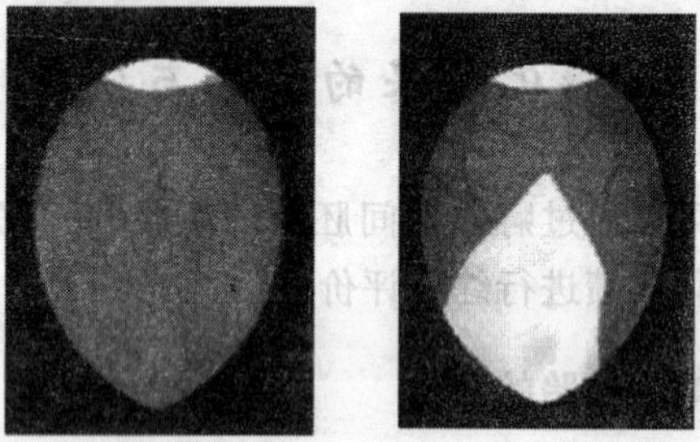

正常胚蛋　　弱胚蛋

图 4-6　抽检种蛋情况

第三次照检，也称二照，在孵化 19 日进行(图 4-7)。目的是检出死胚蛋并观察胚胎发育。死胚蛋颜色淡，边界模糊，锐端颜色淡。正常胚蛋气室边界弯曲，可见胎动，边界齐则表明胚胎发育落后。这次照检可为移盘和出雏环境控制提供参考。

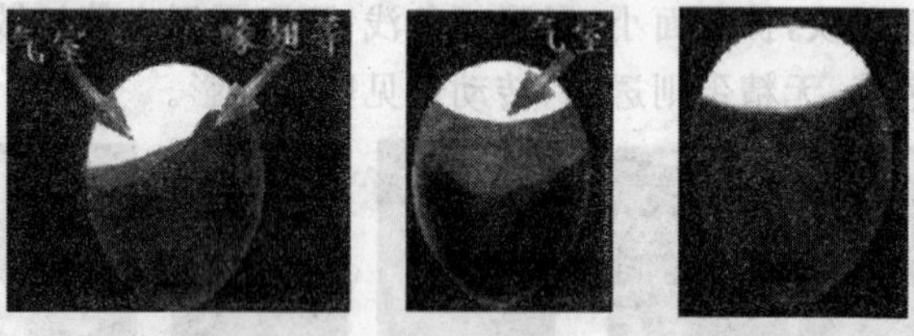

正常胚蛋　　弱胚蛋　　死胚蛋

图 4-7　二照种蛋情况

(二)胚蛋失重测定

孵化效果的检测除照检外，还可测定胚蛋在孵化过程中的失重是否符合标准。即在入孵前选用 100 枚种蛋(以后每次测重都用这 100 枚蛋)，做上记号并测定重量。孵化到第六天、第十二天和第十八天分别进行一次重量测定，以观察失重，并计算是否分别符合 2.5%～4%、7%～9%、11%～13%的标准，从而确定湿度供应是否正常。

(三)胚胎死亡分析

在孵化条件正常的情况下，无论孵化率高或低，孵化期中一般胚胎都会出现死亡，死亡随着孵化进程时期的不同而异，而且胚胎死亡的分布比较有规律。孵化期间根据正常死亡情况可以绘制出一条胚胎死亡曲线(图 4-8)，从曲线可以看出有两个死亡高峰，第一次是在孵化的 3～5 天，死胚数占全部死胚的 15%；第二次是在孵化的 18～20 天，死胚数占全部死胚的 50%。高孵化率鸡群，鸡胚多死于第二高峰；而低孵化率鸡群，两个高峰死亡率大致相似，第二高峰稍高。第一死亡高峰正是胚胎生长迅速、各种胚膜相继形成但尚未完善之时，胚胎对外界环境变化很敏感。第二死亡高峰则处于胚胎从尿囊绒毛膜呼吸过渡到肺呼吸时期。此时胚胎生理变化剧烈，需氧量剧增，自温猛增，传染性胚胎病的威胁更突出，对孵化环境要求高，一些较弱的胚胎不能顺利破壳而死亡。

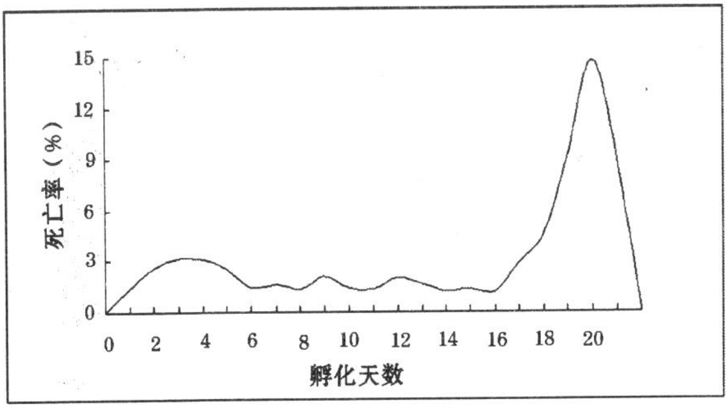

图 4-8　胚胎死亡曲线

在实际孵化初期，为了综合掌握胚胎发育情况，分析孵化条件的合适与否，应绘制胚胎死亡曲线图。即每次照蛋后取出一定数量的死胚蛋进行解剖，判定死亡日龄，然后即可给出实际死亡曲线，将其与正常死亡曲线进行比较分析，找出死因。如种蛋品质不良，孵化早期温度变化大，则孵化初期死亡率变高，曲线显著上升。如果中后期死亡率偏高，除温度因素外，通常与种蛋的营养状况、保存条件有直接关系。

正常死胚蛋比例约为 10%。若种蛋品质好，且保存条件恰当，而死胚蛋超过 15%，二照胚胎发育正常而出壳时间提早，且弱雏中有明显绞毛现象，说明二照后温度太高。如死胚蛋的死亡时间都集中在某一相同时刻，说明某天温度明显偏高。出壳时间推迟、弱雏较多、体软肚大、死胎比例明显上升而在二照时发育正常，这说明二照后温度偏低。

(四)孵化成绩

出壳时间正常、啄壳整齐、出雏持续时间(开始出壳至全部出完为止)约 40 小时、死胚蛋的比例在 10%左右，说明孵化条件适当。

孵化效果最终体现在孵化成绩上，生产中用孵化率和健雏率衡量孵化成绩，适时出壳、绒羽正常、精神活泼、脐部愈合良好的雏鸡为健雏，孵化率则有入孵蛋孵化率和受精蛋孵化率 2 个计算公式，其计算公式分别如下：

$$\text{入孵蛋孵化率}=\frac{\text{出雏鸡数}}{\text{入孵蛋数}}\times 100\%$$

$$\text{受精蛋孵化率}=\frac{\text{出雏鸡数}}{\text{受精蛋数}}\times 100\%$$

健雏率也是衡量孵化成绩的一项重要指标。其计算公式如下：

健雏率＝健雏数/出雏数

在孵化成绩好的情况下，入孵蛋孵化率可高达87%，受精蛋孵化率可高达92%，健雏率可高达98%，无精蛋不超过4%～5%，头照死胚低于2%，二照死胚低于2%～3%，移盘后死胚低于6%～7%。

六、机器孵化法

(一)孵化器的基本构造

孵化器分孵化器和出雏器2种，孵化器有转蛋装置，而出雏器则没有转蛋装置，且温度稍低，但通风换气更好。孵化器的优劣主要体现在孵化器内的前后、上下、左右、边心各点的温差，如果温差在±0.28℃(0.5 ℉)内，则机器性能良好。

1. 主体结构

(1)外壳　要求隔热性能好、防潮、坚固美观、机门密封性能好(有封条)，底部防腐蚀，现多制成无底孵化器，也便于清洗。绝大部分孵化设备都安装在外壳内。现在大型孵化器均设计为可拆卸式板块结构。

(2)种蛋盘　分孵化盘和出雏盘，要求通气性能好、不掉蛋、不跑雏、不变形、安全可靠。多采用塑料制品，结实、不锈蚀，便于清洗消毒。

(3)孵化盘与出雏盘配套工艺　入孵的码盘、移盘和出雏等操作，费工费时，为提高工作效率，便于清洗消毒，孵化器制造厂家采取了多种措施，如使用真空吸蛋器、直接整盘移盘出雏、扣盘移盘法、叠盘出雏器出雏法、抽盘移盘法等实现码盘、移盘和出雏等操作的自动化。

(4)其他　包括蛋架车、机内照明和安全系统等。

2. 控制系统 孵化器含控温系统、控湿系统和通风系统，这些系统应灵敏度高、控制精确、稳定可靠、经久耐用、便于维修。现代孵化器加热系统由多组金属外壳密封的电热器组成，位置排列恰当，可使机内温度均匀；降温系统则设空冷和水冷 2 套冷却降温系统，从而加快冷却降温速度。加湿系统多采用柱形圆盘式回转加湿器，圆形塑料加湿片带水性能强，蒸发面大，加湿效率高。通风系统则采用大直径混流式叶片，中间对称布置，使机内各处空气交换迅速，无涡流死区，均温性能好。

目前孵化器的自控程度日益提高，现行的有模拟分立元件控制系统、集成电路控制系统和电脑控制系统 3 种。集成电路控制系统可预设温度和湿度，并能自动跟踪设定数据。电脑控制系统可单机编制多套孵化程序，也可建立中心控制系统，一个中心控制系统可控制数十台，乃至 100 台或以上的孵化单机。

3. 孵化器的类型 孵化器有多种类型，一般据箱体结构分箱体式和巷道式。在电源充足稳定的地区选择电热箱式或巷道式较好。巷道式孵化器孵化量大，大型孵化场采用此机型较实用。箱体式孵化器有拼装式和整装式，拼装式箱式孵化器安装拆卸方便，而整装箱式孵化器箱体牢固，保温性能较好。

4. 孵化器与出雏器比例 孵化器可容纳数千至数万枚种蛋，巷道式孵化器可达 10 万枚以上。出雏器的选择应与孵化器相同。如采用分批入孵与分批出雏，一般出雏器的容蛋量按 1/4～1/3 与孵化器配套。

选择孵化器时，主要根据机器的结构、性能规格进行选择，同时还要考虑价格。孵化器的价格应以每个蛋位来核算，有的孵化器尽管看似价格便宜，但结构设计不尽合理，机内的空间浪费大，容蛋量减少，从而导致每个蛋位造价高，无形中增加了成本，不宜选购。

(二)孵化器的维护

孵化器在使用过程中，每周应检查加湿水盘水位，检查门的密封状况，检查通风排风情况，清理风门转动丝杠上的绒毛及其他杂物，以防卡死转不动，用半干的抹布擦拭机箱及控制柜外部，并清理机器顶部的绒毛。每月检查风扇、加湿、翻蛋链条是否完好，检查加热功能、超高温报警功能、翻蛋功能是否正常，彻底清洗消毒设备，孵化结束后清洗机器、加湿水盆及加湿蒸发盘。每3个月清洁1次探头，校准温、湿度，风扇轴承加1次黄油，将翻蛋蜗轮清洗后加黄油润滑，风门机构及滑动配合部位加黄油，加湿、翻蛋减速器换1次机油，全面检查各系统的控制功能。

若孵化器长时间不用，则必须在停用前开机升温烘干机器，将加湿水盆中的水放净烘干，各个运转部位洗净后，用黄油保护，以防生锈。

(三)机器孵化过程

机器孵化法较传统孵化法孵化量大，管理自动化程度高，劳动强度小，种蛋破损率低，孵化率高，雏鸡品质好。目前市售孵化器多为全自动化控制孵化温度、湿度、通风、转蛋、报警和记录。

1. 孵化前的准备　提前1周准备好一切用品，如照蛋灯、温度计、消毒药品、防疫注射器材、易损电器元件、发电机等，然后验表试机，即用标准温度计较正孵化用温度计，将2个温度计同时插在38℃温水中，以检测温度计是否准确。检测各个控温、控湿、通风、报警、照明和机械转动系统是否能正常运转。试机1～2天后即可入孵。

若孵化间隔不长，结束孵化时对孵化器清洗消毒过，可入孵后在种蛋消毒时对其进行消毒，否则，应先消毒再入孵。

2. 种蛋的入孵

(1)种蛋预热　存放于空调蛋库的种蛋,入孵前应置于22℃～25℃的环境条件下预热6～8小时,使胚胎发育从静止状态逐渐苏醒,并除去蛋表凝水,也能减少孵化器温度下降幅度。种蛋保存2周内预热不影响孵化率,保存2～4周预热则可提高孵化率。

(2)码盘入孵　种蛋装盘,钝端向上,标注编号、时间、品种、数量、批次等,填入记录卡,并将记录卡插入每个蛋盘的金属小框内,以便于查找,避免差错。

整批入孵,每周入孵2批,分批入孵则3～5天入孵1批。且分批入孵,新老蛋盘交错,以便新老蛋相互调节温度,使温度均匀一致。

入孵时间在下午4～5时,以确保最后大量出雏时间在白天。

(3)入孵消毒　见前述。

(4)安排孵化进程表　种蛋全部装盘后,将该批种蛋的入孵日期,各次照检、移盘和出雏日期填入孵化进程表内,以便孵化人员了解各台孵化器各批种蛋的情况,并按进程表安排工作。

3. 孵化的日常管理　随着孵化器具自动化程度的不断提高,孵化器操作和管理也越来越方便。在孵化设备运行过程中,孵化人员应昼夜值班,如无自动记录装置,应每隔2小时做1次检查,并做好温度、湿度变化情况的记录,注意检查各类仪表是否正常工作,机械运转是否正常,特别是控温、控湿、转蛋和报警装置系统是否调节失灵,发现异常情况及时处理。尤其注意门表温度和机器显示温度的差值有无较大的变化,若有变化要及时按要求校准。孵化过程中如果遇到停电时,应将机器的总电源开关关闭,等到来电后再打开机器正常工作。使用发电机组供电时,应注意其输出电压的稳定性,并观察各个电机的转动方向是否正确(在自备发电机和电力线路之间换电时也应如此)。一般孵化前期和中期停电4～6小时问题不大。

4. 种蛋的照检　孵化进程中通常对胚蛋进行 2～3 次灯光透视检查，以了解胚胎的发育情况和及时剔除无精蛋和死胚蛋。鸡可在 5～7 天、11 天、19 天时照蛋，照蛋时尽量提高室温，并做到稳、准、快。抽放盘时，有意识地对角调换。照完后检查孵化盘是否牢固，最后统计无精蛋、死胚蛋及破壳数，登记入表。

5. 移盘　将胚蛋从孵化器移至出雏器的过程，称移盘，约 10%鸡啄壳时进行。一般鸡胚在 19 天移盘，移盘时可以提高室温，并尽可能轻、稳、快，尽量减少碰撞。进入出雏器后停止转蛋，并注意增加湿度降低温度，以保证雏鸡顺利出壳。

6. 雏鸡消毒　一般不对雏鸡进行消毒，通常只在发生脐炎时才采用。在有 10%的鸡啄壳时，每立方米用 14 毫升 40%甲醛，7 克高锰酸钾，熏蒸 20 分钟；在有 20%的个体啄壳时，不能进行消毒。也可在 20～21 天时，每立方米用 20～30 毫升 40%甲醛溶入 40 毫升温水，置于出雏器底部。

7. 出雏　在临近孵化期满的前 1 天，雏鸡开始陆续啄壳，孵化期满时大批出壳。此时出雏器要保持黑暗，使雏鸡安静，以免踩破未出壳的胚蛋。

出雏期间，不应随时打开机门捡雏，成批出雏后，每 4 小时左右捡雏 1 次，同时将已啄壳胚蛋集中至上层，促进出雏。不能让已出壳的雏鸡在出雏器内存留太久，引起脱水。

及时对雏鸡进行雌雄鉴别，戴翅号，注射马立克氏病疫苗。

8. 清扫消毒　第二十二天捡出死胚和残、死雏，出雏盘在消毒液中浸泡清洗，出雏器内部、出雏室清扫消毒，以备下次使用。

第五章　肉鸡营养与饲料

肉鸡生长快，代谢旺盛，需要能量、蛋白质、矿物质、维生素等营养物质，这些营养物质功能各异，有主有次，有些占饲料的主要部分，有些只占1%～2%，有些只占万分之一，有些元素甚至微少到百万分之几，其在饲粮中的含量低于一定数量就会发生严重的缺乏症。饲料是这些营养素的载体，但它们在不同饲料中的含量有多有少，不尽符合营养需要。饲料是肉鸡生产中的重要投入，饲料的质量更是影响肉鸡健康高效养殖效果和环境生态效益的一个重要因素，直接决定饲料本身的转化效率，对养殖环境起决定性的影响，质量低下则影响动物的正常生长，而且会在养殖过程中产生大量的废弃物，恶化养殖环境，增加病害发生机会，饲料质量还影响鸡肉产品质量，因此饲料必须安全、优质，无农药、激素残留。在生产中应做到饲料来源安全、无霉变，添加剂的使用应符合国家标准规定。本章主要介绍肉鸡的营养需要及其影响因素、常用饲料、营养标准和饲料配方设计。

一、肉鸡的营养需要

(一)能　量

能量是一切生命活动的源泉，能量长期不足，则肉鸡生长缓慢或停止生长，日粮能量过高，超过肉鸡生长或生产的能量需要时，多余的能量以体脂形式储于体内。饲料中的碳水化合物是能量的主要来源，其次是脂肪，蛋白质多余时也可以转化为能量，但蛋白质价格较贵，作为能量来源很不经济。

碳水化合物包括淀粉、糖类和粗纤维，适量的粗纤维可促进胃肠蠕动，有利于消化，但肉鸡消化粗纤维的能力低，过高的粗纤维含量会影响消化率，因此饲料中粗纤维的含量不可过高。一般日粮的粗纤维含量应控制在2.5%～3%。

脂肪是肉鸡日粮能量浓度最高的养分，脂肪所含能值是同样重量的碳水化合物或蛋白质的2.25倍。脂肪还是脂溶性维生素的溶剂，脂肪缺乏时，会影响维生素A、维生素D、维生素E、维生素K的吸收，脂肪能降低饲料粉尘，在饲料的制粒过程中起润滑作用，脂肪还可提高饲料的适口性，提供必需脂肪酸，脂肪还能使鸡肉产生特殊的肉品风味。饲料中的淀粉可转化为脂肪，且大部分脂肪酸可在体内合成，一般不需要由饲料中供给。但肉鸡不能在体内合成亚油酸和亚麻油酸等不饱和脂肪酸，玉米提供能量时，不缺亚油酸，而用高粱、小麦供能则可能缺乏。一般日粮的能量水平不易满足肉鸡的高能量需要，可在肉鸡日粮中添加1%～5%的油脂以提高饲粮能量水平，对肉鸡生长和产蛋尤其是提高饲料转化率效果很好。

影响肉鸡生产经济效益的重要因素是合理的能量水平、能量蛋白比及能量与其他养分的比例。肉鸡在自由采食时具有自动调节采食量来满足能量需要的本能，饲粮能量水平低时，采食量多些；饲粮能量水平高时，则采食量少些，即采食量主要由饲粮能量水平来决定，所以采食量一旦发生变化，则蛋白质和其他营养物质的摄入量也会发生变化，因此，配合饲粮时首先要确定能量水平，然后据此调节好能量蛋白比例。须注意的是，肉鸡能根据能量水平调节采食量，但只能适应一定的饲粮能量范围，调节能力有限，饲料能量水平过高，肉鸡采食量也不会按比例减少，造成饲粮成本提高，经济效益会降低，国家标准或NRC标准皆按最低需要量制定，配合饲粮时应注意比国家标准适当高些。

(二)蛋白质

蛋白质是生命的物质基础,肉鸡蛋白质和氨基酸不足,则生长缓慢,羽毛生长不良,产蛋少,蛋重小;严重缺乏则停止采食,卵巢萎缩。构成蛋白质的氨基酸有20多种,肉鸡可利用其他氨基酸或非蛋白氮合成其中的大部分,不必从饲料中提供的,称为非必需氨基酸;在肉鸡体内不能合成或合成缓慢,只能从饲料中供给的,称为必需氨基酸。赖氨酸、蛋氨酸、色氨酸和胱氨酸在一般谷物中含量较少,肉鸡利用其他各种氨基酸合成蛋白质时,均受其限制,称为限制性氨基酸,其中最易缺乏的,称第一限制性氨基酸,其次的,称第二限制性氨基酸,其余的依此类推。在饲养实践中,用一般的谷物与饼粕类饲料配合饲粮时,蛋氨酸、赖氨酸,还有精氨酸、苏氨酸和异亮氨酸常常达不到营养标准需要的数量,使蛋白质的营养受到限制,因此这些都是限制性氨基酸。在常规的玉米-豆粕型日粮中,肉鸡的第一限制性氨基酸是蛋氨酸,第二限制性氨基酸是赖氨酸。应注意的是,使用不同的日粮,其限制性氨基酸可能也不同,以玉米-豆粕和玉米-花生饼构成的饲粮为例,2种饲料必需氨基酸组成的差异见表5-1。

表5-1 玉米-豆粕与玉米-花生饼型日粮必需氨基酸含量与标准比较

营养素	饲粮标准(%)	玉米78%* 豆粕(%)	占标准(%)	玉米78% 花生饼(%)	占标准(%)
蛋白质	15	15	100	15	100
精氨酸	0.83	1.03	126	1.3	156
甘氨酸	0.58	0.71	122	0.69	119
组氨酸	0.22	0.36	164	0.36	164
异亮氨酸	0.5	0.71	152	0.63	126

续表 5-1

营养素	饲粮标准（%）	玉米 78%* 豆粕（%）	占标准（%）	玉米 78% 花生饼（%）	占标准（%）
亮氨酸	0.83	1.43	172	1.46	176
赖氨酸	0.6	0.6	100	0.49	82
蛋＋胱氨酸	0.5	0.47	94	0.44	88
苯丙氨酸	0.45	0.76	169	0.82	182
苏氨酸	0.57	0.59	104	0.53	93
色氨酸	0.14	0.18	129	0.15	107
缬氨酸	0.52	0.78	150	0.82	158

* 78%指玉米含量，全表同

现行的 NRC 标准中，鸡的营养需要是指饲喂玉米-豆粕型日粮时的氨基酸需要量，如果改用小麦-豆粕型日粮，则蛋白水平需提高 14%。因为在蛋白质饲料中所含的氨基酸含量是分析值，不同的蛋白质饲料可被消化吸收的氨基酸差异很大，不同的加工工艺也有很大的差别，例如豆粕可利用赖氨酸为分析值的 92%，菜子饼为 73%，豆饼为 80%左右，因此所用蛋白质饲粮的原料不同，能被吸收的氨基酸就不同。表 5-1 中，玉米-豆粕型日粮的蛋氨酸＋胱氨酸含量只有标准的 94%，玉米-花生饼型日粮的赖氨酸只有标准的 82%、蛋氨酸＋胱氨酸 88%、苏氨酸 93%，这就说明日粮的第一限制性氨基酸是因日粮组成不同而有所变化的，也说明玉米-豆饼日粮的蛋白质实际只能有 94%起作用，玉米-花生饼的蛋白质只有 82%的水平。20 世纪 70 年代后国际上趋向于以可利用有效氨基酸为基础来配合日粮。这需要两方面的数据：一是以有效氨基酸为指标的标准，二是各种饲料的有效氨基酸含量。

(三)矿 物 质

肉鸡生长、生产不可缺少矿物质。矿物质是肉鸡体组织和细胞,特别是形成骨骼最重要的成分。钙、磷和镁是机体的结构物质。矿物质在代谢中也起重要作用。锰、锌、铜、铁、碘、钴是辅酶或酶的激活剂、激素或某些维生素的组成成分、参与调节渗透压和维持酸碱平衡,磷在体内几乎每个反应都不能缺少。

肉鸡主要需要 13 种矿物元素。动物不能合成矿物质,只能从饲料中供给,应该在配合饲粮时给予考虑。其中需要量大,称之为常量元素,包括钙、磷、镁、钾、钠、氯;而其他的如铁、铜、锌、锰、硒等需要量很少,称之为微量元素。

(四)维 生 素

维生素是一组化学结构不同、营养作用和生理功能各异的化合物,主要的功能是控制与调节代谢作用。肉鸡对维生素的需要量甚微,一般仅占日粮的几十万分之一,但它却对肉鸡正常物质代谢起重要作用。维生素缺乏时会造成物质代谢紊乱,影响肉鸡的健康生长和产蛋。尤其雏鸡对维生素的要求更严,缺乏时会导致生长不良,严重缺乏则可能造成死亡。若在产蛋期发现产蛋量不减少,而受精率、孵化率达不到正常指标,则可怀疑由维生素缺乏引起。维生素缺乏时往往出现综合症状,不易很快准确判断缺乏哪种维生素。只有在饲粮中补加了足够的各种维生素,才能避免发生缺乏症。维生素对调节动物的各种生理功能、保持健康生长和繁殖具有重要作用。肉鸡消化道内微生物少,多数维生素不能在体内合成,因此必须从饲料中摄取。

肉鸡必须从饲料中摄取的维生素有 13 种,其中脂溶性维生素有维生素 A、维生素 D、维生素 E、维生素 K 4 种,它们能在体内储存,但很不稳定,水溶性维生素有硫胺素、核黄素、烟酸、吡哆醇、泛酸、生物素、胆碱、叶酸和维生素 B_{12} 9 种，它们不能在体内储存，体内多余的很快随尿排出体外。其中最易缺乏的是维生素 A、维生素 B_2、维生素 D_3，而硫胺素和吡哆醇在饲料中含量丰富，一般无须补充。维生素需要量大，在高温等应激条件下应考虑补充。为防止肉鸡的维生素缺乏症，必须根据日粮情况考虑供给各种必需维生素。

(五)水

水是各种营养物质的溶剂和运输工具，其参与养分代谢物和废物的运进与运出，是肉鸡维持生命活动、生长和生产所必需的营养物质。1 周龄鸡含水量约 85%，42 周龄时为 55%，随着周龄的增长，身体水分减少而脂肪增加。肉鸡体内必须维持一定的水分含量，缺水比缺食物更严重，停止喂料，即使失去全糖原和脂肪及 50%的体蛋白，仍能存活，但损失 10%的水分就会发生严重紊乱，生长发育受到严重影响，损失 20%就会死亡，因此必须及时供给肉鸡新鲜饮水。雏鸡的供水量为采食干饲料的 2～2.5 倍。

影响饮水量的因素很多，其中影响最大的因素是温度(见表 5-2)，高于温度适中区饮水量增加，低于 14.5℃则饮水量显著减少，室温达到 32℃时饮水量增加 1 倍。除热应激外，饲粮中钠、钾、糖或其他物质含量过高时，需要稀释与排出，也会增加饮水量。环境温度升高，饮水量上升；平养变笼养，饮水量上升。肉鸡饮水量往往有超过实际需要量的倾向，尤其在夏季气温高时，饮水量过多，往往使粪便过稀，此时，应当限制饮水量或间隙给水。另外，肉鸡患病处于逆境时，往往在采食量减少前一两天饮水量就先减少，发现这些细微变化，有助于及早采取防范措施。

表 5-2 肉用种母鸡育成期每日限饲或隔日限饲时的饮水量

（升/1000只·天）

周 龄	10℃	21.1℃	32.2℃	37.8℃
2	55	68	114	138
4	77	95	158	191
6	87	107	179	217
8	97	120	200	243
10	109	134	224	271
12	120	148	247	299
14	132	163	273	330
16	145	179	298	361
18	158	195	336	394
20	172	212	354	428
22	186	230	384	456
24	201	248	414	502

（六）营养需要量的表示单位及换算

见表 5-3。

表 5-3 常见营养单位及换算

AIU（国际单位）或 USPU（美国药典单位），两者相等	1μg（微克）＝1/1000mg
DIU（国际单位）或 ICU（国际雏鸡单位），两者相等	1mg（毫克）＝1/1000g
EIU（国际单位）或 mg 1IU＝1mg	1g（克）＝1000mg

续表 5-3

1cal(卡)=4.184J	1kg(千克)=1000g=2.2051b
1kcal(千卡)=1000cal	1b(磅)=453.592g
1J(焦耳)=0.239cal	1oz(英两)=28.349g
1MJ(兆焦)=239kcal	1ppm(1/1000000)=1μg/g

二、肉鸡的常用饲料

鸡的饲料种类很多，有能量饲料、蛋白质饲料、维生素饲料、矿物质饲料和饲料添加剂等，肉鸡常用饲料营养含量见表 5-4 至表 5-7。

(一)能量饲料

能量饲料富含淀粉、糖类和纤维素，蛋白质、脂肪和其他养分含量少，凡干物质中含蛋白质低于 20%、纤维素低于 18%的饲料都属于能量饲料，包括谷实类、糠麸类、块根、块茎和瓜类，以及油、糖蜜等，是肉鸡饲料主要成分，用量占日粮的 60%左右。

谷实类包括玉米、麦类、粟、稻谷、高粱、草籽等，由于高粱是白酒的原料，大麦是啤酒的原料，用于饲料的很少。能用于饲料的谷物一般是玉米、稻谷与碎米。谷实类饲料含淀粉多，蛋白质与脂肪较少，纤维素及灰分更低，一般含代谢能 12.6 兆焦/千克以上。谷实类饲料是提供能量的好饲料，也是最主要的能量饲料，含碳水化合物 80%左右，碳水化合物中主要是淀粉、糖和半纤维素，能被肉鸡消化利用的部分很高。这类饲料钙磷含量低，钙含量一般低于 0.1%，磷含量可达 0.314%～0.45%，而磷是植酸磷，利用率低。除黄玉米含少量胡萝卜素外，其他谷物均缺乏胡萝卜素。这类饲料的硫胺素和维生素E含量丰富，核黄素含量少。除大麦的粗蛋白质和赖氨酸含量较高外，其他谷物赖氨酸、色氨酸含量均很低。配合日粮时须注意与蛋白质饲料合理搭配或添加合成氨基酸，使氨基酸平衡。

糠麸类能量饲料价格低，适口性好，B族维生素含量丰富，但其能量水平低，纤维含量可高达8%，容积大，含磷量也高，但主要是植酸磷（约70%），鸡对其利用率很低，主要用于育成鸡和成年鸡。能量饲料中动物脂肪和油脂是含能量最高的能量饲料，每千克动物脂肪含代谢能32.2兆焦，植物油含代谢能36.8兆焦，适合于配合高能日粮，肉用仔鸡日粮中一般可添加5%～10%，成鸡可添加1%～5%。

1. 玉米 是养鸡业中最主要的饲料之一，能量水平高，适口性强，易消化。黄玉米维生素A含量高，白玉米含维生素A仅为黄玉米含量的1/10。黄玉米还富含叶黄素，是蛋黄和皮肤、爪、喙黄色的良好来源。虽然玉米不是主要用于提供蛋白质与氨基酸，但它在配合饲料中占70%以上，所含的蛋白质达到需要量的40%以上，但玉米的蛋白质中赖氨酸与色氨酸很少，对氨基酸的组成影响较大。因此玉米的缺点是蛋白质含量低，且品质较差，色氨酸和赖氨酸含量不足，钙、磷和B族维生素（维生素B_1除外）含量亦少，必须添加维生素补充料。玉米油中亚油酸含量丰富。玉米易感染黄曲霉菌，贮存时水分应低于13%。在鸡日粮中，玉米可占50%～70%。

2. 小麦 能量水平低于玉米，蛋白质多，氨基酸比例比其他谷类完善，B族维生素也较丰富。适口性好，易消化，可以作为鸡的能量饲料，一般可占日粮的30%左右。小麦中不含类胡萝卜素，如对鸡的皮肤和蛋黄颜色有特别要求则应适当予以补充。

3. 大麦 大麦能量含量稍低于玉米，蛋白质含量约12%，稍高于玉米，品质也较好，赖氨酸含量高。适口性稍差于玉米和小麦，较高粱好，但若粉碎过细则易黏滞。粗纤维含量较多，烟酸含量丰富，日粮中的用量以10%～20%为宜，大量饲喂会使鸡蛋着色不佳。限制饲养的肉种鸡每日下午或停料日，每只鸡喂给约10克大麦或燕麦效果好。

4. 麦麸 小麦麸蛋白质、锰和B族维生素含量较多，适口性强，在鸡日粮中常添加，但能量低，植酸磷含量高，纤维含量高，容积大，属于低热能饲料，不宜用量过多，一般可占日粮的3%～15%，育成鸡可占10%～20%。

5. 米糠 含脂肪、纤维较多，富含B族维生素，米糠的脂肪多为不饱和脂肪酸，易酸败变质，故应饲喂新鲜米糠。为防止米糠脂肪氧化，可加入抗氧化剂。米糠的粗蛋白质和赖氨酸含量较高，硫胺素含量也丰富，脂米糠适口性好，但能量低，不宜多喂，一般可占种鸡日粮的5%～10%。

（二）蛋白质饲料

凡饲料干物质中粗蛋白质含量超过20%，粗纤维低于18%的饲料均属于蛋白质饲料。据其来源不同，又分为植物性蛋白质饲料和动物性蛋白质饲料两大类。肉鸡常用的植物性蛋白质饲料主要包括豆类籽实及饼粕类。动物性蛋白质饲料主要是鱼粉、肉骨粉，其他还有一些蚕蛹、羽毛粉等。

1. 豆类 常用豆类籽实有大豆、蚕豆、豌豆等，粗蛋白质含量可达20%～40%，其赖氨酸含量比谷类籽实高4～6倍，蛋氨酸高1倍。但其蛋氨酸含量仍不能满足肉鸡生长的需要。豆类籽实含有胰蛋白酶抑制素、红细胞凝集素与皂角苷，前者有碍于饲粮蛋白质的消化利用，后两者有毒害，不能直接饲喂，饲喂前应加热灭活。

2. 饼粕类 饼粕是作物籽实提油后的副产品，肉鸡生产中用得最多的是豆饼和豆粕，大豆经压榨法提油后的产品称饼，用溶剂提油后的产品称粕，它们是饼粕类饲料中最富有营养的一种饲料，蛋白质含量和营养价值较高，含蛋白质42%～46%，蛋氨酸0.5%～0.7%，赖氨酸2.2%～2.8%。大豆饼(粕)的氨基酸组成接近动物性蛋白质饲料，但蛋氨酸含量相对不足，故以玉米-豆饼(粕)为基础的日粮通常需要添加蛋氨酸。豆饼的榨油工序经过130℃加温的蒸坯，其中所含抗胰蛋白酶、红细胞凝集素、皂角苷等抗营养因子已破坏，不会引起中毒；而溶剂浸提油工艺，豆坯只加热到50℃～60℃浸提油脂，最后回收溶剂时蒸汽温度可能达100℃，但时间很短，不足以完全破坏有害的酶类。因此用豆粕作饲料要调查加工工艺是否经过半小时以上的蒸汽加热，否则要自行蒸煮半小时，以保证安全。但豆粕加工时只在回收溶剂时用100℃的温度蒸半个小时，其蛋白质质量比榨油法用高温加热的豆饼质量好。豆饼(粕)适口性好，营养价值高，一般用量占日粮的10%～30%。

花生饼粕营养价值次于豆饼，适口性好，含蛋白质40%～50%，含精氨酸、组氨酸较多，赖氨酸、蛋氨酸和色氨酸含量少，在补加合成蛋氨酸与赖氨酸的条件下，可以降低饲粮蛋白质水平，节约蛋白饲料资源。因此配料时可以和豆饼一起使用，或添加赖氨酸和蛋氨酸。一般用量可占日粮的15%～20%。花生饼易酸败，不宜久存，且易感染黄曲霉毒素使鸡中毒，因此贮藏时切忌发霉。

菜子饼粕蛋白质含量为32%～44%，蛋氨酸+胱氨酸1.1%、赖氨酸1.69%，粗纤维含量约11%。菜子内含有硫葡萄糖苷，经芥子酶水解后产生异硫氰酸盐、噁唑烷硫酮等有毒物质，目前还没有切实可行的有效去毒方法，喂前应加热去毒。不同品种的菜子含毒量不同，白菜型的菜子含毒量低，饲粮中用量达10%也没发现中毒；芥菜型和甘蓝型品种含毒量高，饲粮中用量不得超过5%。后备生长鸡用量5%～10%，经脱毒处理可增加用量。产蛋鸡饲料中菜子饼用量过多时，所产蛋有时带异味，故产蛋期日粮中的用量不应超过5%。

棉籽饼粕蛋白质含量丰富，可达40%以上，蛋氨酸＋胱氨酸1.1%、赖氨酸1.59%，微量元素含量丰富、全面，粗纤维含量较高，约10%。棉籽饼粕含游离棉酚和棉酚色素，棉酚中毒有蓄积性，棉酚可使鸡蛋呈橄榄色，蛋白变成粉红色。棉酚可在消化道内与铁形成复合物，导致缺铁，加入硫酸亚铁0.5%～1%，使棉籽饼粕与硫酸亚铁的比例为1∶1，可消除其毒性，并可提高棉籽饼的营养价值。棉籽饼一般不单独使用，喂量过多不仅影响蛋品质，而且还降低种蛋受精率和孵化率，种鸡尽量不用。一般用量不超过日粮的5%。

3. 鱼粉 是养鸡最好的动物性蛋白质饲料，营养价值高，必需氨基酸含量全面，富含植物性蛋白质饲料所缺乏的蛋氨酸、赖氨酸、色氨酸，并含大量B族维生素和丰富的钙、磷、锰、铁、锌、碘等矿物质，而且钙、磷比例适当，磷多为可利用磷，而且还含有硒和促生长的未知因子，远远优于其他蛋白质饲料，可用于调节日粮氨基酸的平衡，与谷物饲料、植物蛋白饲料搭配使用，很接近各类鸡的营养需要，对雏鸡生长和成鸡产蛋、繁殖皆好。鱼粉含蛋白质高达50%～60%，用量宜2%～8%。饲喂鱼粉可使鸡发生肌胃糜烂，特别是加工或贮存中发生过自燃的鱼粉中含有较多的“肌胃糜烂因子”。鱼粉还会使鸡肉和鸡蛋出现不良气味。鱼粉含脂量高，约10%，贮存中易受热，易发生酸败，同时使脂溶性维生素效价降低。因此鱼粉应贮藏在通风干燥处，否则易生虫或酸败引起中毒。近年来开发出无鱼粉日粮，主要以大豆饼等优质植物性蛋白饲料代替鱼粉，另外添加蛋氨酸、酵母来平衡氨基酸，并补充未知因子、维生素和矿物质添加剂，降低了饲料成本，受到养鸡场的普遍欢迎。

4. 肉骨粉 是屠宰场或病死畜尸体等经高温高压处理后、脱脂干燥制成的蛋白质饲料。其营养价值取决于所用的原料和骨骼的比例，市场常见含蛋白质45%、50%和55%的肉骨粉，其含钙分别是11%、9.2%与7.6%，含磷分别是5.95%、4.7%和4%。其质量不如鱼粉，蛋氨酸和胱氨酸偏低，蛋白质含量为45%的肉骨粉含蛋氨酸+胱氨酸0.78%、赖氨酸2.2%，比豆饼的含量还低；蛋白质含量为50%的肉骨粉则分别为1.0%与2.6%；含55%蛋白质的肉骨粉则分别为1.43%与3.0%。骨肉粉也容易腐败。肉骨粉最好与植物蛋白质饲料混合使用，生长鸡用量不超过5%，种鸡可达5%～10%。

5. 羽毛粉和血粉 羽毛粉多经高压蒸煮后烘干粉碎制成，蛋白质含量近86%，含硫氨基酸丰富，但蛋氨酸、赖氨酸、色氨酸和组氨酸含量低，蛋白质生物学价值低，是质量最差的蛋白质饲料。血粉多经蒸煮、压榨、干燥或发酵而成，其粗蛋白质含量达80%，赖氨酸也很高，蛋白质可消化性差，适口性也不好，由于加工工艺的原因，利用率只为60%，且氨基酸的含量很不平衡，赖氨酸非常多，但异亮氨酸、蛋氨酸缺乏，钙、磷含量很少。羽毛粉和血粉蛋白质含量虽高，但消化率低，溶解性差导致消化率下降，且氨基酸的组成不完善。可作蛋白质补充饲料，只能与其他蛋白质饲料搭配使用，使用量在日粮中不超过2.5%。

近年来研究用微生物发酵使其作酵母饲料，其大部分氨基酸和维生素含量丰富，使用时注意补充蛋氨酸、维生素A和维生素B_{12}及矿物元素。因其尿酸含量高而要限制饲喂，一般占日粮3%～5%，不超过10%。

(三)矿物质饲料

矿物质饲料是含营养素比较专一的饲料，例如碳酸钙、石灰石粉、蛋壳粉、贝壳粉等是只含钙的饲料，专为补充钙而添加。食盐用来补充钠、氯。骨粉、磷酸钙、磷酸氢钙和脱氟磷肥用来补充磷。微量元素都是用饲料级的硫酸盐类来补充，既补给了铁、铜、锌、锰等元素，也供给了硫。

贝壳、石灰石、蛋壳等是钙的主要来源，其中贝壳最好，含钙多，且易被鸡吸收，饲料中的贝壳最好有一部分粒状钙。石灰石含钙量高，价格便宜，但有苦味，使用时应注意镁的含量不应过高(不超过0.5%)，还要注意铅、砷、氟的含量不超过安全系数。蛋壳经洗涤、煮沸和粉碎后，也是较好的钙质饲料。这3种矿物质饲料用量，雏鸡占日粮的1%左右，产蛋鸡占日粮的5%～8%。

骨粉和磷酸钙是优良的钙、磷饲料。骨粉是动物骨骼经高温高压、脱脂、脱胶、碾碎而成，因调制方法不同，其品质差异很大，一般以蒸制的脱胶骨粉质量较好，使用时注意含磷量，防止腐败。磷酸钙或其他磷酸盐均可作磷的来源，但磷矿石作为磷来源时，因其含有氟和砷等杂质，未经处理不宜使用。骨粉用量一般占日粮的1%～2.5%，磷酸盐一般占1%～1.5%，磷矿石则含氟量一般不宜超过0.04%，且应做脱氟处理。

食盐，即氯化钠，用于补充钠和氯。雏鸡用量占日粮的0.25%～0.3%，成鸡占0.3%～0.4%，如日粮中含有咸鱼粉或饮水中含盐量高时，应弄清含盐量，在配合饲料中减少食盐用量或不加，以免造成食盐中毒。盐以用碘化盐最好，可不另加碘。

沙砾有助于肌胃的研磨，笼养和舍饲时应补给。现在多用低纤维、高能饲粮喂鸡，喂沙砾可减少肌胃腐蚀的发生，不喂沙砾时，雏鸡啄食垫草或羽毛，可损伤肠道。饲用沙砾应注意不同日龄鸡沙砾粒度应不同，且用高锰酸钾水消毒。日粮中一般添加0.5%～1%的沙砾，也可单独补饲，但要注意，种鸡停料日喂沙砾，容易采食过量。麦饭石、沸石和膨润土等，不仅含有常量元素，还富含微量元素，并且由于这些矿物结构的特殊性，所含元素大都具有可交换性和溶出性，因此容易被鸡体吸收利用，从而提高鸡的生产性能。饲料中添加2.5%～5%麦饭石、5%沸石或1.5%～3%的膨润土，对提高鸡的生产性能和饲料转化率有较好效果。此外，它们还具有较强的吸附性，如沸石和膨润土有减少消化道氨浓度的作用。

(四)饲料添加剂

添加剂有两大类,一类是营养性添加剂,比如维生素、微量元素、氨基酸添加剂;另一大类是非营养性添加剂,比如促生长剂、激素、保健剂、着色剂、抗氧化剂、调味剂等。使用饲料添加剂的目的是使饲料营养更加完善,提高饲料的转化率,防止疾病,增强抵抗力,防止饲料变质,保护维生素效价,提高饲料的适口性,提高畜禽产品质量和商品价值,从而获得较高的饲养效果。

1. 氨基酸添加剂 合成的氨基酸主要有蛋氨酸和赖氨酸,用于补充使用植物性蛋白质饲料时常缺乏的这 2 种必需氨基酸。用玉米-豆粕为基础日粮,适量添加蛋氨酸,可将日粮的蛋白质营养效价提高到接近鱼粉水平。据估计,添加 1 千克蛋氨酸相当于增加 50 千克鱼粉。由于生长和产蛋鸡赖氨酸需要量高,因此赖氨酸也是肉鸡常用日粮(豆饼除外)容易缺乏的一种必需氨基酸,往往是第一或第二限制性必需氨基酸。谷类饲料中赖氨酸含量不高,豆类饲料中虽然含量高,但是作为鸡饲料原料的豆饼或豆粕是其加工后的副产品,赖氨酸遇热或长期贮存时会降低活性;在鱼粉等动物性饲料中赖氨酸虽多,但也有类似失活的问题,因此饲料中可被利用的赖氨酸只占 80%左右。赖氨酸在营养上与精氨酸存在拮抗作用。肉用仔鸡的饲料中常添加 L-赖氨酸盐,使得精氨酸的利用率降低,因此要同时补足精氨酸。蛋氨酸和赖氨酸的添加量应根据基础日粮的蛋氨酸水平和赖氨酸水平与饲养标准而定,日粮中缺多少就添加多少。

2. 维生素和微量元素添加剂 维生素添加剂含维生素 A、维生素 D_3、维生素 E、维生素 K、硫胺素、核黄素、维生素 B_6、维生素 B_{12}、胆碱、叶酸、泛酸和生物素等。现在已有复合多维产品和单项维生素产品可供选用,添加时应注意其生物学效价和稳定性。生产厂家在生产维生素添加剂时,为了使用方便,常常根据品种、生长阶段和生产性能的不同而生产出复合配方，制成“多维”预混料形式的专用维生素添加剂。配制好日粮后，按厂家说明书添加，因为维生素在贮存过程中接触空气易发生氧化，所以实际使用时应为厂家建议量的 1.5 倍。如配好的日粮在加入维生素后半个月以上才能吃完，则最好加入抗氧化剂。当肉鸡处于高温、疾病、疫苗等应激情况下，维生素的添加量还应该提高。维生素应在添加前拌入载体混匀，不宜早配，避免失效。

微量元素添加剂多为微量无机盐类及氧化物，使用时按厂家说明书添加，应注意计算出矿物质元素在添加剂中的实际含量，看是否能满足肉鸡的需要。微量元素添加剂多含有结晶水，易结晶成块，用前应烘干磨碎才能混合均匀。

3. 抗菌药物　具有抑制鸡消化道中有害菌的繁殖，减少养分消耗，避免产生毒素，防治某些疾病，改善养分的消化吸收，促进生长等作用。常用做添加剂的抗菌药有土霉素、金霉素、杆菌肽锌、泰乐霉素、维吉霉素、黄霉素、林可霉素、螺旋霉素等抗生素，以及磺胺类、咪唑类等化学合成药物。有的抗生素与磺胺类、呋喃类、砷制剂配伍可增加抑菌谱的范围。抗生素在动物体内的作用不是单方面的，一方面它节省了饲料，提高了生产能力，另一方面易造成残留，一般要求屠宰前有 1～2 周的停药期。总之，要慎用抗生素，防止滥用，使用时一定要注意添加量。

4. 抗氧化剂与防霉剂　日粮中不饱和脂肪酸易被氧化而破坏脂溶性维生素，而饲料贮存时易感染霉菌，霉菌毒素降低饲料营养价值，对养鸡危害较大。可添加于饲粮中的抗氧化剂有 BHT（二丁基羟基甲苯）、BHA（丁基羟基茴香醚）与乙氧喹啉。为防止霉菌污染饲料，除将饲料原料保存于干燥条件下外，在原料中加入防霉剂如丙酸、丙酸钠、丙酸钙、山梨酸或它们的复合制剂，可以有效地防止霉菌毒素的产生。

5. 着色剂　类胡萝卜素是生产中使用较多的着色剂，天然牧草中含有叶绿色、叶黄素、番茄红素与胡萝卜素，能沉积在脂肪、皮肤与蛋黄中，使肉仔鸡的脚及喙呈现鲜明的橙黄色。天然的叶黄素来源非常丰富，广泛使用黄玉米、黄玉米制的蛋白粉(面筋)、脱水苜蓿粉，能增加肉仔鸡的表观颜色。有些食用色素(如 canthaxanthin)可用于补充玉米和苜蓿的天然色素，用量为 2～10 毫克/千克，有助于肉仔鸡小腿、喙及皮肤表现橙黄色。

6. 使用添加剂应注意的问题

一是扩散剂的使用。添加剂用量甚微，加入饲粮中时必须使用扩散剂，否则混合不均匀，易发生效果不佳或中毒。预先混合维生素、添加剂，可用玉米、米糠、苜蓿草粉等作扩散剂，扩散剂不要磨得太粗或太细，过粗则微量成分混合不匀，过细又易起尘或硬结。预先混合矿物质时可用沸石等作扩散剂。添加剂中各微量物质按 1 吨饲料用量，先用扩散剂配合成 10～20 千克 1 包，再加到日粮中去，即预混料在配合日粮中的用量是 1%～2%。混拌时先加入 1/2 份量的饲料，然后放入添加剂，水平搅拌机至少搅拌 7 分钟，立式搅拌机至少搅拌 15 分钟，充分混匀。

二是维生素和矿物质不应预先混合，否则可能破坏某些维生素。

三是微量元素添加量。产蛋期使用微量元素预混料时，因全价饲料含钙量高，大量的钙影响锌、锰的吸收，故应加大预混料中锌、锰的用量。但锌影响铁的吸收，锌、铜又互相拮抗，铜又影响铁，锰也影响铁的吸收，使用时应予以考虑。使用棉籽饼作蛋白质饲料时因要加硫酸亚铁去毒，无形中增大了硫酸亚铁的添加量，要注意防止中毒，并调整其他微量元素的用量。

四是胆碱的添加。胆碱的添加剂形式多为氯化胆碱，它本身稳定性高，但对其他添加剂活性成分破坏大，如对维生素 A、维生素 D、维生素 K 等都有破坏作用，而其添加量又大，因此需贮存一段时间后使用的预混剂都不预先添加胆碱，使用时再另加。另外，大量使用氯化胆碱会破坏微量元素添加剂的活性成分，应注意用量。

五是若添加剂加入饲粮后需半月以上才能吃完，则应加入抗氧化剂。

六是抗生素药物长期使用一种会使病原产生耐药性，应定期更换。

七是上市前1周，为避免药物残留，应停止添加药物添加剂。

(五)常用配合饲料

1. 按营养成分分类

(1)全价配合饲料　简称全价饲料，采用科学配方和合理加工而成的营养全面的复合饲料，能满足肉鸡的各种营养需要，经济效益高，是理想的配合饲料。全价配合饲料可由饲料原料加上预混料配制而成，也可由浓缩饲料稀释而成。

(2)浓缩饲料　由蛋白质饲料、矿物质饲料与添加剂预混料按规定要求混合而成。不能直接用于喂鸡。一般含蛋白质30%以上，应按生产厂的说明用能量饲料进行稀释。

(3)添加剂预混料　由各种营养性和非营养性添加剂加载体混合而成，是一种饲料半成品。可供生产浓缩饲料和全价饲料使用，其添加量为全价饲料的0.5%～5%。

(4)混合饲料　也称为基础日粮，由能量饲料、蛋白质饲料、矿物质饲料按一定比例组合而成，它基本上能满足肉鸡的营养需要，但营养不够全面，只适合散养户搭配青绿饲料进行饲喂。

2. 按饲料物理形状分类　肉鸡的饲料按形状可分粉料、粒料、颗粒料和碎粒料，这些不同形状的饲料各有其优缺点，通常育成鸡和种鸡喂粉料，肉仔鸡2周内喂粉料或碎粒料，3周龄后喂颗粒料，肉种鸡限制饲养时可喂碎粒料。

(1)粒料　主要是未加工谷物，如玉米、稻谷或草籽等。粒料容易饲喂，鸡喜食、消化时间长，特别耐饥饿，适于傍晚饲喂。粒料的最大缺点是营养不完善，单独饲喂鸡的生产性能不高，常与配合饲料配合使用。对实施限饲的种鸡可在停料日或傍晚喂给少量粒料。

(2)粉料　是最常见的一种饲料形态，按照饲料配方，将饲料原料磨碎成粉，按一定比例与其他成分和添加剂如维生素、矿物质等混合而成。这种饲料的生产设备及工艺简单，品质稳定，饲喂方便，安全可靠，营养较完善。由于鸡采食时间长，鸡群可均匀采食，减少啄癖。适用于各种类型和年龄的鸡。喂粉料采食量少，且易飞扬散失，使舍内粉尘较多，不但造成饲料浪费，还易引发呼吸道疾病。粉料的粒度应在1～2.5毫米，若磨得过细，鸡不易下咽，适口性变差。

(3)颗粒料　是粉料通过制粒机压制成的饲料，形状多为圆柱状。制粒时为增强颗粒的结实度，常加入黏着剂如糖蜜、膨润土等。脂肪的加入是在饲料制成颗粒冷却后喷涂在表面。颗粒饲料的优点是适口性好，采食量多，营养全面，避免挑食，可全部吃净，不浪费饲料，饲料报酬高，一般可比喂粉料增重5%～15%。缺点是制作成本较高，采食时间短，易引起啄癖。适于喂养肉用仔鸡，产蛋期不宜使用，否则鸡会因食入过多而致肥，限量时采食时间下降则易引发啄癖。

(4)碎粒料　是颗粒料经过粗磨或特制的碎料机加工而成，其大小介于粉料和粒料之间，兼有颗粒料的优点和缺点，成本较颗粒料稍高。多用于饲喂1～2周龄的雏鸡，特别适于作1日龄雏鸡的开食饲料。

三、肉鸡营养标准

在生产中，做到既要充分发挥肉鸡的生产能力，又不浪费饲料，则必须对各种营养物质的需要量规定一个大致标准，以便在饲养实践中有所遵循，这个标准就是营养标准。

(一)快大型白羽肉鸡营养标准

白羽肉仔鸡营养标准可参考表 5-4。人们根据鸡蛋的必需氨基酸的组成比例提出理想氨基酸模式，目前主要应用于肉鸡，比较统一的观点是肉仔鸡不同生长阶段的理想氨基酸模式基本一致，但绝对需要量却有差异，而公鸡的氨基酸绝对需要量比母鸡高，且理想氨基酸模式不受环境条件及饲粮能量高低的影响，而氨基酸需要量却与之有关。

表 5-4　快大型白羽肉仔鸡营养标准　(NRC，1994)

营养成分	0～3 周	3～6 周	6 周以上
代谢能(兆焦/千克)	13	13.2	13.4
粗蛋白质(%)	23.00	20.00	18.00
精氨酸(%)	1.25	1.10	1.00
甘＋丝氨酸(%)	1.25	1.14	0.97
组氨酸(%)	0.35	2.32	0.27
异亮氨酸(%)	0.80	0.73	0.62
亮氨酸(%)	1.20	1.09	0.93
赖氨酸(%)	1.20	1.00	0.85
蛋氨酸(%)	0.50	0.38	0.32
蛋＋胱氨酸(%)	0.90	0.72	0.60
苯丙氨酸(%)	0.72	0.65	0.56
苯丙＋酪氨酸(%)	1.34	1.22	1.04
脯氨酸(%)	0.60	0.55	0.46
苏氨酸(%)	0.80	0.74	0.68

续表 5-4

营养成分	0～3 周	3～6 周	6 周以上
色氨酸(%)	0.20	0.18	0.16
缬氨酸(%)	0.90	0.82	0.70
亚油酸(%)	1.00	1.00	1.00
钙(%)	1.00	0.90	0.80
氯(%)	0.20	0.15	0.12
镁(毫克/千克)	600	600	600
非植酸磷(%)	0.45	0.35	0.30
钾(%)	0.30	0.30	0.30
钠(%)	0.20	0.15	0.12
铜(毫克/千克)	8	8	8
碘(毫克/千克)	0.35	0.35	0.35
铁(毫克/千克)	80	80	80
锰(毫克/千克)	60	60	60
硒(毫克/千克)	0.15	0.15	0.15
锌(毫克/千克)	40	40	40
维生素 A(单位/千克)	1500	1500	1500
维生素 D_3(单位/千克)	200	200	200
维生素 E(单位/千克)	10	10	10
维生素 K(毫克/千克)	0.50	0.50	0.50
维生素 B_{12}(毫克/千克)	0.01	0.01	0.007
生物素(毫克/千克)	0.15	0.15	0.12
胆碱(毫克/千克)	1300	1000	750

续表 5-4

营养成分	0～3 周	3～6 周	6 周以上
叶酸(毫克/千克)	0.55	0.55	0.50
烟酸(毫克/千克)	35	30	25
泛酸(毫克/千克)	10	10	10
吡哆素(毫克/千克)	3.5	3.5	3.0
核黄素(毫克/千克)	3.6	3.6	3.0
硫胺素(毫克/千克)	1.80	1.80	1.80

说明:1. 本营养需要是在同一日粮能量浓度下制定的,可据当地原料来源和价格不同时做调整

2. 粗蛋白质建议值是基于玉米-豆粕日粮提出的,添加合成氨基酸时可下调

3. 当日粮含大量非植酸磷时,钙需要量应增加

肉用种鸡从出壳到成熟阶段的营养需要研究很少,NRC(第九版)列出的白羽肉用种公、母鸡的营养需要很不全面(表 5-5、表 5-6)。白羽肉种鸡产蛋期的营养需要特点是氨基酸平衡,钙含量高,在产蛋前期蛋白质、能量、微量元素、多维素和氨基酸高于育成期。在产蛋后期,氨基酸和磷等均低于产蛋前期,而钙含量高于产蛋前期,因为产蛋后期钙的利用率降低且蛋重大。

表 5-5　快大型白羽肉种鸡参考营养标准　(NRC,1994)

营养成分	需要量	母鸡日采食量(毫克)
代谢能 (兆焦/千克,卡/千克)	11.47,2850	
蛋白质(%)	14.5	22000
精氨酸(%)	0.74	1110
甘+丝氨酸(%)	0.62	932

续表 5-5

营养成分	需要量	母鸡日采食量(毫克)
组氨酸(%)	0.14	205
异亮氨酸(%)	0.57	850
亮氨酸(%)	0.83	1250
赖氨酸(%)	0.51	765
蛋＋胱氨酸(%)	0.55	820
蛋氨酸(%)	0.35	520
苯丙＋酪氨酸(%)	0.75	1112
苯丙氨酸(%)	0.41	610
苏氨酸(%)	0.48	720
色氨酸(%)	0.13	190
缬氨酸(%)	0.63	950
钙(%)	2.75	4125
可利用磷(%)	0.25	375
钠(%)	0.10	150

表 5-6　快大型白羽肉种公鸡营养需要(NRC,1994)

营　养	0～4 周	4～20 周	20～60 周	20～60 周
代谢能	—	—	1464 千焦 (350 千卡)	1674 千焦 (400 千卡)
蛋白质	15.0%	12.0%	—	12000 毫克/千克
赖氨酸	0.79%	0.64%	—	475 毫克/千克
蛋氨酸	0.36%	0.31%	—	340 毫克/千克
蛋＋胱氨酸	0.61%	0.49%	—	490 毫克/千克

续表 5-6

营　养	0～4 周	4～20 周	20～60 周	20～60 周
钙	0.90%	0.90%	—	200 毫克/千克
非植酸磷	0.45%	0.45%	—	110 毫克/千克
精氨酸	—	—	—	680 毫克/千克

(二)黄羽肉鸡营养标准

黄羽肉仔鸡的生长速度不求快，生长期长，对饲料中的营养要求相对来说会低一些，白羽肉仔鸡生长速度快，其营养标准绝大多数高于黄羽肉鸡的生长需求，若按白羽肉鸡标准饲养黄羽肉鸡，则饲料报酬降低。不同类型黄羽肉仔鸡的差异较大，标准难以统一，满足黄羽肉鸡的营养需要是既能充分发挥鸡的生长潜力，又能提高饲料经济报酬。在实际生产中应以鸡种推荐的营养需要标准为基础，以提高饲料经济报酬为目标，适当降低营养标准。黄羽肉鸡营养标准可参考表 5-7 至表 5-10。表中主要列出了粗蛋白质、代谢能、钙、磷等主要营养需要，其他营养需要参照肉仔鸡标准可适当减少。

表 5-7　优质型黄羽肉种鸡营养标准

营养成分	0～5 周	6～14 周	15～19 周	20 周以上
代谢能(兆焦/千克)	11.72	11.3	10.88	11.3
粗蛋白质(%)	20	15	14	15.5
蛋能比(克/兆焦)	17	13	13	14
钙(%)	0.90	0.60	0.60	3.25
总磷(%)	0.5	0.5	0.5	0.6

续表 5-7

营养成分	0～5 周	6～14 周	15～19 周	20 周以上
有效磷(%)	0.5	0.4	0.4	0.4
食盐(%)	0.35	0.35	0.35	0.35

表 5-8 优质型黄羽肉仔鸡营养标准

营养成分	0～5 周	6～10 周	11 周	11 周以上
代谢能(兆焦/千克)	11.72	11.72	12.55	13.50
粗蛋白质(%)	20	18～17	16	16
蛋能比(克/兆焦)	17	16	13	13
钙(%)	0.9	0.8	0.8	0.7
总磷(%)	0.65	0.60	0.60	0.55
有效磷(%)	0.5	0.4	0.4	0.4
食盐(%)	0.35	0.35	0.35	0.35

表 5-9 中速型黄羽肉种鸡营养标准

营养成分	0～5 周	6～14 周	15～22 周	23 周以上
代谢能(兆焦/千克)	12.13	11.72	11.3	11.3
粗蛋白质(%)	20	16	15	17
蛋能比(克/兆焦)	16.5	14	13	15
钙(%)	0.90	0.75	0.60	3.25
总磷(%)	0.75	0.60	0.50	0.70
有效磷(%)	0.50	0.50	0.40	0.45
食盐(%)	0.37	0.37	0.37	0.37

表 5-10　中速型黄羽肉仔鸡营养标准

营养成分	0～1 周	2～5 周	6～9 周	10～13 周以上
代谢能(兆焦/千克)	12.55	11.72	13.81	13.39
粗蛋白质(%)	20	18	16	23
蛋能比(克/兆焦)	16	15	11.5	17
钙(%)	0.9	0.9	0.75	0.9
总磷(%)	0.75	0.65	0.60	0.7
有效磷(%)	0.55	0.5	0.45	0.55
食盐(%)	0.37	0.37	0.37	0.37

四、饲料配方设计

饲料配方是根据肉鸡的营养需要、饲料的营养价值、原料的现状和价格等条件合理地确定各种饲料的配合比例。

(一)饲料配合的原则

1. 确定适宜的营养需要　以肉鸡饲养标准为依据，考虑肉鸡对主要营养物质的需要，即能量、蛋白质、钙、磷、食盐，结合鸡群生产水平和生产实践经验，对饲料标准某些营养指标可采取10%上下的调整。在确定适宜的能量水平时，要以饲养标准为依据，不可与标准差别太大，因为肉仔鸡日粮多要求高能量高蛋白，当能量水平过低时会影响日增重，降低饲料报酬。

2. 饲料原料多样化　要注重多种饲料搭配使用，充分发挥各种营养成分的互补作用，提高营养物质的利用率。各类饲料在肉仔鸡日粮中比例大致如下：谷物饲料50%～70%，糠麸类5%以下，植物性蛋白质饲料15%～25%，矿物质饲料1%～2%，添加剂

1%，油脂为1%～4%。

3. 配方安全性 注重选择新鲜、无霉变、适口性好、无异味的饲料作为日粮的原料。各种饲料原料，包括饲料添加剂在内，必须注意安全，保证质量，最好对其品质和等级进行检测。

4. 降低原料成本 饲料配方必须注重原料成本，以获得较高的市场竞争力。因此选择饲料要因地制宜，充分利用当地的饲料资源，选用营养价值较高而价格低廉的饲料，尽量降低饲料成本。

(二)饲料配方的设计方法

配合饲粮的方法很多，比如试差法、对角线法、公式法等，但总的来说，公认试差法比较好，因为此法简单易学，容易掌握，不需特殊的计算工具，用笔、算盘、普通的计算器等都可进行，使用较为广泛。但对于初学者来说由于配方经验不足，使用此法时最初拟定配方的盲目性较大，导致计算量也较大，需要经过一段时间的饲料配方设计实践，待积累了一定的配方设计经验后，才有可能减少拟定配方的盲目性，最终提高配方设计的速度。

在生产中若所用饲料种类太多，营养指标也多，借助于电子计算机更容易选择出营养全面、价格最低的饲粮配方，而目前生产中养鸡户或乡镇饲料厂多不具备此条件时，只能用传统的试差法配合日粮，下面以试差法为例说明配合饲粮的方法。配合饲粮时，首先是选择饲养标准，然后根据饲料营养价值及其在配合饲粮中的大致比例配合出初试饲粮，用各自的比例去乘原料所含的各种养分的百分含量，再将各种原料的同种养分之积相加，得到每种养分的总量。将所得结果与营养标准进行对照，若有一种养分超过或不足时，可通过增加或减少相应的原料比例进行调整和重新计算，直至所有的营养指标都基本满足营养标准的要求。调整的顺序为能量、蛋白质、磷(有效磷)、钙、蛋氨酸、赖氨酸、食盐等。

下面以0～4周龄肉鸡为例设计一饲料配方。

第一步：确定所需肉鸡营养标准及使用的饲料原料。列出营养标准（表5-11）。

表5-11　0～4周龄肉鸡饲粮营养需要量

代谢能（兆焦/千克）	粗蛋白质（克/千克）	钙（克/千克）	总磷（克/千克）	有效磷（克/千克）	食盐（克/千克）
12.2	20%	1%	0.65%	0.45%	0.3%
12.2	200	10	6.5	4.5	3

第二步：根据饲料成分表查出所用各种饲料的养分含量（表5-12）。

表5-12　饲料原料营养成分*

原料名称	代谢能（兆焦/千克）	粗蛋白质（克/千克）	钙（克/千克）	总　磷（克/千克）	粗纤维（克/千克）
玉　米	14.06	86	0.4	2.1	20
麸　皮	6.57	144	1.8	7.8	91
豆　粕	9.62	430	3.2	6.1	51
鱼　粉	12.13	605	39.1	29	
骨　粉			364	164	
石　粉			350		

* 本表数据为实际测得，生产中可参考附表1～附表4

第三步：按能量和蛋白质的需求量初步拟定配方。参考其他配方，初步拟定日粮中各种饲料的比例，能量饲料60%～70%，蛋白质饲料25%～35%，矿物质饲料等2%～3%（其中维生素和微量元素预混料一般各为0.1%～0.5%）。据此，先拟定蛋白质饲料用量，豆粕可拟定20%～23%，矿物质饲料2%～3%，能量饲料如麸皮为8%～10%，则玉米约60%。

第四步：计算能量、蛋白质的含量，与标准进行比较（表5-13）。对草拟的饲料配方进行主要营养素能量和蛋白质两项营养指标的试算，此时不必进行钙、磷及其他营养成分含量的试算。将各饲料在配方中所占的百分比与各自的能量和蛋白质含量相乘，不同饲料相同养分的结果相加，得到草拟配方的试算结果。

表5-13　草拟配方计算能量和蛋白质的过程

饲料原料	草拟比例（%）	代谢能（兆焦/千克）	粗蛋白质（克/千克）
玉　米	61	8.58	52.46
麸　皮	10	0.66	14.40
豆　粕	23	2.21	98.90
鱼　粉	3	0.36	18.15
合　计	97	11.81	183.91
配方要求		12.20	200.00
比较结果		−0.39	−16.09

第五步：根据对照比较结果，视需要调整相应饲料原料的配合比例，进行重复的试算与比较，即降低配方中某一饲料的比例，同时增加另一饲料的比例，两者的增减数相同，即用一定比例的某一饲料代替另一种饲料。直到调整后的配方中所提供的能量和粗蛋白质与动物营养需要量标准一致或接近为止。一般以相差不超过±5%为满足要求（表5-14）。

表5-14　配方调整后的计算结果

饲料原料	草拟比例（%）	代谢能（兆焦/千克）	粗蛋白质（克/千克）	钙（克/千克）	磷（克/千克）	粗纤维（克/千克）
玉　米	60	8.44	51.60	0.24	1.26	12.00

续表 5-14

饲料原料	草拟比例（%）	代谢能（兆焦/千克）	粗蛋白质（克/千克）	钙（克/千克）	磷（克/千克）	粗纤维（克/千克）
麸　皮	6	0.39	8.64	0.11	0.47	5.46
豆　粕	27.5	2.65	118.25	0.88	1.68	14.03
鱼　粉	3.5	0.42	21.18	1.37	1.02	0.00
合　计	97	11.9	199.67	2.6	4.43	
配方要求		12.20	200.00	10.00	6.50	
比较结果		－0.30	－0.33	－7.40	－2.08	

第六步:计算矿物质和氨基酸用量。根据上述调整好的配方，计算钙、非植酸磷、蛋氨酸、赖氨酸的含量。用预留的比例平衡欲配饲料中钙、磷等养分(表 5-15)。在平衡钙、磷时，应当首先考虑补磷。补足了磷之后，再用单纯补钙的饲料原料补足钙。食盐的添加量一般按营养需要量计算，并不考虑饲料各原料中的钠和氯的含量。在使用各种饲料添加剂时，应保证按产品要求加足量，饲料添加剂的用量一般在配合饲料中的比例为 0.1%～0.5%，若饲料剩余的比例不够，对饲粮中能量、粗蛋白质等指标引起变化不大的所缺部分可加在玉米上。

表 5-15　平衡钙磷

饲料原料	草拟比例（%）	代谢能（兆焦/千克）	粗蛋白质（克/千克）	钙（克/千克）	磷（克/千克）	粗纤维（克/千克）
基　础	97	11.90	199.67	2.60	4.42	31.49
骨　粉	1.40			5.10	2.30	
石　粉	0.80			2.80	0.00	

续表 5-15

饲料原料	草拟比例（%）	代谢能（兆焦/千克）	粗蛋白质（克/千克）	钙（克/千克）	磷（克/千克）	粗纤维（克/千克）
食　盐	0.30					
添加剂	0.50					
合　计	100.00	11.90	199.67	10.49	6.72	
配方要求			12.20	200.00	10.00	6.50
比　较			—0.30	—0.33	0.49	0.22

第七步：列出最终的饲料配方及主要营养指标（表 5-16）。维生素、微量元素添加剂、食盐及氨基酸计算添加量可不考虑。检验核算各种营养物质的总量。同时根据各种原料的价格计算出此饲料配方的原料成本。

表 5-16　最终配方

饲料原料	草拟比例（%）	代谢能（兆焦/千克）	粗蛋白质（克/千克）	钙（克/千克）	磷（克/千克）	粗纤维（克/千克）
玉　米	60	8.44	51.60	0.24	1.26	12.00
麸　皮	6	0.39	8.64	0.11	0.47	5.46
豆　粕	27.5	2.65	118.25	0.88	1.68	14.03
鱼　粉	3.5	0.42	21.18	1.37	1.02	0.00
骨　粉	1.40			5.10	2.30	
石　粉	0.80			2.80	0.00	
食　盐	0.30					
添加剂	0.50					
合　计	100.00	11.90	199.67	10.49	6.72	31.49

(三)饲料配方示例

黄羽肉鸡饲料配方可参考表5-17、表5-18。

表5-17　0～4周龄黄羽肉鸡饲料参考配方

饲料名称（风干基础）	比　例（%）	添加物	剂　量（毫克/千克）	营养水平（风干基础）	含　量
黄玉米	61	合成蛋氨酸（日本产）	1500	代谢能	2.91兆焦/千克
小麦麸	4	多种维生素（上海兽药厂）	200	粗蛋白质	20.9%
黄豆饼(40%)	17	硫酸锰	182	钙	0.93%
鱼粉(62%)	10	硫酸锌	161	总磷	1.68%
菜子饼(36%)	7	亚硒酸钠	0.2	有效磷	0.42%
石　粉	0.8	硫酸亚铁	227	赖氨酸	1.13%
食　盐	0.2	硫酸铜	8	蛋氨酸	0.39%
合　计	100			蛋＋胱氨酸	0.73%

（北京市畜牧兽医研究所、北京市饲料公司编制）

表5-18　5～8周龄黄羽肉鸡饲料参考配方

饲料名称（风干基础）	比　例（%）	添加物	剂　量（毫克/千克）	营养水平（风干基础）	含　量
黄玉米	70.5	合成蛋氨酸（日本产）	800	代谢能	2.97兆焦/千克
黄豆饼(40%)	14	多种维生素（上海兽药厂）	200	粗蛋白质	18.2%
鱼粉(62%)	8	硫酸锰	182	钙	0.95%

续表 5-18

饲料名称（风干基础）	比　例（%）	添加物	剂　量（毫克/千克）	营养水平（风干基础）	含　量
菜子饼(38%)	6	硫酸锌	161	总磷	0.64%
骨　粉	0.4	亚硒酸钠	0.2	有效磷	0.4%
石　粉	0.9	硫酸亚铁	227	赖氨酸	0.95%
食　盐	0.2	硫酸铜	8	蛋氨酸	0.34%
合　计	100			蛋+胱氨酸	0.63%

（北京市畜牧兽医研究所、北京市饲料公司编制）

（四）饲料配合注意事项

其一，饲料应按照饲养标准进行配合，饲粮中的能量、蛋白质、赖氨酸+蛋氨酸、钙、磷等主要养分含量必须满足肉鸡的营养需要。营养标准仅仅是一个参考，应根据所饲养肉鸡的生产水平、健康状况、气候变化和实际饲喂效果对营养标准适当调整，以达到满意的效果。

其二，日粮配方应尽量采用当地资源丰富、价格便宜的饲料，按鸡不同生长阶段对营养需要要求，配出质优价廉的日粮，不盲目借用他人日粮配方。因同种饲料不同产地其营养成分差异较大，因此，最好能对所用饲料行化学分析，从而保证所配饲粮养分含量的准确性。

其三，饲料要多样化，注意饲料的适口性。禁止使用霉烂变质饲料。

其四，饲料配合要相对稳定，若需改变饲料配方应逐步进行，饲料配方突然变化会影响机体的消化功能，降低生长和产蛋，导致生产效益降低。

第六章　快大型白羽肉鸡的饲养管理

品种是肉鸡健康高效养殖的物质基础，选择与养殖品种相配套的饲养管理模式，则使养殖环境能满足肉鸡的生理生态要求，发挥肉鸡最大的遗传潜能，并使产品有利于人类健康。

一、快大型白羽肉鸡产业的发展历程

白羽肉鸡产业的发展变化以美国为代表，其白羽肉鸡产业在世界上一直处于领先地位。在 20 世纪初，美国在家禽业协会和家禽爱好者的推动下，先后育成洛岛红、新汉夏、横斑洛克等兼用品种，这些品种主要用于产蛋，当时还不能控制环境，多在春天孵化，母鸡用于产蛋，公鸡则在 10～14 周龄达到 1.5 千克左右上市，所以肉鸡业在当时只能算作家禽副业。现代白羽肉鸡业始于 20 世纪 20 年代，当时美国德尔马瓦半岛的 Steels 夫妇开始全年饲养肉鸡，所用品种还是兼用型品种，1 年饲养 3 批肉鸡，每批饲养至 12～14 周龄，且公母混养，之后所有肉鸡同时上市，这标志着现代肉鸡产业已开始成为一个独立的产业。Steels 夫妇的成功促进了邻近州及整个半岛的肉鸡产业，在第二次世界大战期间，猪肉和牛肉生产周期太长，战争对肉类的需求刺激了肉鸡业的发展，致使德尔马瓦半岛的 3 个州生产全美 40%的肉用仔鸡。在该半岛兴起的肉鸡业很快普及全美和世界各地。30～40 年代，美国南部各州的一些饲料商和银行家开始涉及肉鸡产业，使得肉鸡业迅速发展。50 年代，美国家禽工作者以科尼什鸡和白洛克鸡为素材，先后育成 Arbor Acres、Hubbard 等肉鸡配套系，这些配套系白羽、屠体美观、生产性能更好，取代原有洛岛红等兼用型品种，推动肉鸡业向前发展，同时由于饲养管理、鸡舍建筑、疾病控制等技术的迅速应用，使得生产工艺不断得到改进，规模不断扩大。60年代，在肉鸡产品大量过剩的情况下，肉鸡业各部门之间为了确保产业链中利益的平衡，大企业开始兼并一些小企业，出现了大规模集约化的现代肉鸡企业，称为肉鸡集团公司，70年代这种集团公司在全美达到80家，90年代仅剩40家，10家公司产肉占总产量的62%，人均消费肉鸡也不断地增加。这些集团公司使得快大型白羽肉鸡成为一项系统工程，含祖代或父母代种鸡场、孵化场、饲料场、商品代肉仔鸡饲养场、屠宰加工冷冻厂、产品销售、技术服务。而上市体重和日龄也根据市场需求而定，按屠宰时期和体重大小分肉用仔鸡、炸用鸡、烤用鸡。肉仔鸡40日龄上市，体重2.0千克，炸用鸡稍大，烤用鸡更大，且肉鸡生产以肉仔鸡为主。我国肉仔鸡则以2千克以内上市。

目前北美和欧洲肉鸡业主要生产快大型白羽肉鸡，其中美国肉鸡生产主要集中在南部几个州，所有商品肉鸡由大型的规模化公司生产，生产10万只肉鸡的饲养场占肉鸡生产企业的80%。在肉鸡产业规模不断扩大的过程中，生产水平也大幅度提高，1934年肉鸡需饲养95天上市，上市体重1.3千克，料肉比4.7：1；1984年肉鸡上市日龄缩短至47天，上市体重增至1.89千克，料肉比1.96：1；至1994年，肉鸡上市日龄缩短至42天，上市体重增至2千克，料肉比1.8：1。目前鸡肉已居全世界肉类消费第二位，由于人口增长和饲养成本的关系，相信白羽肉鸡业在今后还会有继续发展的空间。

二、快大型白羽肉用仔鸡生产

(一)快大型白羽肉用仔鸡生产的特点

1. 生长快,生产周期短　快大型白羽肉用仔鸡生长发育快,6 周龄体重达 2 千克以上,10 周龄前,体重已达成年鸡体重的 2/3。这就要求在生长早期一定要加强饲养管理,争取在 10 周龄前达到所需的上市体重。目前快大型肉仔鸡多在 6 周龄即达到上市体重。

2. 体重均匀度高　快大型白羽肉用仔鸡不仅生长快,耗料少,成活率高,而且体格发育均匀一致,出场时商品率高,也有利于屠宰加工。体重的均匀度在遗传上主要通过杂交来实现,同时也要加强饲养管理。实际生产中,出场时有 80%以上的鸡在平均体重上下 10%以内,即为发育整齐;若公、母分群饲养,则均匀度会更高。

3. 饲料效率高,生活力强　快大型白羽肉用仔鸡体质强健,成活率高达 96%以上,只有达到这样高的成活率,才可能获得一定的经济效益。

4. 屠宰率高　快大型肉用仔鸡屠宰率高,特别是胸、腿肉率高,胸肌率高达 20%～23%。

5. 性成熟早、繁殖力强、商品率高　一只肉种鸡繁殖的后代愈多,总的产肉量越高。快大型肉用种鸡比其他家畜性成熟早,繁殖率高(表 6-1),一般 24 周龄开产,饲养至 64～68 周龄,可提供雏鸡 100～150 只,相当于产肉(活重)200～300 千克,是母鸡体重的 50～80 倍。

6. 容易发生营养代谢疾病　快大型白羽肉用仔鸡因生长速度太快,且所用饲料全部由配合饲料提供,容易患营养代谢病,这也是目前快大型白羽肉用仔鸡饲养管理技术的一大挑战(表 6-2)。由于饲养管理水平的不断提高,近年来肉仔鸡的死亡率已降至 4.0%。

表 6-1 畜禽产肉能力比较

类 别	每头(只)母畜年产仔数	每头(只)屠宰活重(千克)	屠宰率(%)	每头(只)母畜提供可食胴体	每千克母畜年产肉(千克)
猪	18	90	72	1166	13.0
鸡	110	2	66	145	48
火 鸡	60	10	79	479	40
牛	0.8	475	61	232	0.52
羊	1.4	50	50	35	0.7
兔	4.0	3.2	60	77	24

表 6-2 1980～1990 年肉鸡死亡率 (%)

死亡率	1980	1990	备 注
全群总死亡率	3.5～7.5	3.8～7.0	心肺功能障碍,猝死综合征和腹水症等疾病导致死亡率增加
死亡率均值	5.2	5.65	
雏鸡质量差导致的死亡率	1.60	1.57	
传染病导致的死亡率	1.05	0.89	免疫和卫生保健措施的改进使死亡率下降 15%
心、肺障碍导致的死亡率	1.26	1.58	生长速度太快和营养代谢疾病等导致死亡率增加 25%
腿疾导致的死亡率	1.17	1.01	

7. 饲养风险更大 在饲养过程中首先要保证仔鸡健康,其次

才谈得上高效。快大型白羽肉仔鸡单只鸡的收益微薄，靠规模效益取胜，机械化和自动化为大规模饲养肉仔鸡提供了保障，但饲养过程中各种可能的疾病也使饲养风险加大。

(二)快大型白羽肉用仔鸡的生长规律

1. 相对增重规律 相对增重是指单位时间内绝对增重占始重的百分率，其计算公式如下：

$$相对增重=(末重-始重)\times100\%/始重$$

相对增重反映个体某个阶段的生长强度。相对增重随年龄增长而下降，到成年后接近零。表 6-3 是快大型白羽肉用仔鸡的相对生长速度，可以看出，肉鸡相对增重速度在第一至第二周龄最快，尤其是第一周，体重比出壳时增加近 3 倍，以后随周龄上升而下降。因此要采取措施加强早期饲养管理。快大型白羽肉用仔鸡整个饲养周期很短，如果出现营养不良、管理不当或发生疾病等情况，很难有机会出现代偿性增长。

表 6-3 快大型肉用仔鸡相对生长速度

周 龄	1	2	3	4	5	6	7	8	9
相对增重	275	163	76	53	37	29	19	19	15

2. 绝对增重规律 绝对增重指单位时间内体重的平均增长量，它表示的是个体在单位时间内的绝对生长速度，反映的是直接增重效果。在理论上，绝对增重呈对称的正态分布，其最高点相当于累积生长的转折点。

从表 6-4 中可以看出，肉用仔鸡绝对增重的高峰期是第七周龄，之前逐渐增加，之后逐渐降低。因此在高峰期前应提供充分的采食和恰当的营养水平，控制饲养密度，保持垫料干燥，就能在短期内取得良好效果，否则会因延长饲养期而造成经济损失。

表 6-4　快大型白羽肉用仔鸡绝对增重（克）

周　龄	1	2	3	4	5	6	7	8	9	10
公　鸡	110	260	310	400	420	470	510	500	480	460
母　鸡	110	230	290	330	370	390	400	380	350	310
混　养	110	245	300	365	395	430	455	440	415	385

3. 饲料转化规律　肉鸡饲养过程中，饲料占总成本的65%～70%。饲料转化效率指单位增重的耗料，其随着日龄的增加而增加。从表6-5可以看出，饲料转化效率随着肉鸡日龄的增加而逐渐降低，尤其是8周龄以后绝对增重下降，而耗料量继续增加，饲料效率显著下降。根据这个规律，应采取科学饲养管理措施，使肉仔鸡尽早达到上市体重，及时出场。当然具体什么时间、什么体重出场，还应根据市场、雏鸡所占成本的比例和饲料价格等决定。

表 6-5　快大型白羽肉用仔鸡饲料转化率

周　龄	1	2	3	4	5	6	7	8	9	10
每周转化率	0.8	1.21	1.49	1.74	2.03	2.32	2.63	2.99	3.39	3.84
累积转化率	0.8	1.05	1.24	1.41	1.58	1.75	1.92	2.09	2.26	2.43

(三)饲养方式

快大型白羽肉用仔鸡主要有平养、笼养和笼平混养3种饲养方式，平养又分为厚垫料地面平养和网上平养，以“平养不换垫料”形式居多。

1. 厚垫料平养　此方式最简单，在鸡舍内地面上铺10～15厘米厚垫料，垫料长度小于10厘米，肉用仔鸡从入舍至出售都在垫料上生活。这是国内外普遍采用的饲养方式，简便易行，节省劳力，投资少，胸囊肿发生率低，残次品少。此种饲养方式的缺点是球虫病难以控制，药品及垫料费用高，鸡只占地面积大，饲养密度小。

厚垫料平养在管理上的重点是垫料，要确保垫料的质量和加强垫料管理，如此才能有效预防球虫病，也才能确保肉仔鸡的健康生长和胸腿发育。采用此饲养方式，要求垫料平整，厚度要均匀一致，且在饲养过程中需要经常抖垫料，将鸡粪抖落到垫料下面，以防粪便在垫料表面板结而导致胸囊肿的发生，降低肉仔鸡等级。另外，饮水装置及料桶周围的湿垫料要勤换。饲养后期还可在垫料上面加一层垫料。

2. 竹竿网养 将支架撑高离地 50 厘米，平行放置木条，将 2 厘米粗的圆竹竿平行钉在木条上，间距 2 厘米。在竹子盛产的地方可用此种饲养方式，节约、经济、高效。竹竿网养不同于网上平养，若肉用仔鸡采用普通的网上平养，网底用塑料网或塑钢网，则一次性投资大，肉仔鸡易俯卧休息，易导致胸囊肿和腿脚病。竹竿网养与网上平养优点相似，节省垫料，管理方便，提高肉用仔鸡的饲养密度，球虫病发生少，因为鸡粪落入网下，减少鸡与粪便接触的机会，切断球虫病的循环感染，因此也能预防球虫病，且其他消化道疾病也相对减少。竹竿网养另外一个显著的优点是胸囊肿和腿脚病发生率低，因鸡的祖先即在枝条上生活，这种生活习性保留至今。在垫料或金属网上，鸡只能俯卧休息而易导致胸囊肿，而在竹竿网上，鸡用脚爪抓住竹竿休息，不卧地，因此大大降低了胸囊肿和腿脚病发生率。竹竿网养与竹片网养不同，竹片网养与普通的网上平养效果一样。

3. 笼平混养 笼养的饲养密度最大，但用于饲养肉用仔鸡，胸囊肿和腿脚病却不易控制，因此一般采用笼养和平养相结合的方式。即在育雏期 3～4 周龄前采用笼养，之后改为地面垫料平养。这种饲养方式很难做到“全进全出”。

(四)饲养准备

1. 鸡舍 肉用仔鸡舍要有利于防疫,离其他鸡舍至少应保持100米的距离,有条件的鸡场应当不与其他鸡混养一场,这样可以减少疾病传染的机会。新建的育雏舍要求地势高燥,并自然干燥1个月左右。肉用仔鸡舍要求鸡舍顶棚、墙壁保温良好,便于冲洗和消毒,并设有风机和排气孔。鸡舍有密闭式与开放式之分,在北方也有简易的大棚鸡舍。南方夏季炎热,用密闭鸡舍时设水帘并纵向通风,可大大降低舍温。肉鸡舍要求光亮适度,环境安静,便于清扫、消毒及饲喂操作。如果改造旧房舍,必须事先维修、清扫、刷洗,修缮房顶门窗及墙缝裂隙,堵塞鼠洞。舍内应隔成小圈,每圈容鸡数以不超过2 500只为宜,每超过1 000只,则每只肉仔鸡体重下降约3.6克,且分圈饲养也便于捉鸡。

2. 设备 饲养快大型肉用仔鸡应准备的设备有保温设备(保温伞、火炕、烟道、电热丝、红外线灯泡等)、喂料设备(开食盘、平底塑料盘、料槽、吊桶等)、饮水器(水槽、真空式饮水器、乳头式饮水器、圆钟式自动饮水器等)以及围栏。

采用地面垫料饲养,为了防止雏鸡远离热源,可用铁网、席子或其他材料做成高45厘米的围栏,400～500只一个围栏为宜。2天之后,随着雏鸡日龄增长,围栏面积不断扩大。10～15天可将围栏移走。料槽、饮水器要求数量足够、设计合理,保证能随时供应饲料和饮水。料槽必须平整、光滑、采食方便,不浪费饲料,并且便于清刷消毒。

料槽可用木板、镀锌薄板和硬塑料板制成,种类有船式长料槽、吊桶式干粉料料槽和管道式机械给料料槽。料槽的高度要合适,通常料槽上缘比鸡背高出约2厘米。

饮水器形式根据鸡的大小和饲养方式而定,应清洁、不漏、便于清洗、不易污染等。饮水器要正好放在保温伞边缘之外的垫料上，均匀分布，并使饮水器高度同肉用仔鸡背部相平，在肉鸡到达之前 2～4 小时装满水，并在此时开启保温伞，以加热饮水，使水温达到 18℃以上，不宜一开始即供应凉水。

3. 饲料和垫料　当确认好开始饲养肉仔鸡的数量和日期后，必须准备好最初 1 周的饲料，饲料的颗粒大小适中，易于采食，且营养丰富、易消化。开食饲料在 1 日龄内饲喂，2 天后可用常规配合饲料。

消毒晾干后的地面铺上 10～15 厘米厚的垫料，要求垫料干燥，无霉菌、灰尘，吸水力强，无板结，弹性好，否则对肉仔鸡的生长和胸腿部发育不利。有的肉鸡场连续使用旧垫料饲养肉用仔鸡，以节省垫料开支及更换垫料的劳力和时间。但要注意，若前一批鸡曾经发病或增重不佳，垫料潮湿、板结，则不宜再用。用旧垫料养鸡时，根据情况可加些新垫料，以保持足够的厚度和垫料质量，个别板结、潮湿处应予更换。

4. 消毒和预热　肉用仔鸡舍及设备在上批肉鸡离舍后应立即消毒、清扫、冲洗，使下一批肉仔鸡入舍前至少有 2～4 周的无鸡间歇期，借以阻断舍内残留的一部分病原微生物的生命周期。必须指出，消毒只能消灭大部分致病微生物，不能达到彻底消灭。因此，采取清扫—冲洗—消毒—间歇的综合措施，是减少和控制病原微生物不可取代的手段。鸡舍消毒时还要认真计算消毒面积，严格控制单位面积的用药量。一般场区鸡舍消毒用 0.03％二氧化氯或 2％火碱。

肉仔鸡入舍之前 1～2 天必须进行试温，使舍温达到饲养所需要的温度要求。一旦温度升到规定指标时，打开排风扇至最低挡，再加热调整，使之能保持恰当温度。饲养早期若采用笼养，则应调整笼内温度。

(五)快大型白羽肉用仔鸡的营养需求

快大型白羽肉用仔鸡生长快、饲养周期短,饲粮必须含有较高的能量和蛋白质,供应充足且各种养分的比例要平衡,日粮原料最好不要更换。快大型肉用仔鸡对维生素、矿物质等微量元素要求也很严格。任何微量元素的缺乏或不足都会出现病理状态,因此要特别注意微量元素的供给。

快大型白羽肉用仔鸡要求高能高蛋白质饲料,能量蛋白质不足时鸡生长缓慢,饲料效率低。据研究,饲粮能量在13.0～14.2兆焦/千克范围内,增重和饲料效率最好,而蛋白质含量前期22%,后期21%生长最佳。高能量高蛋白质饲粮尽管生产效果很好,但由于饲粮成本随之提高,经济效益不一定最好。表6-6列出了快大型肉用仔鸡最基本的营养需求,实际生产中,每个育种公司都对自己的肉仔鸡进行过大量的试验,总结出了所育鸡种的营养需要量。饲养户可据自己的实际条件、饲粮成本、肉鸡售价以及最佳出场日龄来确定合适的营养标准。

表6-6　白羽肉仔鸡的基本营养需要

营养成分	0～21天	22～37天	38天后
代谢能(兆焦/千克)	13.0	13.2	13.4
粗蛋白质(%)	23.0	20.0	18.5
钙(%)	0.9～0.95	0.85～0.90	0.8～0.85
食盐(%)	0.3～0.45	0.3～0.45	0.3～0.45
可利用磷(%)	0.45～0.47	0.42～0.45	0.38～0.43

近年来,肉鸡生长速度加快,然而也出现脂肪蓄积过多问题,为此英国等研究人员提出新的饲粮标准(见表6-7),适当降低能量和蛋白质水平,使快大型白羽肉用仔鸡既保持一定的生长速度,

又不致脂肪蓄积过多。

表 6-7 肉仔鸡饲料能量及蛋白质水平

饲养类型	饲养期	代谢能(兆焦/千克)	粗蛋白质(%)	饲料形状
二段制	前期	12.7	21	碎料
	后期	12.9	18	颗粒料
三段制	前	12.7	21	碎料
	中	12.9	19	颗粒料
	后	12.9	18	

从我国目前的生产性能和经济效益来看，快大型白羽肉用仔鸡饲粮代谢能大于12.1～12.5兆焦/千克即可，若需要肉仔鸡体重大于2.3千克以上，则前期适当降低能量蛋白质水平，以提高后期成活率，降低腿病和猝死症，即在前期蛋白质大于21%，后期蛋白质大于19%较适宜。同时，要注意满足必需氨基酸的需要量，特别是赖氨酸、蛋氨酸以及各种维生素、矿物质的需要。

(六)快大型白羽肉用仔鸡的饲养

1. 公母分群饲养

(1)公母分群饲养的依据　不同性别鸡对生活环境、营养条件的要求和反应不同。主要表现为公母鸡生长速度不同，公鸡长得快，母鸡长得慢，8周龄时公鸡比母鸡体重高27%，混养时快大型白羽肉仔鸡体重低的只有1.18千克，而高的可达2.72千克，这样不利于统一上市和屠宰加工。公母鸡沉积脂肪能力不同，母鸡易沉积脂肪，所以公母鸡对饲料要求不同。公母鸡羽毛生长速度不同，公鸡羽毛生长慢，母鸡生长快，所以胸囊肿程度不同，对垫料厚度和温度的需求也不同。

(2)公母分群饲养的优点　分群后体重均匀度提高，产品整齐，便于屠宰场机械化操作。公母鸡生长速度不同，则可确定不同的上市日龄，以适应不同的市场需求。公母分群饲养，增重比混养快，从而节省饲料，提高饲料利用率，分群饲养时，每千克体重比混养可节约饲料1.5%。

(3)分群饲养主要措施　公母分群饲养，按性别分别调配适宜的日粮(表6-8)，公鸡饲喂高蛋白质、高赖氨酸饲料，以提高生长速度，前期甚至可高至25%；而母鸡则降低蛋白质水平，前期甚至可低至21%。由于公鸡羽毛生长速度慢，因此在设置温度时，前期公鸡环境温度可以比母鸡高1℃～2℃，后期则低1℃～2℃，公鸡育雏时温度下降的幅度更大，以促进羽毛生长，而且因公鸡体重大、羽毛生长速度慢，更容易发生胸囊肿，所以应为公鸡提供柔软的垫料。公鸡生长速度在9周龄后才下降，而母鸡生长速度则在7周后生长开始下降，而且同期公鸡体重一般比母鸡高20%，所以可根据市场情况分别确定出场时间。

表6-8　AA肉仔鸡公母鸡的营养需要

营养成分	0～21日龄		22～37日龄		38天至上市	
	公	母	公	母	公	母
粗蛋白质(%)	25.0	21.0	21.0	19.0	19.0	17.5
代谢能(兆焦/千克)	13.0	13.0	13.4	13.4	13.4	13.4
钙(%)	0.9～0.95	0.90～0.95	0.85～0.88	0.85～0.88	0.80～0.85	0.80～0.85
可利用磷(%)	0.45～0.47	0.45～0.47	0.42～0.44	0.42～0.44	0.40～0.42	0.40～0.42
赖氨酸(%)	1.25	1.25	1.10	0.95	1.00	0.90
含硫氨基酸(%)	0.96	0.96	0.85	0.75	0.76	0.70

2. 饮水　肉用仔鸡出壳后能否及时饮水，以及在饲养过程中

能否及时供给新鲜清洁的饮水，对肉仔鸡正常生长发育极为重要。

(1)尽快饮水　一般在肉用仔鸡毛干后3小时可运至肉仔鸡舍，然后给予饮水，以促进肠道蠕动、吸收残留卵黄、排胎粪、增进食欲、利于开食。因此肉用仔鸡出壳后宜在6～12小时运到仔鸡舍，并立即饮水，若长途运输则时间可适当延长，先强迫一部分鸡饮水，利用鸡的群居性和从众性让其他鸡效仿，使所有的鸡尽快饮水。

(2)抗应激，增强抵抗力　无论肉用仔鸡是否经过长途运输，宜在第一周于饮水中加8%的红糖、白糖或葡萄糖，补充能量和增强鸡体抗病力，以减少雏鸡的早期死亡。

(3)饮水充足　饮水新鲜清洁，符合人的饮用标准。饮水后不可断水，以防缺水而引起鸡只暴饮。饮水器数量要足够，分布均匀(间距大约2.5米)，饮水量一般是采食量的2～3倍，但受气温影响大(见表6-9)。最初的饮水要求水温18℃～19℃或与室温相同，因此在进鸡前应添满水并增加水温，1周后可饮用自来水。肉用仔鸡靠近饮水器则正常，不靠近则可能饮水器过少或光照强度不够。饮水器做到至少每天清洗和消毒1次，也可每周进行2次饮水消毒，以杀灭肠道内的致病微生物。

表6-9　温度与饮水量　(升/1 000只肉仔鸡·日)

周　龄	10.0℃	21.1℃	32.2℃	37.8℃
1	30	30	34	38
2	45	61	98	182
3	72	95	197	360
4	98	133	273	492
5	133	174	356	644
6	163	216	416	757
7	189	254	462	837
8	216	288	473	863

(4)饮水位置　在不断水的前提下，前2周每70只提供1个饮水器(可盛4千克水)，之后可改用水槽，每只鸡需2厘米的饮水位置；使用圆钟式自动饮水器，则每120只鸡提供1个饮水器。若使用自动饮水器，则注意及时更换不同型号的饮水器，最初用小型饮水器，4～5日龄将其移至自动饮水器附近，7～10日龄待鸡习惯自动饮水器时，去掉小型饮水器。饮水器距地面的高度随鸡龄的增加应不断调整，与鸡背水平一致。

3. 尽早饲喂，保证采食量　由于快大型白羽肉用仔鸡生长速度快，相对生长强度比其他肉仔鸡大，如果前期生长稍有受阻，以后则很难补偿。因此，肉用仔鸡出壳后要早入舍、早饮水，在饮水2小时后即可开食，必要时可采用人工诱导采食，尽快让所有雏鸡吃上饲料，是整个饲养过程的关键措施之一。肉仔鸡早期营养来源有两部分，一部分是雏鸡出壳后自身的卵黄，另一部分是饲料。开食早，早期饲喂好，则卵黄吸收减缓。两种营养来源交替，加强早期饲喂则延长交替时间，对当时和后来的生长都有利。所以仔鸡要早入舍、早饮水、早开食，加强早期饲喂。有时达不到上市体重，往往是早期饲养不好，基础薄。为保证开食效果，一般用开食料盘，每100只鸡用料盘1～2个，以后可在3～5天时撤减料盘，10天后可完全撤去，而改用盘式或槽式喂料器，每只鸡应有料槽位置5厘米。整个饲养过程不限制饲养，自由采食，前2周喂碎粒料，2周后饲喂颗粒料，不宜用粉料。

有了较高营养水平的日粮，若鸡的采食量不够，肉用仔鸡的增重效果照样得不到保证。为了保证鸡只的采食量，应在外界环境适宜的前提下提供足够的采食和饮水位置，防止饲料霉变，提高饲料的适口性，采用颗粒料，在饲料中添加香味剂等以促进食欲。在高温季节，因高温降低采食量，以25℃为界，每升降1℃，则采食量减少或增加50克，所以应采取综合性的防暑降温措施，如加强舍内通风、喷雾降温和种树遮荫等，并提高日粮营养水平和加强夜间饲喂。

4. 饲喂次数与饲喂量　任何时间都是自由采食，饲喂次数本着少喂勤添的原则，1～15 日龄每天喂 8 次，每隔 3～4 小时喂 1 次，至少不能少于 6 次，16 日龄后喂 3～4 次/天，多投料可刺激鸡的食欲，增加采食量。添料不超过饲槽 1/3 深度，饲槽高度以与鸡背高水平为宜。每次喂料多少应据鸡龄大小不断调整，肉仔鸡各周龄的喂料量参见表 6-10。

表 6-10　AA 肉仔鸡公母混养的喂料量与体重

周　龄	体重(克)	每周增重(克)	料量(克/周)	料量累计(克)	料肉比
1	165	125	144	144	0.87∶1
2	405	240	298	441	1.09∶1
3	730	325	478	920	1.26∶1
4	1130	400	685	1605	1.42∶1
5	1585	455	900	2504	1.58∶1
6	2075	490	1106	3611	1.74∶1
7	2570	495	1298	4909	1.91∶1
8	3055	485	1476	6385	2.09∶1
9	3510	455	1618	8003	2.28∶1
10	3945	435	1781	9784	2.48∶1

5. 防止饲料浪费　鸡采食时习惯性动作是用脚往外扒或钩饲料，尤其在育雏期用开食料盘喂料更明显，因此可用网眼 1.5 厘米的网放在料盘上，使鸡能采食却扒不出饲料，同时饲料槽等结构要合理，能挡住饲料，加料也不可过满，以防饲料外撒而浪费。肉仔鸡消化道容积小、肠道短，对饲料等食物的消化利用不充分，因此快大型白羽肉用仔鸡吃得多，排出也快，对饲料消化不充分，肌

胃食料磨碎不够，消化液进不去，无法消化，尤其后期多吃、多饮水，排得快，在粪便中甚至可见粒状饲料，所以玉米、豆饼等饲料原料应充分磨细，然后再制粒，以利于消化。

（七）快大型白羽肉用仔鸡的管理

1. 饲养密度 指每米^{2}可饲养的鸡只数，以及每只鸡所占采食位置和饮水位置的长度。饲养密度是否恰当，与肉用仔鸡的健康生长和鸡舍的充分利用有很大关系。密度过大，室内空气不好，影响肉用仔鸡雏鸡生长，肉仔鸡互相挤压在一起抢食，体重发育不均，影响鸡群健康，还易发生啄癖；而密度过小。鸡舍利用率低，成本高。快大型白羽肉仔鸡可以高密度饲养，适宜的饲养密度取决于肉仔鸡饲养方式、鸡舍类型、垫料质量、养鸡季节和出场体重。不同饲养方式下肉仔鸡的饲养密度可参照表 6-11。若按鸡舍使用面积计算，第一周地面垫料平养每米^{2}可饲养 30 只肉用仔鸡，第二周每米^{2}可饲养 25 只，第三周每米^{2}可饲养 20 只，第四至六周每米^{2}可饲养 15 只，第七至八周每米^{2}可饲养 8～10 只。若按每米^{2}体重计算，地面垫料平养出场时最大容量可达每米^2 30 千克活重，若每只鸡 2 千克，则最多每米^{2}可饲养白羽肉用仔鸡 15 只，这种密度肉眼看去整个鸡舍地面已挤满鸡。出雏时不能以体重来计算饲养密度，入仔鸡舍时可以每米^{2}饲养 30 只鸡，以后逐渐疏散。笼养时饲养密度可比平养高 1 倍以上。

表 6-11　肉用仔鸡的饲养密度　（只/米^2）

体重（千克/只）	厚垫料平养	竹竿网养	爱拔益加（推荐）
1.4	14	17	18
1.8	11	14	14
2.3	9	10.5	11

续表 6-11

体重(千克/只)	厚垫料平养	竹竿网养	爱拔益加(推荐)
2.7	7.5	9	9
3.2	6.5	8	8
体重(千克/米^2)	20	25	25

为保证饲喂效果，必须保证足够的采食位置，随着鸡龄的增加，采食位置也要不断加大，要保证每只鸡都能同时采食。若用平底塑料盘，则 1 个料盘可供 50～60 只肉雏鸡采食，若用料槽，则每只鸡料槽位置 5 厘米，生长后期每只鸡占料槽位置 7.0～7.5 厘米，若用料桶，则 1 个料桶可供 20～30 只肉鸡采食。

饮水必须充足，在保证不断水的前提下，若用水槽，每只鸡应有 2 厘米饮水位置；若用乳头式饮水器，则 1 个饮水器可供 10～15 只鸡饮水；若用真空饮水器，则 1 个 4 千克容量的饮水器可供 60～70 只鸡饮水；若用圆钟式自动饮水器，则 1 个饮水器可供 120 只鸡饮水。

2. 控制适宜的温度　快大型白羽肉用仔鸡约 1/3 的时间需供暖，所以环境温度关系到肉仔鸡的成活率、生长速度和耗料比(表 6-12)，还会影响采食量和饮水量。

表 6-12　快大型肉用仔鸡不同室温下的体重和耗料

周　龄		1	2	3	4	5	6	7	8
耗料(千克/100 只·日)	10.0℃	1.68	4.54	6.68	9.41	12.09	15.00	18.20	20.20
	21.1℃	1.68	4.14	6.50	9.05	11.50	14.37	17.09	18.82
	32.2℃	1.64	4.00	6.09	8.36	10.18	12.46	14.59	16.09
	37.8℃	1.59	3.96	7.64	8.64	9.50	11.23	12.91	13.96

续表 6-12

周　龄		1	2	3	4	5	6	7	8
体重(克)	10.0℃	150	410	650	990	1360	1760	2190	2600
	21.1℃	150	390	700	1060	1460	1890	2340	2780
	32.2℃	150	370	650	970	1290	1620	1940	2210
	37.8℃	140	350	630	920	1210	1490	1730	1920
饲料转化率	10.0℃	0.81	1.13	1.35	1.55	1.75	1.95	2.15	2.35
	21.1℃	0.80	1.05	1.24	1.41	1.58	1.75	1.92	2.09
	32.2℃	0.79	1.07	1.26	1.45	1.64	1.84	2.07	2.33
	37.8℃	0.78	1.08	1.28	1.48	1.68	1.89	2.15	2.45

育雏开始第1～2天,保温伞边缘离地面5厘米处的温度以33℃～35℃为宜,第一周伞下温度30℃～32℃左右,第二周27℃～29℃,第三周24℃～26℃,第四周21℃～23℃,即从第二周开始,伞温每周下降2℃～3℃左右,冬天降幅小,夏天降幅可大些,以后保持这一温度。也可以从最初的35℃起,每天下降0.5℃,至30天达20℃。总的要求是平稳降温,育雏人员必须每天检查和记录温度变化,细致观察肉用仔鸡的行为,据此灵活掌握温度。

快大型白羽肉仔鸡在育雏早期有适当的温差更有利于生长,适当的低温可刺激食欲、提高采食量、促进生长。保温伞或烟道供温时在30℃～32℃间每1小时变动1℃,比恒温效果好。快大型白羽肉仔鸡脱温后对环境温度要求较严格,舍内温度保持20℃左右为最好,低于20℃,维持耗能升高,耗料比提高,饲料效率下降;高于20℃,采食量下降,饮水量提高,增重速度下降。

即使同一群雏鸡,个体对温度要求也并非一致,因此生产中应根据实际情况确定环境温度。确定初始温度的原则是:外界气温低时舍内温度可适当升高，外界气温高时舍温可适当降低；弱雏可高些，健雏可低些。实际操作时不能只看温度表上的读数，还要随时察看肉仔鸡行为，以便看鸡施温。肉仔鸡对温度反应灵敏，温度适宜时，肉仔鸡精神活泼，食欲良好，饮水适度，羽毛光亮整洁，鸡只分布均匀，休息时伏卧于网上或垫料上，头向前伸，嘴贴地，有时翅膀延伸开，侧卧睡觉；温度过低时，肉仔鸡聚集在热源周围或扎堆，发出尖叫声，甚至于体温下降，易导致鸡白痢，平养时层层堆叠，造成底层雏鸡窒息而死；温度过高时，肉仔鸡远离热源，张口喘气，采食少，饮水增加。

3. 控制适宜的湿度 肉用仔鸡的健康生长需要一定的空气湿度，从而有利于维持雏鸡正常的代谢活动、卵黄吸收、避免脱水、促进羽毛生长，不过其对湿度要求并不严格。

肉用仔鸡出壳时，为保证湿度与胚蛋内一致，一般采用70%的空气相对湿度，第一周调整为60%～65%，之后55%～60%，同时保持舍内干燥，注意通风，避免饮水器漏水，同时鸡呼吸量大，应防止潮湿。

快大型肉用仔鸡所需的空气湿度，在常温下很多地区都可以达到要求。北方等地区，因有取暖设备，则要加湿以防止湿度过低。最初1周室内需较高的湿度，我国南方不加湿就可以达到，但在多雨或梅雨季节饲养肉仔鸡时应防止高湿。

要增加湿度，可以在室内放水盘、挂湿帘、火炉上放水桶、室内搭湿麻袋或在地面洒水，最好是采用带鸡消毒，即在水中添加消毒剂对鸡舍和雏鸡喷雾，这样，既可增加空气湿度，又可达到消毒净化环境的目的。

生产中，环境温度与湿度要求总是互相矛盾，第一周需保持较高的湿度，而由于环境温度较高，使湿度下降，之后湿度要求降低，而鸡舍内因鸡的呼吸和饮水则使湿度偏高。为解决这一矛盾，可在进鸡前提前升温，关好门窗，将水放在热源处；进鸡后，增加饮水器,将水放在热源下,3 天后随着肉仔鸡体重增加,呼吸与排泄量相应增多,育雏室空气湿度也随之上升,此时应将水远离热源,并注意通风,经常保持室内干燥清洁。

总的来说,适宜的温度下无论高湿还是低湿对肉仔鸡的生长影响都不大,生产中主要是要防止高温高湿,这种环境会加大高温效应,诱发各种疾病,是养鸡生产最忌讳的环境,也是垫料平养时肉用仔鸡球虫病暴发的最佳条件。

4. 加强通风 由于快大型肉用仔鸡饲养密度大、生长快、代谢强、需氧气多,因此必须加强通风,保持鸡舍内环境空气的新鲜。通风的目的是使空气均匀一致,保证充足氧气,排出有害气体,降低湿度,减少病原微生物,防止呼吸道疾病和缺氧增加肉仔鸡腹水症,提高采食量,促进生长发育。当鸡舍内有害气体含量过高、维持时间较长时,会影响肉仔鸡生长速度,引起一些疾病(如呼吸系统疾病),增加死亡率。当舍内氨气浓度长时间超过百万分之二十时,鸡的眼结膜会受刺激,严重时甚至可能造成失明。缺氧会使肉仔鸡腹水症发生率大为提高,生长速度和成活率受影响。

温度、湿度和通风共同对鸡舍环境起作用,通风会降低温度和湿度,高温时通风可缓和高温影响,低温时加大通风则采食量增加,体重也可能下降。大型肉鸡场,往往在建筑设计时已充分考虑了通风与温度、湿度的关系,而庭院式的肉鸡饲养户可能会忽视此问题,往往过度强调保温而忽视通风。在实际饲养肉仔鸡时,1～2 周以保温为主,并适当注意通风,从第三周开始要适当加大通风量并延长通风时间,4 周龄后,除非冬季,则以通风为主,尤其在夏季更应如此。

5. 适宜的光照 光照分自然光和灯光,二者对肉仔鸡的效果一致。自然光照省电,但有季节性,且光照强度太大。白炽灯或荧光灯的灯光,则可据生理需求供电,时间和强度易控制,可全年均衡生产,但不能停电,停电时间过长、次数过多则干扰生产。在肉仔鸡饲养中，光照可间接影响其日增重、饲料效率和腿病发生率。目前科研人员在这方面已进行了大量研究，并制定了各种适于推广和生产要求的光照制度。

在光照强度上，采用弱光是肉仔鸡饲养管理的一大特点。强光照刺激鸡的兴奋性，而弱光照可降低兴奋性，使鸡经常保持安静，有利于增重。一般在最初的3天给予较强的光照以促进采食和饮水，以后逐渐降低，0～3天，3.0瓦/米^2；4～14天，2.0瓦/米^2；15～35天，1.5瓦/米^2，之后维持该强度。多层笼养以下层光照强度为准。采用此光照强度可降低腿病、猝死综合征和腹水症发生率，从而有效地提高肉鸡商品合格率。为维持特定的光照强度，有窗或开放式鸡舍要采用各种挡光的方式遮黑，而密闭式鸡舍则应安装光照强弱调节器，按照不同时期的要求控制光照强度。

对光照时间，大多数肉仔鸡饲养者只在进鸡后的1～3天实行通宵照明，4日龄以后改为23小时光照＋1小时黑暗，使肉仔鸡能适应因突然断电造成的黑暗环境，有的饲养户也执行1～2日龄24小时光照，3～42日龄16小时光照＋8小时黑暗，43日龄至上市23小时光照＋1小时黑暗。在全密闭式鸡舍内安装定时开关，实行1～2小时光照＋2～4小时黑暗的间隙光照方案，可节省饲料，明显提高肉鸡的饲养效果，但必须同时增加饲槽和饮水器的数量，使所有的鸡都能同时采食饮水。鸡的采食行为一般集中于明亮期，黑暗期为休息、睡眠时间，一旦进入黑暗期，肉鸡就会转入休息并集中精力于饲料的消化，明亮期短则不会产生玩食现象，可较大幅度地提高饲料利用率。间歇光照还可有效地防止腹水症，因为间歇光照起到了一种间接限饲的作用。总的来讲，对肉仔鸡来说，间歇光照的效果好于连续光照(23小时光照＋1小时黑暗)。但间歇光照在全封闭式鸡舍中才具可操作性，开放式鸡舍只能白天自然光，晚上开灯喂料，喂完关灯。

(八)疾病预防

1. 执行全进全出制度　全进全出是指同一范围内进同一批雏鸡，饲养同日龄鸡，同一天出场，之后打扫、清洗、消毒，密闭1～2周，再养下一批鸡。全进全出制的优点如下：全群出场后场内无肉鸡，不存在传染源，可彻底消毒，最大限度地把场内的各种病原体消灭掉。场内无肉鸡也就不存在病原体的携带者，因此可以避免各种传染病的循环感染，使下一批肉仔鸡能开始生活于一个洁净的环境，健康地生长。肉仔鸡在接种前后由于生活在洁净的环境，一般不会受到病原微生物的侵害，也不会受到另外一群肉鸡排毒干扰其免疫反应，因而接种后产生抗体水平比较一致，能获得较为一致的免疫力，保护率高，再配合其他的卫生防疫工作，肉鸡的健康与安全就有可靠的保证。实施全进全出制，场内只有同日龄的肉鸡，因而采取的技术方案单一，管理简便，在鸡舍清洗、消毒期间，还可以全面维修设备，进行比较彻底的灭蝇、灭鼠等卫生工作。

全进全出分三个级别：一栋鸡舍全进全出，一个饲养场的一个小区全进全出，整个饲养场全进全出。全进全出是保证鸡群健康、切断病原的根本措施。为保证“全出”，饲养过程中对生长慢的鸡要单独饲养，以跟上出场。鸡群出栏后，彻底进行鸡舍和设备的清洗和消毒，尤其清洗相当重要，不能只重视消毒而忽视清洗。

在养鸡生产中，与全进全出相对的是“连续饲养”(或“循环饲养”)，即一个鸡场养有不同日龄的几批或十几批鸡群，因此也称“多日龄”鸡场。连续饲养制鸡场内养有不同批龄的肉仔鸡，有的甚至还养种鸡。连续饲养制使得场内养有多批不同日龄的鸡，使传入场内的传染病得以循环感染，且连续饲养不能对鸡场进行彻底消毒，就会导致肉鸡因感染病原微生物而对某种营养素的需要量升高，如仍按常量供给就会使生产水平下降，死亡率升高。如在一栋舍内连续饲养肉用仔鸡半年以上，即使日粮中含有足量生物素也会发生其缺乏症。

对不得已而采用“连续饲养”的肉鸡场，至少要做到整栋鸡舍的“全进全出”。分批进场的肉仔鸡最好来自同一健康的种鸡场，每批一次进雏，不同批次进场的肉仔鸡要分栋分人饲养，人员不得互串。

2. 实施灭鼠、灭蚊、灭蝇，禁止其他畜禽进入养殖区　肉鸡健康高效养殖生产过程中，人们往往注重传染病的危害，而忽视鼠类和蚊蝇给人畜健康造成的危害。其实鼠类和蚊蝇采食腐烂食物和病鸡残骸，易将病原菌和病毒带入肉鸡场，尤其是鼠类，它们盗食并污染饲料、破坏饲养设施、咬毁器物、盗咬雏鸡，直接威胁肉鸡安全，增加饲养成本，而且鼠类易使肉仔鸡产生应激，使其生长缓慢，间接增加饲养成本。因此，在肉鸡养殖过程中，必须严格实施灭鼠、灭蚊、灭蝇的措施，并禁止其他畜禽进入养殖场区。

3. 重视消毒工作　在一批肉仔鸡饲养结束后，应进行清扫、冲洗、消毒、封闭。在饲养肉仔鸡前应对鸡舍、设备和用具进行消毒，同时还须定期、不定期对鸡舍内外环境进行消毒，即执行带鸡消毒，带鸡消毒可净化舍内的小环境，使舍内病原微生物降低到最低限，可每天 1 次，交叉选用广谱、高效、副作用小的消毒剂。每批肉仔鸡出场时，由于抓鸡、装鸡、运鸡、都会给舍外场地留下大量的粪便、羽毛及皮屑，应及时打扫、清洗、消毒场地。并定期对舍外环境进行消毒。

4. 预防球虫病　地面平养最易患球虫病。一旦患病，会损害肉仔鸡肠道黏膜，妨碍营养吸收，导致采食量下降，严重影响鸡只的生长和饲料效率。一般 10～12 天开始投药，隔 5～7 天投药 1 次，选 2～3 种抗球虫药物交替使用，并用消毒药进行带鸡消毒，以杀灭球虫卵囊。预防球虫病还必须从垫料管理上入手，严防垫料潮湿，发病期间每天清除垫料和粪便，以清除球虫卵囊发育的环境条件。如遇阴雨天或粪便过稀，应立即通过饮水或饲料进行投药预防。若出现鸡群采食量下降、血便，立即投药治疗；对个别病情严重不能采食者可肌注青霉素，4 000 单位/只，2 次/日，2～3 天即可治愈。注意在出场前 1～2 周停止用药，严格执行停药期规定，以避免药物残留。

5. 预防胸囊肿 胸囊肿是快大型白羽肉仔鸡最常见的胸部皮下局部炎症，它不传染，也不严重影响生长，但影响屠体的商品价值和等级，造成一定的经济损失。

快大型白羽肉仔鸡早期生长快，体重大，在胸部羽毛未长或正在长的时候，胸部与地面或硬质网面接触，龙骨外皮受到长时间的摩擦和压迫等刺激，造成皮质硬化，形成囊状组织，里面逐渐积累一些黏稠的渗出液，成为水疱状囊肿。囊肿初期颜色浅，面积较小；后期颜色变深，面积也逐渐变大。肉仔鸡采食速度快，吃饱即俯卧休息，一天当中有 68%～72%的时间处于俯卧状态，而俯卧时其体重的 60%由胸部支撑。这样胸部受压时间长、压力大，胸部羽毛又长得晚，因此极易导致胸囊肿。生长速度快、体重大的鸡只胸囊肿发生率更高。有腿部疾病的肉仔鸡伏卧时间长，所以基本上都会伴随发生胸囊肿。

预防胸囊肿，首先要加强垫料管理，保持垫料松软、干燥及有一定厚度，其次尽量不采用金属网面饲养，在饲养过程中，适当驱使鸡只活动，减少伏卧时间。

6. 预防腿部疾病 随着育种工作的进展、饲养水平的提高以及环境控制的改善，肉仔鸡的早期生长速度大幅度提高，而鸡体肌肉组织的生长快于骨骼组织的生长，可引起一些腿部疾病。研究证实，早期实行适当的限制饲养，可使腿部疾病大大减少，但饲养肉仔鸡的目的就是让其快速生长，因此在生产上不可能对肉用仔鸡实行限制饲养。因此腿部疾病是快大型肉仔鸡生产中存在的一大问题，随着肉用仔鸡生产性能的不断提高，腿部疾病的严重程度也在增加，尽管育种工作已将腿部骨骼发育和病变作为一项育种考核指标，但还不能根除这一问题。

虽然肉仔鸡的腿部疾病主要与生长速度密切相关，但引起腿病的原因是很多的，有遗传性腿病，如胫骨、软骨发育异常，脊柱滑脱等；有传染性腿病，如化脓性关节炎、脑脊髓炎、病毒性腱鞘炎等；有营养性腿病，如溜腱症、软骨症、维生素 B_2 缺乏症等，也有风湿性和外伤性腿病等管理性腿病。到目前为止，还没有根除腿病的有效措施。由于该病形成的原因很多，今后应从营养、管理等方面来预防这类疾病。

7. 预防腹水症　快大型白羽肉仔鸡腹水症最早发生于 2 周龄，4 周龄时病情加剧，直至死亡。病鸡初期症状不明显，后期喜躺卧，羽毛蓬松，精神委顿，呼吸困难，卧地不起，驱动时走路似企鹅状，腹部膨大下垂，羽毛脱落，腹部皮肤变薄发亮，用手触压时有波动感，多因心力衰竭而死亡。病鸡食欲下降，体重下降，全身明显淤血，心脏肥大松软，腔内充盈不凝固血液。肝脏肿大、淤血或萎缩变硬，表面凹凸不平，有弥散性白斑。最典型的剖检变化是腹部肌肉严重淤血，腹腔内积有 200～500 毫升不等的清亮、稻草色样或淡红色液体，有的内含纤维蛋白凝块。

引起快大型白羽肉仔鸡腹水症的原因多种多样，与环境条件、饲养管理、营养及遗传等都有关系，环境缺氧、氨气或二氧化碳含量过高是发病的主要原因，其直接原因多与缺氧密切相关。腹水症发生率随着海拔的升高和饲料含硒量的降低而增加，并与鸡体内血红蛋白浓度高低成正比。在缺氧条件下，红细胞增多，血液变稠，回流缓慢，血液在腹腔血管中滞留时间变长，血液内压增加，血浆渗出液增多，并积蓄在腹腔，则易形成腹水症，同时也导致呼吸功能严重障碍，心肺功能减弱，静脉淤血，渗出增加。各地方品种鸡生长速度相对较慢，血气屏障膜薄、气体交换通透性好；而快大型白羽肉鸡在育种过程中特别重视生长速度的提高，也许由于遗传育种的原因，间接使其血气屏障膜增厚，交换气体的通透性变差，因此肉仔鸡易发生腹水症。在营养方面，微量元素硒和维生素E能降解机体代谢过程中产生的有毒物质，从而保护细胞膜的完整功能，维持细胞膜的正常通透性，从而降低腹水症的发生。饲料中长期大剂量添加禁用药物呋喃唑酮，造成慢性中毒，也易引起肉仔鸡腹水症的发生。此外，饲料中能量和蛋白质含量过高，过量给予药物都能导致腹水症。

减少腹水症，在生产中主要通过保持鸡舍适宜的温度和良好的通风换气条件，改善通气条件，确保氧气充足，严防氨气和二氧化碳蓄积。适当降低饲料能量，保证饲料中含硒量不低于0.2毫克/千克，适量提高维生素E的用量，不使用禁用药物呋喃唑酮。在发现有轻度腹水症时，要及时纠正不良的饲养管理措施，并补加维生素C和微量元素硒，以控制腹水症的发展。给病鸡口服双氢克尿噻，每只50毫克，每日2次，连服3日，有一定疗效。

8. 免疫接种程序 快大型白羽肉仔鸡主要接种鸡新城疫、传染性法氏囊病和禽流感疫苗，有时也根据情况免疫接种传染性支气管炎(1～28日龄)或传染性喉气管炎(14日龄)疫苗。接种方法宜采用饮水法，尽量不用注射法接种疫苗。1日龄滴眼免疫新城疫弱毒和传染性支气管炎疫苗，5～6日龄颈部皮下注射禽流感苗，11～12日龄滴眼免疫新城疫苗，16～17日龄饮水免疫传染性法氏囊病疫苗，在冬春新城疫易发季节，22～25日龄加强免疫新城疫弱毒苗。

饮水免疫要重视效果。首先检查疫苗的有效期，清洗饮水器具。饮水免疫前适当停水3小时左右，水中先加入0.3%脱脂奶粉(40升水中加115克乳)，混匀后加疫苗，并让鸡在2小时内饮完，保证每只鸡都能饮入足够的疫苗。免疫后最好进行血清检测，以保证免疫的确实效果。注意免疫用水中禁止加入消毒剂或清洁剂。

(九)快大型白羽肉用仔鸡出场

饲养结束,肉仔鸡的出场应妥善处理,即使生长良好的肉仔鸡出场宰杀后,也不一定都能加工成优良的屠体。快大型白羽肉仔鸡生长速度快,至上市日龄时体重大,骨质相对脆嫩,在转群和出场过程中,抓鸡装运非常容易发生腿脚和翅膀断裂损伤的情况,由此产生的经济损失非常可惜。据调查,肉仔鸡屠体等级下降有50%左右是由碰伤造成的,而80%的碰伤发生在出场前后。因此肉鸡出场时尽可能防止碰伤,以保证肉鸡的商品合格率。

在上市出场前4～6小时使鸡吃光饲料,吊起或移出饲槽和一切用具,饮水器在抓鸡前再撤除。为减少鸡群骚动,光照减至最小强度,尽量在弱光下进行,如在夜间抓鸡,鸡舍内安装蓝色或红色灯泡。抓鸡时用围栏圈鸡捕捉,每栏约100只,抓鸡、入笼、装车、卸车、放鸡动作要轻巧、快捷,不抓鸡脚或翅膀,不随意抛掷,以防碰伤,也不要将翅膀捆起,以免淤血。每笼不能装得过多,否则会造成不应有的伤亡。抓鸡要抓双腿,最好能请专业的工作人员抓鸡。尽可能缩短抓鸡、装运和在屠宰厂候宰的时间。肉鸡屠宰前停食8小时,以排空肠道,防止粪便污染屠宰场。但停食时间不可过长,停食时间越长,掉膘率越大。据测,停食20小时比8小时掉膘率高3%～4%,处理得当掉膘率仅为1%～3%。

(十)生长和耗料标准

近年来,快大型白羽肉仔鸡的生产性能不断提高,生长速度越来越快,上市日龄不断提前,料肉比也不断降低。生长和耗料标准可参考表6-13。

表 6-13 商品肉用仔鸡生产性能

周　龄	平均体重(克)			累积饲料效率(料肉比)		
	公　鸡	母　鸡	混　养	公　鸡	母　鸡	混　养
1	150	150	150	0.80	0.80	0.80
2	410	380	395	1.05	1.05	1.05
3	720	670	695	1.23	1.25	1.24
4	1120	1000	1060	1.40	1.42	1.41
5	1540	1370	1455	1.56	1.60	1.58
6	2010	1750	1880	1.73	1.77	1.75
7	2520	2150	2335	1.90	1.94	1.92
8	3030	2530	2780	2.07	2.11	2.09
9	3510	2880	3195	2.24	2.28	2.26
10	3970	3180	3575	2.41	2.45	2.43
11	4400	3450	3925	2.58	2.62	2.60
12	4770	3670	4220	2.75	2.79	2.77

引自《商品鸡生产手册》(第四版)

各个肉鸡育种公司都有自己的商品肉用仔鸡生产性能介绍资料，在实际生产中要达到那么高的水平都有相当大的困难，一般仅作参考，特别是目前我国饲养条件还不够完善，但是通过努力，接近或是达到其水平是能够实现的。

三、快大型白羽肉种鸡的饲养管理

快大型白羽肉鸡有商品代、父母代、祖代和曾祖代，商品代指肉用仔鸡，而其他的都称为种鸡。实际生产中饲养户养得较多的是父母代肉种鸡，故此处介绍快大型白羽肉种鸡父母代的饲养管理。

饲养种鸡的目的是尽可能多地生产肉用仔鸡，这就要求提供适宜的环境、营养全面均衡的饲料和精细的饲养管理，以发挥其最大生产潜能。

(一)快大型白羽肉种鸡生理阶段与饲养制度

1. 快大型白羽肉种鸡生理阶段的划分　快大型白羽肉种鸡分育雏期、育成期和产蛋期。育雏期指出壳后至 4 周龄，育成期指 5～23 周龄，产蛋期指 24 周龄至产蛋结束。实际生产中也将 1 日龄雏鸡至开产(通常指 0～24 周龄)期间处于生长阶段的鸡称为后备鸡。

2. 饲养制度

(1)三段式　三段式饲养制度是最经典的饲养制度，因为传统的鸡场设计生产区内有育雏、育成和产蛋 3 种鸡舍。育成鸡舍安排在育雏和产蛋鸡舍之间，顺应转群的顺序，便于操作。设计完善的鸡场，将 3 种鸡舍分区建设，留有一定的距离，并注意与饲料库、生活区保持恰当的距离。在布局方面可划分成小区，以保证育成鸡和产蛋鸡使用。育成鸡舍应有自己的沐浴、更衣、消毒等设施。雏鸡从 5 周龄由雏鸡舍转入育成鸡舍，之后一直饲养到接近性成熟再转入产蛋鸡舍。三段式饲养是我国目前主要的饲养方式。

(2)两段式　目前的趋势，育成鸡分别在育雏舍或产蛋鸡舍中饲养，不需要专用的育成鸡舍。种鸡无论是平养还是笼养，1 日龄雏鸡在雏鸡舍内一直养到 10 周龄左右，再转入产蛋鸡舍。这种方式愈来愈多地在根除鸡败血支原体和滑膜囊支原体的方案中被采用，用于种鸡生产意义较大，既减少了一次转群，且转入永久性产蛋鸡舍年龄较小，可适当预防应激。

(3)一段式　这种方式多应用于种鸡地面、网上或板条饲养，从 1 日龄开始直至产蛋结束在同一鸡舍内完成，仅随着年龄的增长更换相应的设备。

(二)快大型白羽肉种鸡育雏期的饲养管理

快大型白羽肉种鸡育雏期为0～4周龄，比过去缩短了2周。可以采用的饲养方式有笼养、网上平养和地面垫料平养，通常采用笼养或地面垫料平养。开始育雏时最大饲养密度：电热育雏伞400～600只/个；红外线燃气伞750～1000只/个；正压热风炉21只/米^2。母鸡饲养密度10～12只/米^2，公鸡饲养密度10只/米^2。若采用育雏—育成—产蛋一段制饲养法，要以产蛋期鸡数计算，一般垫料地面4.5只/米^2，漏缝地面5.2只/米^2。采食位置和饮水位置与商品代肉用仔鸡相同。

快大型白羽肉种鸡育雏期在营养上需粗蛋白17%～18%，氨基酸需求量高于育成期和产蛋期，某些微量元素和多维素与育成期相同，但均低于产蛋期，钙含量低于育成期和产蛋期，而磷的含量则相反，具体的营养需求见第五章肉鸡营养与饲料相关部分。

(三)快大型白羽肉种鸡育成期的饲养管理

1. 饲养密度 5～19周龄的快大型白羽肉种鸡通常采用地面垫料平养和网上平养的饲养方式。饲养密度可根据不同饲养方式和季节变化进行调整，见表6-14。

表6-14 肉种鸡育成期饲养密度

饲养方式	垫料平养(只/米^2)		网(条)上平养(只/米^2)	
	温 和	炎 热	温 和	炎 热
母 鸡	6.2	4.8	6.7	5.4
公 鸡	3.0	2.7	3.6	3.0
混 养	6.0	4.5	6.2	5.0

2. 采食位置 无论采用哪种饲养方式或限饲方案，要让所有

的鸡都能同时吃上饲料。育成鸡对采食位置的需求见表6-15。若采用链式喂料机,应在5～7分钟内将饲料分配到整个鸡舍,直到鸡吃完饲料再停止链条的运转。若采用料桶供料,应在每个料桶内投放等量的饲料,并能让所有的鸡可以同时吃上料。喂料设备的高度,应以料槽或料盘边沿调整到鸡背的高度为准,防止饲料浪费和垫料、粪块进入喂料器内。

表6-15　育成鸡的采食位置

喂料设备	公母分饲		公母混养
	母　鸡	公　鸡	
链式食槽(厘米/只)	15	20	15
圆形料桶(只/个)	12	8～12	12
圆形料盘(只/个)	15	12	12～15
笼养食槽(厘米/只)	12.5～15	15～20	—

3. 饮水位置　适宜的饮水量为鸡只正常生长发育所必须,因此,要提供给鸡只足够的饮水位置。快大型白羽肉种鸡育成期对饮水位置的需求见表6-16。

表6-16　育成鸡的饮水位置

饮水设备	公母分饲		公母混养
	母　鸡	公　鸡	
水槽(厘米/只)	2.5	4.0	2.5
乳头式饮水器(只/个)	10～12	8	10～12
圆钟式饮水器(只个)	80	60～80	80

(四)快大型肉种鸡育成期性成熟的控制

培育良好的育成鸡,体重控制适宜,又适时开产,可如期达到应有的产蛋高峰，且产蛋持续性好，全期产蛋量多。若在生长期间对光照或饲养等条件未加注意，使育成鸡过早性成熟，开产虽然较早，但所产蛋小，种蛋合格率低，持续高产时间短，产蛋量减少，鸡群死亡率也高；若性成熟太晚，则推迟开产时间，产蛋量也会减少，因此开产日龄与种蛋产量密切相关（见表 6-17），生产中要特别注意控制性成熟时间。

表 6-17　快大型白羽肉种鸡开产日龄与产种蛋的关系

饲养日产蛋率达 5%的周龄	产蛋周	产蛋量	合格种蛋
20	40	172	130
21	41	179	143
22	42	182	155
23	43	188	165
24	43	194	175
25	44	199	183
26	44	199	183
27	44	197	179
28	43.5	194	175
29	43	190	169
30	42	185	163

光照程序、营养与体重是控制肉种鸡性器官发育的重要因素。控制性成熟的主要方法是限制饲养和控制光照。特别是 10 周龄以后，光照对育成鸡的性成熟影响很大。控制性成熟的关键是一定要把限制饲养与光照管理相结合，只强调某个方面都不会起到很好的效果。比如严格按限制饲养要求进行管理，鸡的体重达到

开产日龄时的体重，但没有开产，主要原因就是光照时间不足，性器官发育受到影响，即控制鸡体重不能完全控制性成熟。如果只强调光照管理，忽视鸡群体重大小，增加光照时间的结果易造成开产鸡蛋重小，脱肛现象也会增多。

1. 控制光照

(1)光源　快大型白羽肉用种鸡可采用自然光和灯光，两种光源对肉种鸡的作用相同。利用自然光照，其最大优点是省电，缺点是自然光照有季节性，光照时间过短时抑制产蛋，造成全年产蛋不均衡，而且自然光照强度过大。白炽灯或荧光灯的灯光，则可根据肉种鸡的生理需求来供电，光照时间和强度容易控制，可全年均衡生产，但停电时间过长或停电次数多则对肉鸡生产有不利影响。

(2)光照作用　光照可起到杀菌、消毒和干燥鸡舍的作用，还能提高肉种鸡的新陈代谢，提高食欲，使雏鸡熟悉环境，促进饮水、采食。自然光中的紫外线可促使皮肤将7-脱氢胆固醇转化为维生素 D_3，从而间接调节钙磷代谢。光照通过眼睛作用于或直接作用于育成期肉用种鸡的丘脑和松果体，促使其分泌促卵泡素(FSH)和促黄体素(LH)，从而促进卵泡发育和产生雌激素等，因此光照有促进母鸡产蛋和公鸡精子的形成。

(3)光照作用的方式

①光照时间　对于生长期肉种鸡，光照少于8小时会影响生长和增重。对于育成期小母鸡，光照时间逐渐延长，则容易早熟，逐渐缩短，则性成熟推迟，这是生产中所期望的，因为这样可使肉种鸡产蛋较快地进入产大蛋期，且在整个产蛋期生产较多的蛋。如果育成期将光照时间恒定在10小时或超过10小时，则可使母鸡早熟，恒定在10小时以下则较晚熟。2月龄是母鸡性腺发育的转折点，之前对光照控制不严格对性腺发育没有太大的影响，之后若不对光照进行控制，则不易控制性成熟期。对于产蛋期肉种鸡应保证光照时间至少15～16小时。

②光照强度　生长期肉种鸡接收光照强度过强，容易使生长发育受到影响，因此生产中通常采用5勒。在5勒以下，光照强度越高，生长越快；在5勒以上，光照强度越高，生长速度反而会降低，且光照强度太强，常常导致和加重啄癖。肉种鸡在产蛋期时光照过强易产生啄癖，生产中快大型肉种鸡对光照强度不敏感，多使用15～20勒的光照强度，在15勒以下，随着光照强度的增加，产蛋量也升高；若过分提高光照强度，产蛋量并不相应增加，反而易产生啄癖。

光照强度可用光照强度仪进行测定，一般夏季正午阳光直射时6万～10万勒，无太阳时室外1 000～10 000勒，夜间满月时0.2勒。生产中人们熟悉灯泡的瓦数，并不熟悉勒单位。1勒指1平方米面积均匀得到1流明的光通量，即1流明/米^2。通常1瓦白炽灯可提供12.65流明的光通量，但其中只有49%即6.15为有效流明，据此可根据需要计算所用灯泡的大小和数量。比如生长期肉种鸡需要光照强度为5勒，鸡舍面积1 000米^2，则所需光通量为5 000勒，整个鸡舍需5 000÷6.15≈813瓦的灯泡，若所用灯泡功率为15瓦，则共需55个灯泡。

③光照颜色　不同光照颜色对肉种鸡繁殖性能的影响也不同，红色光照使母鸡性成熟延迟，也可使鸡安静，从而减少啄癖，可以略增加产蛋量，但使受精率降低。黄色光照可降低种母鸡饲料报酬，使蛋重增加，延迟其性成熟期，增加公鸡交配能力，但易增加啄癖的产生。绿色光照能降低母鸡饲料消耗，促进种母鸡性腺发育，对鸡生长、交配较好，也能减少啄癖。蓝色光照可促进种母鸡性腺发育，减少啄癖，对生长和交配较好。光照颜色对睾丸发育的刺激作用强弱顺序为红、橙、黄、绿、青、蓝、紫。总之，长波长的光照（红、黄）比短波长的光照（蓝、绿）更容易促进繁殖，但却能使整个产蛋期蛋重小、蛋壳质量差。所以生产中没有任何一种光既可使种母鸡产蛋量增加，又可使蛋重大，所以一般仍用白光，仅在有

目的增加产蛋时用红光，提高蛋重时用蓝光，夜间捉鸡时，用红光或蓝光，使鸡易于捕捉。

(4)光照控制　为了控制性成熟期，且使种母鸡产蛋持续性好，原则上在育成期光照以防止早熟、促进生长为主，10 周龄以后光照时间宜短，光照强度宜弱，产蛋期光照时间宜长，光照强度不宜弱。快大型白羽肉种鸡对光照的反应较迟钝，产蛋前光照时间和光照强度宜突然增加，这种强刺激对绝大多数种鸡都能产生明显效果，开产非常整齐，高峰期产蛋率也很高，也便于把握何时投喂高峰料和高峰后减料。种母鸡生长期使用较短的光照时间和较低的光照强度，以提高后期光照刺激的效果。生长期控制光照时间不迟于 2 月龄，将光照时间控制在 8～9 小时恒定光照或选用渐减渐增的光照方案。开产前增加光照时间应提早 1 个月左右进行，第一次增加光照时间的幅度宜大，一般增幅1～3 小时比用 15 分钟或 30 分钟的阶梯式刺激更敏感，更有效。

我国处于北半球，其日照特点是冬至日照时间最短，夏至日照时间最长。春夏季孵化的雏鸡(3～8 月出壳)，其生长中后期自然光照时间逐渐缩短，可直接利用自然光照。秋冬季出壳的雏鸡(9 月至翌年 2 月出壳)，其生长中后期自然光照时间逐渐延长，若利用自然光可能加快性成熟，使母鸡早熟、早衰，具体可采用恒定光照或渐减渐增的方案进行补救。

恒定光照制度，指从雏鸡出壳至 3 天，采用 24 小时光照，同时查出该批母鸡 20 周龄时的光照时间，如为 10 小时，则从 4 天至开产，用 10 小时光照保持到 20 周龄，其间光照时间不足则用人工光照补充，之后每周加 1 小时，根据具体情况在 19～21 周龄时直接增加 3 小时的光照以促进性腺发育，以后也每周加 1 小时直到进入产蛋期光照。采用这种光照制度要注意育成期每日光照时间不可减少。

渐减渐增光照方案，指从雏鸡出壳至 3 天，采用 24 小时光照，同时查出该批母鸡20周龄时的光照时间，如为10小时，则在此基础上增加5小时人工光照，从4日龄起每周减15分钟，至20周龄时恰好减5小时，用这种方法人为地营造光照时间逐渐缩短的光照模式。根据具体情况在19～21周龄时直接增加3小时的光照以促进性腺发育，以后也每周加1小时直到进入产蛋期光照。

生产中将肉种鸡产蛋期光照时间控制在16～17小时，整个产蛋期光照时间稳定直到产蛋结束，其中自然光照时间不够时补充人工光照。

总之，控制光照时间的目的在于使肉种鸡生长阶段处于短的或逐渐缩短的光照，并与限制饲养相配合以控制开产时间，在接近产蛋前逐渐延长光照时间，并在恰当时间点突然大幅度增加光照时间以促进性腺发育，产蛋期则稳定光照时间，在产蛋后期可适当增加光照时间。注意从生长期过渡到产蛋期时，光照时间应循序渐进，每周增加，使母鸡对光照刺激有一个渐适应过程，才有利于母鸡健康和产蛋。

对于光照强度，灯光与鸡背间的距离影响光照强度，一般灯高2～2.4米，灯与灯距离通常为灯高的1.5倍，灯距一般3米。为了使光照强度均匀，可采取灯数多、灯泡瓦数小来调节，但瓦数小，高度则应降低，生产中一般为40～60瓦，不宜大于60瓦。若育雏、育成、产蛋在一起，可用大灯泡，用调节电压来调节强度，或安装2排交叉排列的灯泡。影响光照强度最大因素是尘埃，所以灯具应定期进行清洁。

(5)快大型白羽肉种鸡光照程序示例　在肉种鸡生产过程中，若性成熟期比预定提前，则减慢增加光照时间的速度，反之则应加快增加光照时间的速度。根据制定的光照程序，自然光照时间不足，则早晚各补充一部分光照时间，不宜只在早上或晚上增加光照时间，特别是炎热季节。冬季白天也可适当进行光照的补充。

种母鸡产蛋期的光照时间直接影响到产蛋性能，所以要求足够的光照时间，每天应给予16～17小时的连续光照时间，且光照时间一旦确定则恒定。光照强度要求密闭式鸡舍不低于20勒，开放式鸡舍不少于30勒，并且要求照度均匀。光照制度一经确定，要严格执行，最好安装自控装置。快大型白羽肉种鸡光照程序可参照表6-18和表6-19。

表6-18　开放式鸡舍快大型肉种鸡光照程序

生长期	光照时间	光照强度
1～2日龄	23小时	30～40勒
3日龄至16(或18)周龄	3～8月孵化的鸡采用自然光照 9月至翌年2月孵化的鸡，采用恒定光照或渐减渐增方案，多使用恒定光照制度，不够的光照时间用人工光照补充	15勒
17～18周龄	保持光照时间不变，绝对不能减少	15勒
19～22周龄产蛋	突然增加光照时间点的选择可在这几周进行，19周龄增加光照时间主要看体重是否达标，21周龄增加光照时间则主要看体重和第二性征，在22周龄时若第二性征还不明显，则一次增加光照时间3小时。若19周龄时光照时间少于10小时，且体重已达标准，则在19周龄的第一天增加2小时光照，刺激性成熟。以后每周至少增加1小时光照至产蛋高峰前达16小时为止，比每周增加15分钟或0.5小时效果好 若19周龄时光照时间10～12小时，则19周龄增加1小时，以后每周至少增加1小时光照，至产蛋高峰前达16小时为止 若19周龄光照时间达12小时以上，则21周龄时增加1小时，以后每周增加1小时到17小时为止	30～50勒
22周龄至产蛋	每2周至少加光1小时，直到16～17小时恒定	40～50勒

表 6-19　密闭式鸡舍快大型肉种鸡光照程序

生长期	光照时间	光照强度
1～2 日龄	23 小时	20 勒
3～7 日龄	16 小时	5～10 勒
8～18 周龄	8 小时	5～10 勒
19～20 周龄	9 小时	5～10 勒
21 周龄	10 小时	10 勒
22～23 周龄	13 小时	20 勒
24 周龄后	每周增加 1 小时，到 27 周龄时达 16 小时	20 勒

2. 限制饲养

(1)限制饲养的原因　在快大型白羽肉种鸡生产的初期，主要采用自由采食，结果肉种鸡体重过大、过肥，使得肉种鸡开产提前，产小蛋时间长。而在肉鸡生产中，小蛋为不合格种蛋，因为蛋重与初生重、8 周龄体重相关，当时的肉仔鸡主要饲养至 8 周龄上市，这就会降低种蛋合格率，增加雏鸡成本。自由采食的饲养方式还使肉种鸡产蛋率达不到最高峰，整个产蛋期的产蛋率偏低，全期产蛋量下降，肉种鸡受精率、孵化率也较低。因此要采取限制饲养，从而延迟开产，提高种蛋合格率(数)。

在肉种鸡育成期，为避免其采食过多，造成体重过大或过肥，在此期间对日粮实行必要的数量限制，或在能量、蛋白质质量上给予限制，这一饲喂技术称限制饲养。这种饲养方式最早在肉用种鸡育成期阶段采用，现在限制饲养还引入产蛋高峰后，根据产蛋率下降的幅度来进行限制饲养，使得产蛋率在产蛋高峰后的下降坡度减缓。

(2)限制饲养的目的　主要是控制肉种鸡的生长速度和性成

熟时间，使其体重符合标准，整齐度好，性成熟和体成熟同步，从而适时开产，群体开产整齐，初产蛋重大，高峰持续期长，合格种蛋率高。

采用限制饲养，可在育成期防止肉种鸡采食过多的饲料，一般可节约20%～30%的饲料（表6-20）。限制饲养可以控制体重增长，维持标准体重，还能保证肉种鸡正常的体脂肪蓄积。一般肉种鸡为维持正常的生理功能，需要不低于总体重4%的体脂肪，一定的脂肪储积有利于维持产蛋持久性，但不能有过多的脂肪储积。限制饲养可以防止肉种鸡早熟，提高生产性能，体重过轻或过大、早熟或延迟成熟的鸡群，产蛋量都不会达到标准水平。一般限制饲养可使性成熟期推迟5～10天，推迟产蛋则可减少产蛋初期小蛋的数量。限制饲养能减少产蛋期间的死淘率，因为限制饲养是属于非常强烈的应激，一些未被发现的病弱鸡在生长期因不能耐受限制饲养而死亡，使得肉种鸡在生长期死淘率增加，而产蛋期死淘率较低。

表6-20　限制饲养与自由采食的体重和饲料消耗　（千克）

周　龄	饲料消耗/100只·天		饲料减少/周（%）	体　重	
	限　饲	自由采食		限　饲	自由采食
4	4.3	5.0	14	0.50	0.59
6	5.0	7.2	31	0.64	1.00
8	5.5	9.6	41	0.86	1.50
10	6.0	12.7	49	1.05	1.95
12	6.7	15.6	57	1.23	2.36
14	7.3	16.6	56	1.41	2.72
16	8.0	17.2	54	1.59	3.04
18	8.6	17.6	51	1.77	3.31

续表 6-20

周龄	饲料消耗/100只·天		饲料减少/周(%)	体重	
	限饲	自由采食		限饲	自由采食
20	9.2	18.0	49	1.96	3.54
22	9.8	18.3	46	2.18	3.72
24	10.5	18.7	44	2.50	3.86

引自《商品鸡生产手册》

(3)限饲方式　有质的限制和量的限制之分。在最开始进行限制饲养时，将质的限制法用于生长过快的大型白羽肉种鸡，其方法是打破日粮平衡，喂给不平衡饲料，减少能量采食，增加粗纤维或低能饲料等。其优点是控制性早熟十分有效，缺点是其他方面效果不好，且方法不易掌握，技术要求高，浪费饲料，所以现在已不用于肉种鸡生产。量的限饲指给肉种鸡饲喂全价平衡日粮，从饲喂量上加以控制，通常在正常饲喂量上减少20%～30%的日粮。这种方法易掌握，效果好，能推迟性成熟5～10天，大大节省饲料，每只肉种鸡可节省2～2.7千克饲料，产蛋率、种蛋合格率提高，产蛋期死亡率下降，体重下降20%，维持成本降低。

目前在快大型肉种鸡生产过程中，有以下几种限饲方式：

①每日限饲法　每天限制采食量，将减少20%～30%的饲料在早上一次投给。但采饲竞争加强，加大争食应激，强者不受限，弱者过分限制，体重均匀不一致，不整齐。

②隔日限饲法　将限制饲养后两天的料加到一起，在1天中投喂。每喂料1天停1天，给料日1天超过自由采食的量，故竞争减弱，在鸡群整齐度太差时使用较有利。一般在肉种鸡5～16周龄时使用。

③二一限饲法　连续喂料2天，然后停喂1天，此法在鸡群中的竞争比隔日限饲还弱。可在6周龄后作为隔日限饲或五二限饲

的过渡，一般不单独使用。

④五二限饲法　在1周内选2天不投料，其余每天都投料，在鸡群中的竞争更弱。主要在9～22周龄时采用，对鸡群的应激相对较小，但比六一限饲法的应激程度大。

⑤六一限饲法　在1周内只有1天不投料，其余每天都投料。在7～23周龄采用比较有效，此限饲法造成的竞争最弱，目前应用越来越多。

⑥综合限饲法　根据生长期的不同，采取不同的限饲方式，限饲方法效果好。综合限饲方案示例：1～2周龄自由采食，3～4周龄每日限饲，5～9周龄隔日限饲，10～17周龄五二限饲，18～23周龄六一限饲，24周龄以后每日限饲。

一般在开产之前，使限饲程度随鸡龄提高而逐步放宽，以利于正常开产。至于在生长或产蛋期采用哪一种限饲方式，主要取决于肉种鸡的实际体重与标准体重的差异。

快大型白羽肉种鸡生产中的限制饲养多采用限量法，把每天每只鸡的喂料量减少到正常采食量的70%～80%。采用这种方法，必须先掌握鸡的正常采食量，因为每天的喂料总量随鸡群日龄而变化，故要正确称量饲料。具体实施时，要查明雏鸡的出生时间、周龄和标准饲喂量，再确定给料量。采用限量法时，日粮质量要好，否则量少质又差会使鸡群生长发育受到影响。

(4)限制饲养注意事项　在肉种鸡育成期，限制饲养与控制光照要相结合，效果才明显。过去经典的限饲方案种母鸡从3～4周龄开始，现在已提前至1周龄后，即2周龄起就限饲，以使雏鸡体重起伏不太大。事实上，肉种鸡从7日龄至产蛋结束都可实行不同程度的限饲。种公鸡一般从5～6周龄或当每只鸡每日采食120克饲料时开始限饲，使其骨骼能得到充分发育。

限饲后应增加槽位，同时槽位布局宽些，保证弱者吃到食物，降低竞争和压抑感。正常情况下，喂料时有80%的鸡采食、20%

的鸡饮水。为保证料位、水位充足，喂料厚度均匀，让鸡群在相同时间吃上饲料。使用常规喂料器，限制饲养开始后晚上加好料，以便在清晨采食之前，料槽各部位都已装满饲料，使鸡采食机会均等，以减轻压抑感，给料日则不断投饲，保证料槽有料。使用自动喂料机，要防止靠近料斗的鸡首先吃料、吃到过多的料，而鸡舍尽头的鸡吃料太少，可提高自动饲喂器的速度，正常布料速度 6 米/分，限饲时 12 米/分，尽快将饲料布满料槽，防止鸡只集中在喂料器的一个区域，造成采食不均匀。

限制饲养开始后要保证供水充足，并补充沙砾，450～900 克/100 只鸡·周。限饲后若出现疾病则应自由采食，在鸡群因防疫注射、转群、运输、断喙、疾病、高温、低温等逆境而发生应激反应时，必须通过改变饲养方案予以补偿，恢复正常后再行限饲。

(5)限饲的操作

①限饲前的准备　限饲前进行断喙，一般在 5～9 日龄进行。限饲前普遍称重并分群，先抽测全群 5%～10%的鸡进行称重，得出平均重，计算均匀度，然后逐只称重，平均分为大、中、小三组，同时淘汰病、弱鸡。肉种鸡均匀度每增减 3%，入舍母鸡产蛋数则增减 4 枚，要求均匀度大于 75%。

②称重与调整　称重时间固定在同一天、同一时辰，每日限饲时在下午称重，隔日饲喂时在停料日的下午进行最好。切记空腹称重，称完体重后再喂料。生长期每栏抽测称重 5%～10%，产蛋期则抽测 2%～5%，不可用一栏代替全栏。母鸡从第二周开始每周称重，开产后每月称重。称重要做到随机，抽样要有代表性，一般先把栏内的肉种鸡徐徐驱赶，使舍内各区域的鸡以及大小不同的鸡能均匀分布，然后在鸡舍的任意地方用铁丝网围大约需要的鸡数，并将伤残鸡剔除，剩余的鸡逐个称重登记，以保证抽样鸡的代表性。抽到的肉种鸡无论大小全部称，计算平均重与均匀度，与标准重比较，决定下周给料量，并按体重调整鸡群，结合称重时进

行调整，调出与调入鸡数相等，产蛋期则不调整。

③喂料量的确定　开产前的喂料量主要依据是体重与标准体重之间的关系，也适当考虑代谢能和粗蛋白质。所以育成期应根据体重标准、每周称重情况、季节、饲料的营养水平、鸡群状况等因素综合考虑喂料量，其最终目的是通过调整喂料量，达到规定的体重标准。肉用种鸡体重和喂料量的确定可参考表6-21至表6-22。

表6-21　肉用种鸡平均体重

周　龄	正常体型肉用种鸡			矮小型肉用种母鸡
	母鸡(克)	公鸡(克)	公鸡重/母鸡重(%)	体重(克)
1	140	150	115	130
2	220	250		210
3	410	460		360
4	500	580		410
5	590	680		500
6	640	820	119	590
7	770	910		680
8	860	1040		730
9	960	1130		820
10	1050	1290		860
11	1140	1410	123	950
12	1230	1500		1040
13	1320	1630		1090
14	1410	1770		1180
15	1500	1910		1270

续表 6-21

周 龄	正常体型肉用种鸡			矮小型肉用种母鸡
	母鸡(克)	公鸡(克)	公鸡重/母鸡重(%)	体重(克)
16	1590	2040		1320
17	1680	2130		1410
18	1770	2270	127	1500
19	1860	2400		1540
20	1960	2540		1630
21	2050	2680		1730
22	2180	2900		1820
23	2320	3090	135	1950
24	2500	3360		2040
25	2630	3580		2130
30	2730	3860	142	2270
40	2960	4140	140	2360
50	3090	4320	140	2450
60	3180	4410	139	2500
70	3270	4460	136	2590

引自《商品鸡生产手册》,1990

表 6-22 爱拔益加肉用种母鸡体重和限饲程序[1]

周 龄	体重(克)[2]		喂料量(克/只)[2]					能量需要(兆焦/只)[3]	
	体 重	周增重	每 日	隔 日	五二限饲	每 周	累 计	每 日	累 计
1	91		24	自由采食	自由采食	168	168	0.28	1.96
2	180	89	26	自由采食	自由采食	182	350	0.31	4.10
3	318	138	28	56		196	546	0.33	6.39
4	409	91	31	62		217	763	0.36	8.93

续表 6-22

周龄	体重(克)		喂料量(克/只)[2]					能量需要(兆焦/只)[3]	
	体重	周增重	每日	隔日	五二限饲	每周	累计	每日	累计
5	449	90	34	68		238	1001	0.40	11.72
6	590	91	37	74	52	259	1260	0.43	14.75
7	681	91	40	80	56	280	1540	0.47	18.02
8	772	91	43	86	60	301	1841	0.50	21.55
9	863	91	46	92	64	322	2163	0.54	25.31
10	953	90	49	98	69	343	2506	0.57	29.33
11	1067	114	53	106	74	371	2877	0.61	33.67
12	1180	113	58	116	81	406	3283	0.67	38.42
13	1294	114	63	126	88	441	3724	0.74	43.58
14	1408	114	59	136	95	476	4200	0.79	49.16
15	1544	136	74	148	104	518	4718	0.86	55.22
16	1680	136	80	160	112	560	5278	0.94	61.77
17	1816	136	87	174	122	609	5887	1.02	68.90
18	1952	136	95	190	133	665	6552	1.11	76.69
19	2111	159	103	206	144	721	7273	0.20	85.12
20	2270	159	111	222	155	777	8050	1.30	94.22
21	2429	159	116	232	162	812	8862	1.36	103.72
22	2588	159	123	246	172	861	9723	1.44	113.80
23	2747	159	133	266	186	931	10654	1.55	124.69
24	2906	159	143			1001	11655	1.67	136.41
25	3065	159	153			1071	12726	1.79	148.95
26	3178	113	164			1148	13874	1.92	162.38
27	3269	91	171			1197	15071	2.00	176.39
28	3360	91	171			1197	16268	2.00	190.40
29	3428	68	171			1197	17465	2.00	204.41

续表 6-22

周龄	体重(克)		喂料量(克/只)[2]					能量需要(兆焦/只)[3]	
	体重	周增重	每日	隔日	五二限饲	每周	累计	每日	累计
30	3473	45	171			1197	18662	2.00	218.42
31	3483	10	171			1197	19859	2.00	232.43
32	3494	11	171			1197	21056	2.00	246.44
33	3504	10	171			1197	22253	2.00	260.45
34	3515	11	171			1197	23450	2.00	274.46
35	3525	10	170			1190	24640	1.99	288.39
36	3536	11	170			1190	25830	1.99	302.31
46	3641		165			1169	37520	1.93	439.13
56	3745		159			1132	48839	1.86	571.61
66	3850		154			1096	59799	1.80	699.83

注:1. 日照时间从长变短,在我国指从农历夏至到冬至

2. 24℃时大约喂料量

3. 基于 11.95 兆焦/千克的能量

表 6-23 爱拔益加肉用种公鸡体重和限饲程序[1]

周龄	体重(克)		喂料量(克/只)[2]					能量需要(兆焦/只)[3]	
	体重	周增重	每日	隔日	喂四	每周	累计	每日	累计
1	135		25	自由采食	自由采食	175	175	0.30	2.09
2	300	165	32	自由采食	自由采食	224	399	0.38	4.77
3	490	190	40	自由采食	自由采食	280	679	0.48	8.12
4	715	225	48	自由采食	自由采食	336	1015	0.57	12.13
5	815	100	53	106		371	1386	0.64	16.57
6	915	100	54	108	95	378	1764	0.64	21.09
7	1015	100	55	110	96	385	2149	0.66	25.69
8	1125	110	57	114	100	399	2548	0.67	30.46
9	1245	120	59	118	103	413	2961	0.71	35.39

续表 6-23

周龄	体重(克)		喂料量(克/只)[2]					能量需要(兆焦/只)[3]	
	体重	周增重	每日	隔日	喂四	每周	累计	每日	累计
10	1365	120	61	122	107	427	3388	0.73	40.50
11	1495	130	64	128	112	448	3836	0.76	45.86
12	1635	140	67	134	117	469	4305	0.80	51.46
13	1780	145	70	140	123	490	4795	0.84	57.32
14	1925	145	73	146	128	511	5306	0.87	63.43
15	2070	145	76		133	532	5838	0.91	69.79
16	2220	150	79		138	553	6391	0.94	76.40
17	2370	150	82		144	574	6965	0.98	83.27
18	2525	155	86			602	7567	1.03	90.46
19	2685	160	90			630	8197	1.07	97,99
20	2850	165	96			672	8869	1.15	106.03
21	3030	180	102			714	9583	1.22	114.56
22	3215	185	108			756	10339	1.29	123.60
23	3405	190	115			805	11144	1.37	133.22
24	3595	190	122			854	11998	1.46	143.43
25	3790	195	131			917	12915	1.57	154.39
26	3935	145	140			980	13895	1.67	166.11
27	4055	120	140			980	14875	1.67	177.83
28	4170	115	140			980	15855	1.67	189.54
29	4260	90	140			980	16835	1.67	201.26
30	4320	60	141			987	17822	1.68	213.06
31	4335	15	141			987	18809	1.68	224.86
32	4350	15	141			987	19796	1.68	236.66
33	4365	15	141			987	20783	1.68	248.46

续表 6-23

周龄	体重(克)		喂料量(克/只)[2]					能量需要(兆焦/只)[3]	
	体 重	周增重	每 日	隔 日	喂 四	每 周	累 计	每 日	累 计
34	4380	15	142			994	21777	1.70	260.34
35	4395	15	142			994	22771	1.70	272.22
36	4410	15	142			994	23765	1.70	284.11
46	4560	15	145			1005	33810	1.73	404.19
56	4660	10	147			1022	44030	1.75	526.37
66	4760	10	149			1039	54418	1.78	650.55

注:1. 日照时间从长变短,在我国指从农历夏至到冬至

2. 24℃时大约喂料量

3. 基于 11.95 兆焦/千克的能量

若肉种鸡实际体重比标准高,如体重超标 10%,则下一周少增加喂料量或维持上一周的给料量,切不可减料,与标准相同后再加料。若肉种鸡实际体重与标准相当,则饲喂正常喂料量。若实际体重比标准低,如低于标准 10%,则下一周的给料量适当增加,但不能在 1 周之内大幅度加料。据大多数肉鸡公司的经验,育成前期(5～10 周龄)千万不要超重,可以使平均体重低于标准 5%～10%,14～15 周龄后体重应逐渐上升,以适应生殖器官及光照刺激的需要,至育成中期(11～16 周龄)体重达中等水平(达标),后期(17～20 周龄)逐渐超标 5%左右。为避免影响性成熟和体格发育,要求在 13～15 周龄后,体重的生长曲线要与标准体重曲线平衡,直到性成熟。

一般情况下,喂料量的增加要根据体重的增长来确定,4～15 周龄每周增重约 100 克,每日喂料量增加 3～5 克/只;15～20 周龄每周增重约 135 克,每日喂料量增加 6～7 克/只;21～25 周龄,3～8 月出壳的肉种鸡仍保持每周增重 135 克,9 月至翌年 2 月出壳的(其生长后期光照由长变短)鸡群每周增重 155～160 克,每日

喂料量增加 7～8 克。20 周龄前每次增加料量的幅度一般不超过 8 克。

④适当限制饮水　为防垫料潮湿和消除球虫卵囊发育的环境，对限饲的鸡群也可适当限制饮水，但应谨慎从事。在喂料日可整天饮水，或在喂料日吃食前 1 小时开始饮水，直到吃完料后 1～2 小时停水，以后每 2～3 小时供水 20～30 分钟，限饲日上午 8 时饮水 40～50 分钟，以后每 2～3 小时供水 20～30 分钟，每日 4 次即可。在高温炎热天气和鸡群处于应激情况下，不可限水。肉鸡在限饲下，正常的饮水量如表 6-24。

表 6-24　肉鸡限饲下正常饮水量　（升/天・100 只）

周　龄	21℃	32℃	周　龄	21℃	32℃
1	3.6	6.2	11	15.3	26.5
2	6.4	11.0	12	15.9	27.4
3	8.3	14.4	13	16.5	28.4
4	9.8	17.0	14	17.0	29.4
5	11.2	19.4	15	17.6	30.4
6	12.3	21.2	16	18.2	31.3
7	12.8	22.2	17	18.7	32.4
8	13.3	23.0	18	19.3	33.3
9	13.9	24.0	19	19.9	34.2
10	14.6	25.2	20	20.5	35.5

(6)均匀度测定　鸡群的均匀度指群体中体重在平均体重±10% 范围内鸡所占的百分比。例如，某肉鸡群 10 周龄母鸡平均体重为 1 050 克，超过或低于平均体重±10%的范围是：1 050＋(1050×10%)＝1 155 克；1 050－(1050×10%)＝945 克。

一般 20 周龄左右，体重均匀度平养应达 80%以上，笼养应达

85%以上,胫长(平均胫长±5%)均匀度达90%以上。须注意在育成后期不要过分强调均匀度,因为不管采取什么措施也不能使体大的鸡再变小,过分强调均匀度可能会对鸡群的产蛋不利。为确保均匀度,在育成期至少要进行3次分群,通常安排在6、12、16周龄,另外也可利用多次防疫时、6周龄末和19~20周龄末选种时进行调群,在平常的饲养管理过程中时刻不忘挑鸡,如在停料日集中人力全群挑鸡。

必须强调,评价育成期群体的优劣,全群鸡均匀一致是一项重要指标。但是,均匀度必须建立在标准体重范围内,脱离了标准体重来谈均匀度毫无意义。一个良好的育成鸡群不仅体重符合标准,且均匀度高。鸡群均匀度不仅包括体重的整齐度,还包括骨骼和性成熟的整齐度。它是衡量育成效果的一个重要指标,直接影响鸡群的高峰产蛋率和总产蛋量,二者呈正相关。雏鸡早期的骨骼生长发育快,肉种鸡8周龄时胫长达75~80毫米,已完成70%~75%,而体重仅完成30%,故0~12周龄胫长标准比体重标准更重要,实践上应注意使胫长达标或超标,而体重比标准低5%~10%,以促进骨骼的发育,使种鸡具有良好的体形。13~24周龄为性成熟控制发育期,要重视性成熟整齐度的控制,如光照时间和强度的调整。

(五)快大型白羽肉种鸡的选择

对祖代和父母代种鸡都要进行选择,通常要进行3次选择,分别在1日龄、6~7周龄和在转入种鸡舍时进行。

1日龄时只淘汰过小、过瘦和畸形的母鸡,选留活泼健壮的公鸡,数量为选留母鸡数的17%~20%。

6~7周龄是选择的关键时期,此时种鸡体重与后代呈强烈的正相关,越往后相关性越低,因为肉仔鸡在这个时期出栏上市。选择的重点是公鸡。此时的公母鸡外貌不合格者很明显,对于母鸡,只淘汰交叉嘴、鹦鹉嘴、歪颈、弓背、瘸腿、瞎眼、体重过小的母鸡。公鸡则按体重大小排队，选外貌合格、胸部和腿部肌肉发育良好、腿脚粗壮结实、体重较大的公鸡，数量为选留母鸡的12%～13%，其余转为肉仔鸡。

转入种鸡舍时淘汰的鸡已很少，只淘汰那些明显不合格的，如发育差、畸形、断喙过多的鸡，公鸡数量为选留母鸡的11%～12%。在母鸡群开产后，可再次淘汰发育欠佳、繁殖能力差的公鸡。

(六)快大型白羽肉种鸡育成期的公母分饲

快大型白羽肉种鸡公、母鸡生长速度不同，公鸡20周龄体重比母鸡约大30%，公母分饲有利于控制各自的体重，实现各自培育的目标。公、母鸡采食速度不同，公鸡生长期采食速度比母鸡慢，应采取不同的限饲方案，这也是母鸡限制饲养开始时间早于公鸡的原因。公母分饲有利于提高鸡群整齐度，减少公鸡腿脚病发生率。

公母分饲操作简便，从1日龄开始，将公母雏鸡分栏(舍)饲养到20周龄转群(舍)时，然后先将公鸡提前4～5天转入成年鸡舍，再将母鸡转入种鸡舍，实行同栏分饲或分槽饲喂(详见产蛋期饲养管理)。

(七)快大型白羽肉种鸡的笼养

笼养有利于提高饲养密度，提高肉种鸡均匀度，可获得较高而稳定的受精率。生产实践证实，肉种鸡笼养与地面垫料平养时腿病和胸囊肿发生率差异不显著，且笼养的成活率和产蛋量等均不低于平养，饲料消耗有所下降，总的经济效益高。当然，笼具一次性设备投资要高些。笼养的饲养密度见表6-25。

表 6-25　肉种鸡笼养的饲养密度

饲养密度	雏　鸡	育成鸡	产蛋鸡	种公鸡
厘米^2/只	280	592	684	1348
只/米^2	35.7	16.9	14.6	7.4

(八)快大型白羽肉种鸡产蛋期的饲养管理

1. 饲养方式与密度

(1)漏缝地面　离地 60 厘米，由竹木条、硬塑网、金属网铺成。以硬塑网最好，因其平整故不易伤害鸡脚，且易冲洗消毒，但成本较高。金属网较差，地面不易平整。竹木条造价低，个体专业户多用，条宽 2.5～5.1 厘米，间隙 2.5 厘米，板条走向与鸡舍长轴平行，应注意刨光表面及棱角。

(2)混合地面　肉种鸡配种期多用此饲养方式。漏缝地面与垫料地面之比为 6∶4 或 2∶1。通常在鸡舍中央铺垫料，两侧安竹木条，产蛋箱一端架在木条边缘，另一端吊在垫料地面上方，与鸡舍长轴垂直排列，既节约地面面积，又方便鸡只进出产蛋箱。鸡只交配多在垫料上，采食、饮水、排粪多在漏缝地面上，因为鸡每天排粪大部分在采食时进行，使垫料少积粪和水。混合地面饲养的受精率高于全漏缝地面。

(3)笼养　近年来，随着用地成本上升、肉种鸡各阶段专用笼具的开发研制、种鸡合理限饲、人工授精配套技术普及等笼养配套技术的成熟，肉种鸡笼养有增加的趋势，将是今后发展的方向。目前多采用每笼养 2 只种母鸡的单笼，2 层笼架，采用人工授精，既提高了饲养密度，又能获得较高的受精率，同时也便于抓鸡、输精、喂料和捡蛋。这种饲养方式要求每只种母鸡占笼底面积 720～800 厘米^2。

肉种鸡几乎一生都采用限制饲养，其生长速度大大低于自由采食的商品肉用仔鸡，成年时体重也受严格控制，因此肉种鸡笼养是可行的。实际上，在我国肉种鸡可以实现全程笼养，且笼养有利于实施限制饲养。

(4)饲养密度 在气候适宜时，垫料平养饲养密度为 4.5 只/米^2，混合地面为 5.4 只/米^2。当天气炎热，而舍内无纵向通风和湿帘降温时，垫料平养饲养密度为 3.6 只/米^2，混合地面为 4.8 只/米^2。肉种鸡采用料槽喂料时采食面积为 15 厘米^2/只，采用圆形料桶时每桶可供 12 只母鸡采食，采用圆形料盘时每个可供 10～12 只母鸡采食。料槽和吊桶的高度与鸡背水平一致，且分布均匀。产蛋期一定要保证足够的饮水位置，水槽为 2.5 厘米/只，或每 10～12 只鸡 1 个乳头式饮水器，或每 80 只鸡 1 个圆钟式饮水器。

2. 生长期至种用期的过渡 19～25 周龄是种鸡群生长和发育最关键的时期，此期利用突然增加光照以促进性成熟，并将生长期日粮转为产蛋前期料，之后还要再转换为种鸡料。

光照和营养应协调进行，以便使肉种鸡正好在适宜体重时开产，因为光的刺激和营养的转换都必须有正常的体重作基础。如体重在建议范围内，小母鸡从 19 周龄起开始增加光照时间和强度，刺激生殖系统的发育，使鸡群大约在 24 周龄时开产；给料量可以继续增加，从 20 周龄起，限饲的同时，将生长料换成预产料（含钙 2%，其他成分同产蛋料）。在 23～24 周龄改限饲为每日饲喂，但仍要控制采食量，25 周龄左右即开产后改喂产蛋鸡料，并逐渐酌情增加喂料量。

与此相应，20 周龄将育成鸡转入产蛋舍，并注意饲养密度的调整，产蛋箱的放置与料槽位置的确定。平养种鸡舍要放置产蛋箱，转群之前放入，让鸡群熟悉，每 4 只鸡 1 个产蛋箱，并注意放置位置与垫料管理。开产前 1 周将产蛋箱门打开，但夜间关闭，并训练母鸡进箱产蛋，否则破蛋、脏蛋、窝外蛋数量上升。

母鸡在 23～25 周龄临产阶段，常表现出高度神经质，极易惊群造成异常蛋增加，严重者产蛋率下降。因此尽量减少各种应激，一些必须进行的操作，如接种疫苗、抗体监测、选择淘汰、清点鸡数等应在此之前完成。

3. 调整饲喂量 产蛋期的饲喂量，主要依据体重、健康状况、气温、产蛋率递增速度及产蛋量等情况而定，鸡群体况好，产蛋上升期产蛋率上升快、产蛋量高，饲喂量就多，相反饲喂量就少。饲喂量掌握不好，会严重影响母鸡的生产性能。一般情况下，要参考该品种的标准饲喂量，同时考虑其他因素，给予最佳饲喂量。

(1)产蛋率5%到高峰饲喂量 产蛋高峰前须迅速增加或一下子达产蛋高峰喂料量(3～4周即达高峰喂料量)，开产后4～5周产蛋率即达高峰，产蛋率增加快，营养需求集中，因此要预计下周的喂料量，而不仅仅只考虑当周需要量，才能使鸡较快地达产蛋高峰，且高峰产蛋率高、高峰维持时间长。性成熟期恰当的鸡群，从产蛋率5%～70%期间，时间不超过4周，每只鸡日产蛋率至少增加2.5%；从71%到80%这段时间比较关键，每只鸡日产蛋率必须增加1%以上；从81%直至产蛋最高峰，每只鸡日产蛋率仍应上升0.25%以上。此阶段喂料量的增加是决定能否达到产蛋高峰的关键技术之一。

对于产蛋高峰前喂料量的增加，一般在25周龄产蛋率达5%时，每只每日喂料量增加5克(摄入的能量为1.77兆焦/只·天)，以后产蛋率每提高5%～8%，每只鸡每次增加3～5克料量，一般每周加料2次，当产蛋率达到35%～40%时，喂给最高饲料量，均匀度好的鸡群14天就可加到高峰喂料量，均匀度不佳的情况下大约需20天加到高峰喂料量，即每天每只鸡喂料160～170克。

美国AA公司兽医学博士赵公舜提出产蛋高峰前喂料量可参照如下进行：

①产蛋上升快的鸡群，日产蛋率增加3%以上，应在产蛋率35%时达喂料量高峰。若已知高峰喂料量为168克，开产时喂料

量 140 克，则产蛋期要增加的饲料量为 28 克，28÷(35－5)＝0.93 克。即该鸡群日产蛋率每增加 1%，每只鸡应增加日粮 0.93 克，到产蛋率达 35%时的日粮正好 168 克。

②日产蛋率增加 2%～3%的鸡群，应在 50%产蛋率时给予高峰喂料量。按上例，28÷(50－5)＝0.62 克，即产蛋率每增加 1%，每只鸡应增加日粮 0.62 克。

③日产蛋率增加在 1%～2%之间时，应在 60%产蛋率时给予高峰喂料量。按上例，28÷(60－5)＝0.51 克，即产蛋率每增加 1%，每只鸡应增加日粮 0.51 克。

④日产蛋率增加在 0.5%～1%或更少时，则应在 70%产蛋率时给予高峰喂料量。按上例，28÷(70－5)＝0.43 克，即产蛋率每增加 1%，每只鸡应增加日粮 0.43 克。

(2)高峰后的喂料量　当产蛋率达到高峰后持续 5 天不再增加时，可刺激性地每天每只鸡增料 2.5 克，统计随后 4 天的平均产蛋率，若比加料前有所提高，则加料量正确；若比加料前降低，则把增加的喂料量降下来。当高峰产蛋率下降 4%～5%时，每只鸡减料 2～3 克，以后每当产蛋率下降 1%时，每只鸡减料 1 克。另外，还要考虑气温变化，若降温，要适当加料，并考虑体重增长的幅度，高峰后至 40 或 43 周龄每周增重 15～25 克的范围比较合适，产蛋期母鸡体重不可有下降的现象。种母鸡 64 周龄时，体重应在 3.54～3.85 千克范围，超过这个范围，则说明减料不够，相反则减料太多。因此，产蛋期还要经常称体重和蛋重，结合产蛋率及其他情况综合分析喂料量增减正确与否。

(3)鸡的采食速度　产蛋率 5%时，肉种鸡一般在 1～2 小时内吃完饲料。在产蛋高峰期间，肉种鸡一般在 2～5 小时吃完饲料。采食速度还因饲养方式不同而有差异，地面垫料或棚架饲养时，采食快，一般 2～3 小时吃完饲料，笼养鸡一般 4～5 小时吃完饲料。不同季节的温度会影响采食速度，冬天采食快，夏天采食慢。一般每天总的采食时间保持7～10小时，才能保证足够的营养用于产蛋。

4. 饮水量 主要取决于环境温度及采食量，当气温高时(32℃～38℃)，鸡的饮水量为21℃时的2～3倍。产蛋期要适当限制饮水，目的是防止垫料潮湿，防止脚病，控制肠道病和减少脏蛋。在常温下，上午喂料前30分钟到吃完饲料后1～2小时供水，下午3～4时及6～7时各供水30分钟。气温高于27℃时，上午供水时间不变，下午1时、3时、5时、7时各饮水30分钟，即下午每隔2小时供水30分钟，共4次。天气炎热时，自由饮水。若应用乳头式饮水器时，炎热夏季不必限水。

饮水量的合适与否可以检查嗉囊的硬度，若嗉囊松软，为饮水合适；相反，若嗉囊较硬，则饮水不足。

5. 公、母同栏分饲 公、母鸡营养需要及饲喂量有差异，育成期公鸡限制饲养容易控制体重，若混养后吃同一种饲料，尤其28周后是最大给料量，公鸡很难控制体重，为了防止公鸡超重而影响配种能力，混养的种公母鸡必须实行分槽饲喂，采用不同的饲料、不同的饲喂量。否则，公鸡在采食高峰产蛋料后很快超重，容易发生腿脚病，繁殖能力下降，常常在45～50周龄时不得不补充新公鸡，既加大争斗应激，又增加成本，影响受精率。在生产实践中，若执行公、母同栏分饲，公鸡25周时体重3.6千克，48周4.2千克，最后达4.3千克；而不分饲，则混养公、母鸡在29周龄前体重无明显差异，32周龄开始体重增加过快，且32周后脚趾发病比同栏分饲高1倍，在48周时体重达5.0千克。

同栏分饲的措施如下：母鸡喂料用料槽(盘)，母鸡料槽、水槽放两侧，公鸡料桶吊在饮水器中间。在母鸡料槽上加金属条格，间距4.1～4.5厘米，目的是让母鸡能从容采食而公鸡头伸不进去。最初可能发育差的公鸡能暂时采食，到28周龄后，公鸡则完全不能采食母鸡料。饲养管理时要注意维修、调整料盘，以免因金属条格间距过大公鸡能采食，过小而擦伤母鸡头部两侧。

公鸡喂料用料桶，自然配种时公鸡比母鸡提早 4～5 天转入产蛋舍，以适应料桶和新鸡舍环境。料桶吊离地（网）41～46 厘米，随公鸡背高而调整，以不让母鸡够着、而公鸡立起脚能够采食为原则。要求有足够的料位，让每只公鸡都能同时采食，8～10 只/桶。喂料时间比母鸡晚 15～20 分钟，有助于母鸡不抢食公鸡料。

（九）快大型白羽肉种公鸡的饲养管理

1. 0～5 周龄　采用自由采食，目的是使公鸡充分发育。在实际操作中，可延长育雏料的饲喂时间。

2. 6～13 周龄　使公鸡的生长速度减慢，让其体重渐渐回复到标准范围或最多不超过标准 10%为宜。因此，此阶段要换为育成料，并改为隔日限饲，饲养密度 3.6 只/米^2。当体重均匀度太差时，进行大、中、小分栏饲养。

3. 14～20 周龄　满足公鸡生殖系统的充分发育，与母鸡性成熟同步，这对将来的受精率十分重要。改隔日限饲为五二限饲，公鸡的光照制度与母鸡相同，当发现公鸡比母鸡性成熟迟时，须加强公鸡的光照，使之与母鸡同时性成熟后才混群。18 周龄时，淘汰性发育较迟、体质瘦小、无雄性特征的公鸡。

4. 公鸡的饲料营养及饲喂量　为防止公鸡采食过多导致过重和脚趾病的发生，从而影响配种，必须在种用期间喂低蛋白质饲料，含蛋白质 12%～13%，代谢能 11.70 兆焦/千克，钙 0.85%～0.9%及有效磷 0.35%～0.37%，这些指标均低于种母鸡。有的推荐值要求公鸡多维素、微量元素用量为母鸡的 130%～150%。

公鸡的饲喂量特别重要，原则是保持公鸡良好的生产性能情况下尽量少喂，喂量以能维持最低体重标准为原则，但不允许有明显失重。以 AA 种公鸡为例，27 周龄后，公鸡每日喂料量为 130～150 克之间。

5. 控制好各阶段公鸡体重 这是种公鸡各项饲养管理中最重要的措施。只有在适宜的体重下,种公鸡才能发挥最大的作用。公鸡在21～36周龄期间,以23～25周龄增重最快,以后逐渐减慢,27周龄时达体成熟,28～30周龄睾丸发育成熟,鸡群受精率达到高峰。在此期间每周称重1次,不能让体重减轻,否则会影响受精率,也要防止体重过大。36周龄以后,仍要重视公鸡体重的控制,公鸡每4周增重50～70克为宜,一般父系比母系公鸡多给料5～10克。若公鸡体重超出太多或极瘦弱、配种力下降,要及时淘汰,换上30周龄左右的青年公鸡。

公鸡群均匀度应保持在80%以上,饲养末期公鸡体重一般要比母鸡重25%～30%。

(十)快大型白羽肉种鸡生产标准

饲养父母代种鸡的目的是生产更多的合格种蛋或优质的商品代雏鸡,提高种用价值和经济效益。快大型肉种鸡的生产水平受品种、饲料营养、环境条件、饲养方式、鸡群体质等许多因素的影响,难以达到育种公司推荐的生产标准。饲养管理过程中,可以视其为参考,尽可能创造条件接近推荐的生产标准。随着遗传育种、饲料配合、环境控制等方面的进步,生产水平还将逐步提高。表6-26列出常规白羽肉种鸡的生产标准,供参考。

表6-26 白羽肉种鸡的生产标准

周龄	产蛋周	饲养日产蛋率(%)	入舍母鸡累积产蛋(枚)	入孵率(%)	入舍母鸡累积合格种蛋(枚)	孵化率(%)	出雏数
25	1	5	0.4	—	—	—	—
26	2	20	1.8	—	—	—	—
27	3	38	4.3	35	1	70	1

续表 6-26

周 龄	产蛋周	饲养日产蛋率(%)	入舍母鸡累积产蛋(枚)	入孵率(%)	入舍母鸡累积合格种蛋(枚)	孵化率(%)	出雏数
28	4	56	8	68	4	75	3
29	5	73	13	80	8	80	6
30	6	84	19	85	13	84	10
31	7	86	25	88	18	86	15
32	8	85	31	90	24	88	20
33	9	84	37	91	29	89	24
34	10	84	42	91	34	90	29
35	11	83	48	92	40	91	34
36	12	82	54	92	45	91	39
37	13	81	59	93	50	91	44
38	14	81	65	93	56	91	49
39	15	80	70	93	61	91	54
40	16	79	76	93	66	91	58
41	17	78	81	94	71	90	63
42	18	77	86	94	76	90	67
43	19	77	92	94	81	90	72
44	20	76	97	94	86	90	76
45	21	75	102	94	91	90	81
46	22	74	106	93	96	89	85
47	23	74	112	93	101	89	89
48	24	73	116	93	105	89	93
49	25	72	121	93	110	89	97
50	26	71	126	93	114	89	101

续表 6-26

周 龄	产蛋周	饲养日产蛋率(%)	入舍母鸡累积产蛋(枚)	入孵率(%)	入舍母鸡累积合格种蛋(枚)	孵化率(%)	出雏数
51	27	70	131	93	119	88	105
52	28	70	135	92	123	88	109
53	29	69	140	92	127	88	113
54	30	68	144	92	131	88	116
55	31	67	149	92	136	87	120
56	32	66	153	92	140	87	124
57	33	66	157	92	144	87	127
58	34	65	161	91	148	86	130
59	35	64	166	91	152	86	134
60	36	63	170	91	155	85	137
61	37	62	174	91	159	85	140
62	38	61	178	91	163	84	143
63	39	60	181	91	166	84	146
64	40	60	185	90	170	83	149
65	41	59	189	90	173	82	152
66	42	58	192	90	176	81	155
67	43	57	196	89	180	79	157
68	44	56	199	89	183	78	159
平均		68		92		87	

第七章　优质黄羽肉鸡的饲养管理

优质肉鸡是我国家禽育种公司针对各地不同的市场特点培育的，最初主要分布在我国南方的广东、广西、云南和福建等地，目前全国各地都有各具特色的优质鸡。从羽毛颜色来看，优质鸡配套系有黄羽和麻羽。从商品代的生长速度来看，有快速型、中速型和慢速型之分。从杂交程度来看，有特优型、高档型和普通型。由于大部分优质肉鸡羽毛颜色为黄色，广大消费者也习惯称之为“三黄鸡”，本章将介绍优质黄羽肉鸡的饲养管理，其原理和操作也适用于麻羽优质鸡。

一、优质黄羽肉仔鸡的饲养管理

(一)优质黄羽商品肉仔鸡生长发育特点

优质黄羽商品肉仔鸡生产类似于快大型白羽肉鸡，其目的都是提供达到市场要求体重且整齐一致的肉鸡，但二者又有所不同，其不同之处表现如下。

1. 生长速度相对缓慢　中速型和快速型优质黄羽肉鸡的生长速度介于地方品种和快大型白羽肉鸡之间，如快速型优质黄羽肉鸡的生长速度90日龄青年母鸡体重约1.75千克，只是快大型白羽肉用仔鸡生长速度的50%，其他类型的优质黄羽肉仔鸡的生长速度更慢。

2. 饲料的营养水平较低　在低蛋白质(粗蛋白质19%)、低能量(11.30兆焦)的营养水平下，0～5周龄的优质黄羽肉仔鸡仍然能正常生长。

3. 生长后期对脂肪的利用能力强 由于人们对优质黄羽肉鸡的肉质营养要求富含脂肪，通过长期的选择，形成了优质黄羽肉鸡后期饲料能量利用能力强的特点。例如，清远麻鸡青年母鸡经15天肥育可增重150克，惠阳胡须鸡可增重350～400克，故生长后期要采用高能量含动物脂肪的饲料，以促进脂肪的贮积。

4. 羽毛生长丰满 羽毛生长与体重增加相互影响，一般情况下，优质黄羽肉鸡所采食的营养先满足羽毛生长需要，羽毛生长迟缓者，体重增长则快，若营养缺乏，则鸡羽毛生长虽正常，但体重增长很慢，另外，优质黄羽肉鸡生长到80～100日龄时会出现一次换羽现象，换羽后体重增长较大。

5. 性成熟早 我国有些地方品种鸡在30日龄时已出现啼鸣，母鸡在100多日龄就开产，南方一些育成的优质黄羽肉鸡品种公鸡在50～70日龄时冠已红润，会啼叫，这与南方亚热带的自然条件和育种者为满足消费者对优质黄羽肉鸡冠红的要求而进行的遗传选择有关。

6. 外貌适合当地消费习惯 我国地域辽阔，各地对黄羽肉鸡的消费需求不尽相同。两广地区肉用鸡以白斩、清蒸和白水方式加工，讲究鸡肉的原汁原味，要求肉鸡味浓、汤鲜，因而肉鸡性发育较充分、早熟、淡黄羽和脚细短等，其他地区一般则以鸡汤、红烧、火锅和小炒等方式加工，要求鸡外形体长、脚高、羽色黄或麻等。

（二）饲养阶段的划分

优质黄羽肉仔鸡与快大型白羽肉用仔鸡相比，生长速度慢、饲养周期长，根据大多数优质黄羽肉鸡的生长发育规律、体成分变化规律及饲养管理特点，其饲养期一般分为3个阶段，即育雏期（0～6周）、生长期（7～11周）、肥育期（12周以上）。由于优质黄羽肉鸡有不同类型，其中快速型和中速型生长较快，其早期生长速度比慢速型明显提高，10 周龄体重可达 1.65 千克，10 周龄后生长减慢；而慢速型生长相对较慢，在 8 周龄以后才出现生长高峰，饲养期一般为 14～16 周。在实际饲养过程中，饲养阶段的划分还受气候条件等因素的影响。例如，在寒冷季节，育雏期往往延长至 7 周龄，待优质黄羽肉鸡的羽毛生长比较丰满，抗寒能力较强时才脱温。如果鸡种生长速度快，气候适宜，则育雏期可提前到 4 周龄结束。生产上可根据实际情况灵活掌握，针对不同阶段、不同性别采取科学的饲养管理，才易取得较好的经济效益。

（三）育雏期的饲养管理

1. 育雏期生理特点

（1）*御寒能力弱*　优质黄羽肉鸡的雏鸡被覆绒羽，绒羽保温性能差，造成雏鸡体温比成年鸡低 2℃～3℃，4 日龄后慢慢上升，至 10 日龄达成年鸡体温，3 周龄后体温调节趋于完善，7～8 周龄后才可适应温度的变化。肉雏鸡代谢稳定区窄，体温易随着环境温度的升高而升高，也易随着环境温度下降而下降，体温调节能力差，且绒毛稀短，早期难以御寒，所以育雏早期一定要供热，并随时注意育雏室或育雏器的温度。

（2）*生长快、消化力弱*　雏鸡早期相对生长速度最快，新陈代谢强，单位面积产热量是成鸡的 2 倍，需大量营养物质，但其肠胃细小，消化腺体不发达，所产生的消化酶不完全，消化能力弱，对营养缺乏及药物过量特别敏感，易出现病理状态，同时对外界适应性差，抵抗力弱，极易患病。幼雏鸡整个生长期羽毛处于更换期中，羽毛更换对体温调节和羽毛生长影响很大，因此，宜喂给易于消化、蛋白质和能量等浓度较高的饲粮。

（3）*群居性强*　雏鸡群居性强，单只离开则鸣叫，胆小，如遇意外情况则鸣叫不止。因此在管理上要防止异常声音，新奇事物，防止兽害。

2. 管理方式 优质黄羽肉仔鸡的育雏期可采用地面垫料平养、网上平养、笼养和放牧饲养的饲养管理方式。地面垫料平养是传统的优质黄羽肉仔鸡管理方式。由于优质黄羽肉鸡生长速度慢，体重小，胸囊肿现象基本上不会发生，故可以采用笼养，特别是后期的肥育阶段，采用笼养可以更明显地提高肥育效果。目前生产中一般采用网上平养和笼养。

(1)地面垫料平养 地面平养对鸡舍的要求较低，据房舍的不同，用水泥地面、砖地面、土地面育雏，不过地面最好为混凝土结构或砖砌地面，在土壤为干燥的多孔沙质土的地区，也可用泥土地作为鸡舍地面。地面撒上 5～10 厘米厚的垫料，若出现潮湿、板结，则增加垫料，鸡舍定期打扫更换，室内设供料设备、饮水器和保暖设备。也可与快大型白羽肉仔鸡一样用15 厘米厚的垫料，一般随鸡群的进出更换垫料，即 1 个饲养周期更换 1 次，可节省清圈的劳动力。这种方式因鸡粪发酵，寒冷季节有利于舍内增温。采用这种方式舍内必须通风良好，否则垫料潮湿、空气污浊、氨浓度上升，易诱发各种疾病。地面垫料平养的优点是设备简单，成本低；缺点是需要大量垫料，舍内尘埃多，占地面积大，管理不方便，雏鸡易患病，使用过的垫料难于处理，且常常成为传染源，易发生鸡白痢及球虫病等，故仅在小规模饲养时才使用。

(2)网上平养 鸡舍为水泥地面，在离地 50～60 厘米处铺设金属或竹条、栅条网。网材采用直径 3 毫米的铁丝或铅丝编织网，网眼孔径 20 毫米×80 毫米或 20 毫米×100 毫米，网下每隔 30 厘米设一条粗的金属架，以防网面凹陷，网状结构组装式较好，以便于装卸。网面下采用机械清粪设备，也可人工清粪。采用竹条或栅条，竹条或栅条宽 1.5 厘米，间距 1.5 厘米，采用竹条、栅条平养和弹性塑料网平养，胸囊肿发生率较少。

网上平养时，根据鸡舍宽度和长度将网面分成小栏，网壁高 30 厘米，每栏容纳 400～500 只雏鸡。料槽和饮水器设在网内两侧或网外走道上。这种管理方式粪便从网眼中漏下去，可以省去日常清圈工序，卫生状况好，防止或减少由粪便传播消化道疾病的机会，尤其对球虫病的控制有显著效果，而且饲养密度比较大，缺点是设备成本较高。这种饲养管理方式要求网面平整、网眼整齐、无刺及锐边，同时必须注意使用的饮水结构不漏水，以免鸡粪发酵，还应注意防止雏鸡落入网下，故育雏前期要在网片上铺方孔塑料网片，10 日龄后开始适当通风以防氨气浓度增高。

网上平养特别适合饲养 5 周龄以上的优质黄羽肉鸡，5 周龄前在育雏舍培育，5 周龄后转群到网上饲养，有利于充分利用育雏设备和加快肉用仔鸡后期的发育。

(3)笼养　目前我国多在育雏阶段采用笼养方式饲养优质黄羽肉鸡。笼养育雏的笼饲密度高，可达 40～60 只/米^2，而舍饲密度因不同的类型而异，在通风良好的情况下，笼养与平养相比，每米^2 饲养密度可高 2.5 倍，充分利用鸡舍。一般舍饲密度高，每只鸡的平均建筑费、机械设备费和人工费用就低，因此笼养可减少鸡舍和设备的投资，减少清理工作，还可采用半机械化设备，减轻体力劳动，饲养员一次至少可养雏鸡 2 500 只，而平养只能养 800 只。笼养鸡不用垫料，既免去垫草开支，又使舍内灰尘少，且鸡体不与粪便接触，可有效控制鸡白痢和球虫病，同时笼养雏鸡环境完全受人工控制，受外界应激小，可以有效防止一些传染病与寄生虫病的发生。由于鸡限制在笼内活动，属于小群饲养，环境特殊，通风充分，饲粮营养完善，采食量及争食现象减少，采食均匀，因此生长发育迅速、整齐、增重良好，比其他管理方式生长快，成活率高，可提高饲料效率 5%～10%，降低总成本 3%～7%。鸡笼的规格很多，分为重叠式和阶梯式 2 种，层数有 2 层、3 层、4 层，选用哪一种类型，应该配合建筑方式，并考虑饲养密度、除粪和通风换气设备三者的关系而定。

3. 营养需求　优质黄羽肉鸡在育雏期生长迅速，所需的各种营养物质必须全面完善，因此必须饲以全价配合饲料，发挥雏鸡的生长潜力。由于不同类型的优质黄羽肉鸡生长发育差异较大，且不同地区对优质鸡的要求不同，因而营养标准难以统一，具体可参考前面营养章节。在配合日粮时，应根据当地的饲料状况，配出营养全面的饲粮，配料时还要注意饲料的多样化，以改善鸡肉品质。营养水平和饲粮配方确定后，将饲粮制成颗粒料。优质黄羽肉仔鸡育雏期一般只用颗粒料，颗粒料适口性好，采食量多，鸡也不易挑食，可全部吃尽，防止浪费。优质黄羽肉鸡育雏期一般不采用粉料，若没有条件制颗粒料，粉料也要拌湿喂。网上平养和笼养方式饲养一定要用颗粒料，否则饲料浪费严重。

4. 进雏鸡前的准备 育雏前 4 周开始清扫育雏室，检修门窗和屋顶，如有破损及时修补，同时检查供电设施、通风照明设备、供温设备、饲养管理设施等，及时修理并更新。在雏鸡运送到之前应该根据所进雏鸡数准备足够的房舍、饲料、供暖、供水和采食用具，室内墙壁、地面、房顶和一切用具全部消毒并晾干，消毒措施应在进雏 2 周前进行，具体消毒方法参见肉鸡健康及保健章节。若采用网上平养或笼养，要仔细检查网底有无毛刺或破损，以免伤害鸡脚。地面垫料饲养则应在接雏前 5 天在地面铺厚约 5 厘米的垫料，常用垫料有锯末、麦秆、碎玉米芯等，笼养或网上平养还应在笼底铺 2 层报纸或硬的包装纸，以免笼网卡住雏鸡脚爪。进雏前 12～24 小时把保温伞或育雏室调到合适的温度。

5. 雏鸡的饲养

(1)公母鸡分群饲养 公、母鸡生长速度不同和沉积脂肪的能力不同，公鸡生长快、骨架大、蛋白质消化利用能力强、肌肉发达、羽毛生长速度慢，因此公母鸡应分群饲养。分群后，提高公鸡日粮中蛋白质水平、赖氨酸和维生素含量，而降低母鸡日粮中蛋白质水平，从而据公、母鸡不同的生长速度确定不同的上市日龄，提高群体均匀度，节约饲料。

(2)饮水　新鲜、清洁、充足的饮水对雏鸡生长至关重要，待雏鸡羽毛干后可送至育雏室给予饮水。初饮或经长途运输则在水中加多维、葡萄糖、矿物质预混剂，饮水的同时也增加了营养，有助于雏鸡从运输等引起的应激反应中恢复。饮水器数量要够用，摆放均匀，使任何地方的雏鸡都能方便饮水。雏鸡靠近饮水器时说明正常，不靠近则可能饮水器少或光照强度不足。饮水器的位置在保温伞护板撤走以后，要逐渐移至一侧。饮水器的高度也应随鸡生长逐渐调整，使之边缘与鸡背高度保持相同水平，防止饮水外溢，保持舍内垫料等干燥。

初次饮水水温为18℃～19℃或与室温相同，接雏前加满水并增加水温，1周后可饮自来水。饮水后不可断水，以防缺水引起猛饮。笼养时1周内在笼内饮水，1周后在笼外饮水，保证每只鸡有1.9～2.2厘米的槽位。为确保饮水清洁卫生，饮水器须每天洗刷1～2次。

(3)饲喂　雏鸡出壳后第一次投料叫开食。开食前一定要提供清洁饮水，使雏鸡的消化道得到锻炼，开食宜早，饮水后3小时即可进行，开食时间早有利于雏鸡的生长发育，过迟会使雏鸡消耗体力，发生失水，虚弱易病。

若不及时饮水、开食，则会影响健康和食欲。早出雏则早喂，一般以出雏后12～24小时，或雏鸡群中有1/3的雏鸡开始觅食时开食，最好不要超过出雏后36小时才进行第一次投料。为使雏鸡开食整齐，可把饲料撒在反光性强的塑料薄膜上或浅料盘内，并敲击发出声音，使雏鸡尽早发现食物。

雏鸡喂料自由采食。第一周每100只鸡配备1～2个平底料盘(大盘1个，小盘2个)，以后可改用料槽，每只鸡占据5厘米的位置。开食时每日投料3～4次，第二天增加至6～8次，之后逐渐降低，第一周经常保持料盘(槽)内有饲料，随吃随添加。一次投料不宜过多，否则堆积在料槽(盘)内，不仅造成饲料的浪费，而且饲料容易被污染。1周后可采用定时喂料，提高饲料利用率。喂料次数按第二周龄昼夜6次，一次安排在晚上，第三周龄昼夜4次，第四周龄以后至每日3次。每次投料若发现上次喂料还有剩余，则应酌量减少，反之则应增加，最好是投喂的饲料量在下次投料前半小时能吃完。育雏期注意防止消化不良，充分供水，出现消化不良时，可在配合饲料上撒一层碎玉米，饲料与玉米的比例为1∶1～1.5，这有助于防止饲料粘喙和因蛋白质含量过高而引起消化不良。

6. 育雏期的管理

(1)全进全出　优质黄羽肉鸡适用于全进全出制，进同一批鸡，在同一时间段内只饲养同日龄鸡，全部雏鸡在同一天进场，并且在同一天全部出场。出场后彻底打扫、清洗、消毒，消毒后密闭1周，再养下一批雏鸡，可杜绝传染病的循环。全进全出饲养制度是保证鸡群健康、切断病原的根本措施。

(2)温度　优质黄羽肉鸡是地方鸡种或由地方鸡种培育而来，长期以来都是粗放饲养，比较容易能适应环境温度的变化。但优质黄羽肉鸡雏鸡温度调节能力差，故在育雏期间，特别是在出壳后1周内要保持适当高的环境温度。

温度是生存的首要条件，也是育雏能否成功的关键。育雏温度包括室温和雏鸡活动温度，后者指雏鸡背部上方的空气温度，育雏所需的温度随育雏室育雏和育雏器育雏而异。

采用保温伞育雏，伞放在房舍的中央或两侧，在保温伞外周围一圈高约50厘米的护板，护板距保温伞边缘75～90厘米，可保温防风，限制雏鸡活动范围，防止雏鸡远离热源。待雏鸡熟悉到保温伞下取暖后，从第三天起向外扩大，6～9天后取走护板，让其自由活动。保温伞和护板之间均匀放置喂料设备和饮水器。保温伞直径2米可养雏鸡500只，2.5米可养750只。保温伞育雏，1日龄时伞下温度33℃～35℃，伞周围区域为30℃～32℃，之后每周伞下温度降低2℃～3℃，直至18℃～22℃，同时育雏室最初温度为24℃，之后也每周降低1℃左右。采用育雏器育雏，室温比育雏器温度低，育雏环境温度有高、中、低之别，雏鸡可根据其生理需要自由选择自己所需的温度。电热育雏笼的供温效果与保温伞育雏一致。

许多地方常用火炕或烟道供热，利用热源较为经济。若用地下烟道等为育雏室供温，育雏室温度应偏低，一般1周龄时的室内温度保持在29℃～31℃即可。2周龄26℃～29℃，3周龄和4周龄23℃～26℃，5～6周龄室温18℃～22℃。注意每周的育雏温度要平稳，不能忽高忽低，否则对雏鸡生长不利，且死亡率高。

无论采用何种供温方式，育雏温度和室温应随雏鸡日龄增长，由高到低逐渐降低，育雏温度每周降低2℃～3℃，室温每周降低1℃，至6周龄，把育雏温度降到与室温相一致的水平，此时室温由1周龄的24℃降至18℃，一般以18℃～20℃最好。必须注意的是，每周降温应分2～3次，如此雏鸡容易适应，不要突然降温或等到育雏结束时突然脱温，这样容易造成雏鸡感冒或体弱。每天应检查或调节温度，使温度保持适宜和稳定。观察保温伞温度计应在伞边缘距垫料或网面5厘米处（约鸡背高度），室温的温度计应挂在墙上距地面约1米高度。

育雏温度是否合适，除根据温度计外，还可以从雏鸡的动态表现出来，即看鸡施温。当育雏温度合适时，雏鸡活泼好动，采食积极，饮水适量，过夜时均匀散开，伸脖休息；温度偏低，则雏鸡密集聚堆，靠近热源，并发出叽叽叫声，温度过低则集堆，下层雏鸡则易因被压窒息而死；温度偏高，则雏鸡远离热源，张口喘气，发出吱吱叫声，饮水量增加，食欲降低，活动减少，若有贼风（缝隙风、穿堂风等）从门窗吹进，则雏鸡密集在热源一侧。饲养人员应该根据雏鸡对温度反应的动态，及时调整育雏温度。

（3）湿度　适宜的湿度能保证雏鸡羽毛生长，防止雏鸡脱水。

舍内温度高、湿度过低易造成干燥的环境，容易使雏鸡脱水，羽毛发干。湿度也不能过高，高温、高湿易诱发多种疾病，这是养鸡业最忌讳的环境，也是雏期球虫病暴发的最佳条件，地面垫料平养时须防止高湿。生产中一般在育雏前期增加湿度，10日龄以后则注意防潮，避免高温高湿和低温高湿的恶劣环境。因此育雏期间，10日龄以前应该保持稍高的湿度，空气相对湿度达70%；11～30日龄要注意保持鸡舍的干燥，避免漏水，防止垫料潮湿，空气相对湿度控制在60%；31～45日龄湿度控制在60%，之后控制在50%～55%。增加湿度的方法有室内挂湿帘、火炉上放水桶、地面洒水等，目前多在水中添加消毒剂对鸡舍喷雾，即带鸡消毒，达到加湿和消毒的目的。

（4）密度　饲养密度要适当，不过密也不过稀。密度过大，雏鸡活动不开，采食、饮水困难，空气污浊，不利于雏鸡成长；而过稀则房舍利用率低，消耗过量能源，不经济。适当的密度既可以保证高的成活率，又能充分利用育雏面积的设备，从而达到减少雏鸡活动量，节约能源的目的。育雏密度依品种、饲养管理方式、季节的不同而异。雏鸡的饲养密度见表7-1。

表7-1　雏鸡饲养密度　（只/米^2）

周　龄	地面垫料平养	网上平养	笼　养
0～2	30～26	40～30	55～45
3～4	25～18	30～25	40～30
5～6	15～12	18～15	25～20

（5）光照　光照可促进雏鸡采食和运动，有利于雏鸡的健康生长。黄羽肉仔鸡的光照与快大型肉用仔鸡有所不同，快大型肉用仔鸡光照的主要作用是促进采食，促进生长，而黄羽肉仔鸡光照的目的还包括促进其性成熟，使其上市时冠大面红。同时，市场越来

越需要小体重的鸡，这样就需要性成熟提前于体成熟。出壳后的头3天内采用23～24小时光照，以便于雏鸡熟悉环境，采食和饮水。关灯1小时保持黑暗，目的在于使鸡能够适应突然停电的环境变化，防止一旦停电造成的集堆死亡。在4日龄后可逐渐减少光照时间，4～7日龄每天光照20小时，8～13日龄每天光照16小时，从第三周龄开始不必昼夜开灯，白天利用自然光照，早、晚开灯喂料，且只提供微弱的灯光，只要能看得见采食即可，这样既省电，又可保持鸡群安静，并不会降低鸡的采食量。14～21日龄自然光照，21～28日龄每天光照16小时，28～35日龄每天光照20小时，35日龄以后每天光照23～24小时。光照强度不可过高，过于强烈的照度不利于雏鸡生长。通常光照强度在5勒以下，随着强度的升高，雏鸡生长速度也逐步提高，而超过5勒，则生长随强度的升高而下降。一般在3日龄前强度应有10～30勒（每米^2 5～15瓦，灯泡离地面2～2.5米），便于熟悉采食和饮水，以后逐渐降低，2周龄后5勒。值得说明的是，采用保温伞育雏时，伞内的照明灯要昼夜亮着。因为雏鸡在感到寒冷时要到伞下去，伞内照明灯有引导雏鸡进伞之功效。

（6）通风　雏鸡饲养密度大，排泄物多，呼出的二氧化碳、排出的粪便和使用的垫料经微生物分解发酵，易使育雏室潮湿、积聚氨气和硫化氢等有害气体。因此，在保温的前提下要注意通风防潮，以排出潮气，保持舍内干燥和排出毒害气体，以免有害气体滞留而超过允许量，造成雏鸡体质衰弱，导致死亡率增高。通风以排出潮湿为重要，舍内空气相对湿度保持在50%～60%为宜。正常通风可以保持舍内空气新鲜，排出湿气，保持垫料的干燥，夏季还有助于降温。因此良好的通风对于保持雏鸡健康，羽毛整洁，生长迅速非常重要。有窗鸡舍在寒冷季节可以安装布帘，以人进入鸡舍没有闷气、刺眼、刺鼻的感觉为宜。当然，也应该避免室内通风过畅，温度下降，甚至形成穿堂风而致使雏鸡受凉感冒。在冬季，保温和通风相矛盾,育雏前2周以保温为主,2周龄后适当延长通风时间,加大通风量。开放式育雏舍夏季育雏后期维持舍温21℃～25℃,尽量打开通气孔和通风窗,加强通风。

(四)生长肥育期的饲养管理

优质黄羽肉鸡的生长肥育期,体温调节机制已趋完善,骨骼和肌肉生长旺盛,处于绝对增重最高峰时期。采食量大大增加,消化功能已经健全,体重增加很快。所以此时要让其尽量多吃,加上精心的饲养管理,使优质黄羽肉仔鸡快速生长,达到上市体重。

1. 管理方式 优质黄羽肉鸡的生长肥育期一般采用网上平养、笼养的管理方式。尤其肥育期宜采用上笼肥育,因为优质黄羽肉鸡适应性强,不易发生胸囊肿,并能减少鸡活动量,有利于提高肥育效果。

优质黄羽肉鸡商品仔鸡育雏期结束可脱离供温后,也可以结合庭院林地采用放牧饲养,让鸡群在自然环境中活动、觅食、人工饲喂,夜间回鸡舍栖息。采用舍饲与放牧相结合的饲养方式,6周龄以后才宜放牧饲养,且饲养量少,以500～3 000只左右为宜。放牧鸡群在林地或果园之中,鸡群能够自由活动、觅食,得到阳光照射和沙浴等,采食虫草和沙砾、泥土中的微量元素等,广泛利用自然饲料资源,节省饲料,降低饲养成本,增加经济效益,有利于优质肉鸡的生长发育,鸡群活泼健康,肉质特别好,外观紧凑,羽毛光泽,不易发生啄癖。放牧鸡群要进行训练调教,一般2天后可形成条件反射,让鸡听见声音后就能到指定地点饮水吃料。一般放牧时间宜选择在夏秋季节,此时气温适宜,草籽、昆虫等食物丰富,至10月下旬肥育期结束,气温逐渐下降,正值销售旺季。这种饲养方式舍内的饲养管理与网上平养或笼养一致,待鸡100日龄左右长到1.5～2.0千克上市。

2. 鸡舍和设备 若育雏期采用地面平养或网上平养,可不转群，既避免了转群带来的应激，也节省劳力。但育雏期结束后采用自然温度肥育，应拆去保温设备或停止供温。若由笼养转为平养，则转群前1周须做好平养时鸡舍、用具的清洁卫生和消毒工作。转群前12～24小时饲槽加满饲料，供给饮水。

3. 营养需求　优质黄羽肉鸡生长慢，饲养期长，对日粮水平的要求低于快大型白羽肉仔鸡，且不同优质黄羽肉鸡品种生长速度差异较大，饲养标准不统一，生产中应选择出达到要求的上市时间和体重后，将较高饲料报酬的营养水平作为该鸡种的营养标准。为适应其生长周期长的特点，从生长期开始要降低日粮中蛋白质含量，供给沙砾，提高饲料的消化率。肥育期与生长期相比则应提高日粮能量水平，可添加5%的脂肪，以保证仔鸡生长速度、改善肉质、增加鸡肥度及羽毛光泽。

4. 饲养密度　适宜的饲养密度可以使雏鸡获得足够的活动范围，采食和饮水也不至于拥挤。网上平养每米^2 10～12只，笼养每米^2 12～16只。

5. 温度、湿度和光照　室温18℃～21℃最适宜，冬季应加温，使温度达到最适温度。空气相对湿度控制在50%～55%，应保持地面垫料或粪便干燥。光照强度以能看见吃食为准，每米^2 5瓦白炽灯可满足其生长所需的5勒光照强度。白天利用自然光照，早晚喂料时才开灯。

6. 饲喂次数　自由采食可以避免饲喂时鸡群抢食、挤压和弱鸡争不到饲料的现象，使鸡群都能比较均匀地采食饲料，生长发育也比较均匀，减少因饥饿感引起的啄癖。若采用自由采食，则把饲料放在料槽内任鸡随时采食，这样每天加料1～2次，终日保持料槽内有饲料。饲养员进入鸡舍可刺激鸡进行采食，因此生产中多采用多喂勤添的人工饲喂方式。喂料量原则与育雏期相同，以刚好吃完为宜。为防止饲料浪费，可将饲槽宽度控制在6厘米左右。每只鸡饲槽占有长度10厘米以上。

7. 饮水 让鸡自由饮水，不可缺水，每只鸡水槽占用长度3厘米以上。

8. 屠体品质的控制 优质黄羽肉仔鸡对屠体质量要求较高，肥育期要有适量脂肪沉积，增加肌间脂肪和皮下脂肪含量，提高鸡肉的香味和口感，故肥育期应提高日粮的能量水平，有时还可在日粮中添加5%的脂肪。上市前1周不要饲喂有不良气味的饲料原料。在饲料中添加含叶黄素的物质，使皮肤、胫、喙部产生深黄色，提高屠体外观质量。在鸡屠宰前7天应该停止使用各种药物，否则由于兽药在鸡体内的残留，不仅危害消费者的身体健康，也影响出口。

9. 肉仔鸡出场 尽管目前我国优质黄羽肉仔鸡仅以活鸡上市，肉仔鸡宰杀与饲养者无关，但屠体是否美观、鸡肉口感和风味是否纯正会影响到消费者的消费行为，故优质黄羽肉鸡饲养者应注意仔鸡上市前的出场管理工作。上市运输前4～6小时使鸡吃尽饲料，移出饲槽和一切用具，饮水在抓鸡前停止供给。为减少鸡的骚动，最好在夜间抓鸡，舍内安装蓝色或红色灯泡，光照减至最小强度，以保持鸡群安静。然后围栏圈鸡捕捉，每圈约100只，抓鸡、入笼、装、放鸡的动作要轻巧、快捷，不可随意抛掷，以防碰伤，也不可捆翅膀。

(五)优质黄羽肉仔鸡的防疫

1. 常规防疫措施 搞好消毒工作，每周1次环境消毒，2次带鸡消毒。鸡出栏后，清扫，喷洒消毒，熏蒸消毒，1～2周后再进雏鸡。饮水器要每天清洗，保持垫料干燥。鸡舍需保持通风，使舍内空气新鲜。前2周注意防止鸡白痢，可在饮水中添加诺氟沙星等抗生素。地面平养肉仔鸡2周龄后开始预防球虫病，可以使用疫苗，也可在饲料中添加球宝等防球虫药。针对饲养环境和不同季节，防止呼吸道疾病和大肠杆菌病的发生。

2. 商品仔鸡的免疫接种程序　优质黄羽肉仔鸡饲养周期长，除一般性的防疫外，还应定期预防免疫接种，根据各地的情况可以制定出适合当地的免疫程序。免疫程序见肉鸡健康与保健章节。

二、优质黄羽肉种鸡的饲养管理

(一)优质黄羽肉种鸡养育阶段划分

优质黄羽肉鸡有快速型、中速型和慢速型，尤其慢速型多为我国地方鸡种，品种繁多，用途有肉用、兼用、药用等，其生长速度慢而性成熟早。不同生长速度的优质黄羽肉种鸡生长发育有差异，开产日龄不尽相同，其饲养管理也略有区别。中速型优质黄羽肉鸡多数在20周龄开产，根据其生理特点和饲养工艺，将0～20周龄鸡分为2个阶段。据此可将优质黄羽肉种鸡养育阶段划分如下：育雏期(0～7周龄)、育成期(8～20周龄)、产蛋期(21周龄至产蛋结束)。

(二)育雏期的饲养管理

1. 制定育雏计划　养殖业风险大、利润低，关键是要把握好市场。为控制风险，宜先预测肉仔鸡市场价格，这就涉及确定育雏时间，而育雏时间与鸡性成熟和产蛋高峰有关。在确定育雏时间时要考虑市场鸡雏价格和鸡群的周转，鸡群在24～40周龄期间产蛋量最高，故应在鸡雏价格上涨前20～21周开始育雏。同时还要考虑鸡群的更新，应在鸡群淘汰前10～12周开始育雏，使鸡群在淘汰后鸡舍经消毒维修准备，后备鸡在17周龄左右，正好可以转群。育雏时间确定后，以成年鸡数连续除以育雏成活率、选留率、雌雄鉴别准确率以确定所需雏鸡数。

2. 环境控制　育雏房舍、设备和用具消毒准备及饲养管理中的温度、湿度、通风等环境控制与优质黄羽肉鸡的商品肉仔鸡相同。着重点在于黄羽肉种鸡的饲养管理过程中特别强调消毒过程，有条件的还要测定消毒效果，同时对场区周围地区进行定期消毒，育雏期对育雏室每周消毒2次或隔日1次，育成期每周消毒1次，产蛋期每月1次带鸡消毒。

3. 注重鸡群的均匀度 种雏鸡的饲养密度应比商品鸡小，公鸡7.2只/米^2，母鸡10.8只/米^2。调整密度时，将体重过大过小的分别组群。根据体重大小分别饲喂，保证鸡群整齐度。

每周或每2周1次随机抽取1%～5%的个体逐只称重，及时了解鸡群生长发育状况，并与该品种鸡的标准体重进行比较，据此调整饲养管理措施，保证鸡群的整齐度。

4. 断喙 目的是防止鸡形成啄癖，还可以减少饲料浪费，增加群体均匀度。现多于7～20日龄进行早期断喙，断喙前后3天在料槽中多加料以减少采食引起的疼痛，在饲料中加维生素K(2毫克/千克)以减少出血，加适量的抗生素和复合维生素以缓解应激。断喙不应与免疫接种同时进行。

5. 公母分群饲养 优质黄羽肉种鸡的父系和母系通常是不同的品种或品系，其生产用途和生长速度也不同，所以肉种鸡在育雏期间最好能公母分群饲养。

6. 锻炼消化能力 母鸡消化器官发育好才能适应在产蛋高峰时对大量营养的需求。故黄羽肉种鸡雏鸡的饲养既要供给充足的营养，又要注意适当增加一些沙砾和粗纤维，以刺激消化道的生长发育。增加沙砾从第三周开始，添加量为饲料总量的1%，颗粒大小以2毫米为宜，沙砾要清洁卫生，添喂之前用清水冲洗干净，再用0.01%高锰酸钾水溶液消毒。

(三)育成期的饲养管理

育成期的饲养管理是种鸡饲养能否成功的关键。优质黄羽肉种鸡育成期的长短因品种不同稍有差异，但饲养管理的要求基本相似。

1. 逐步换料　用4～7天的时间在育雏料中按比例增加15%～20%的育成料，直至全部换成育成料。

2. 光照管理　育成早期(2月龄以前)光照时间的长短对鸡群生殖器官发育影响不大，育成中后期则影响显著，须控制光照时间和强度以调节其性成熟期。优质黄羽肉鸡育成期要求光照强度5～10勒，采用每天不超过12小时的恒定短光照或随日龄的增加每周光照时间逐渐缩短，而不宜采用光照时间逐渐延长的光照模式。若光照时间逐渐延长，则优质黄羽肉鸡开产日龄提前，产蛋前期产小蛋时间长，而小蛋不适宜做种蛋，且开产日龄太早还会降低整个产蛋期的产蛋量，进而降低合格种蛋数及鸡雏数，影响经济效益。

密闭式鸡舍不受自然光照时间和光照强度的影响，在生产中可采用0～1周龄23小时光照，2～18周龄8小时光照，19～25周龄每周增加1小时光照直到每天15小时的光照，26周龄以后至产蛋结束采用15～16小时光照，此期光照时间须恒定。开放式鸡舍育成鸡的光照管理因出壳时间而异，生产中采用0～1周龄23小时光照，2～7周龄利用自然光照，8～18周龄则依雏鸡的出壳时间而定，对于4～8月份出壳的鸡，因其育成中后期自然光照逐渐缩短，故采用自然光照；对9月份至翌年3月份出壳的鸡，其育成中后期自然光照时间逐渐延长，若利用自然光照则会提前鸡的开产日龄，不利于提高合格种蛋数量，对此可查出该鸡群育成期间当地自然光照时间最长的日照时间，将育成期光照恒定为该时间，期间光照不足部分由人工光照补充。19周龄以后每周增加1小时光照至16小时恒定，必须保证在24周龄时达到16小时光照。

3. 控制体重　用限制饲养控制鸡的采食量，从而达到控制鸡群体重的目的。与快大型白羽肉种鸡相似，限饲方法有每日限饲、隔日限饲、五二限饲等，其中隔日限饲法最普遍。此外，也可限制采食时间，免除每天称料工序，只需定时将喂料器遮盖或吊起，简单易行，但采食时间的把握很重要。

优质肉种鸡喂料量一般控制在自由采食的80%～85%。每周抽测5%～10%的鸡只称重，并用称得的平均体重与标准体重比较。如果平均体重低于标准体重，则加大饲料增幅或增加采食时间，待体重恢复到标准后再恢复到计划喂料量。相反，对体重超标的鸡下一周喂料量应不变，一直到体重恢复标准后再恢复到计划喂料量。如果没有标准体重，可抽出小群鸡每周进行自由采食测定，下一周把自由采食量的75%～80%喂给大群鸡。

中速型优质黄羽肉种鸡通常在7～8周龄时开始限饲，在限饲前应将体重过小和体质过弱的个体挑出单独饲养。不同体重鸡只分栏饲喂，采取不同的限饲计划，使鸡群体重趋于一致。称重取样和时间的要求与快大型白羽肉种鸡一致，分栏饲养则每栏都取样，大群饲养则多点取样，称重时间每次都相同，隔日饲喂的在不喂料日称重。配置足够的饮水器和喂料器，避免采食不均导致鸡群体重不均匀。一般每只中速型优质黄羽肉种鸡适宜的食槽位置为14厘米，水槽位置为2.5厘米。

4. 饲养密度 随着日龄的增加，应逐渐降低饲养密度，保证育成鸡的活动范围，促进其骨骼、肌肉和内脏器官的发育，增强体质。优质黄羽肉种鸡适宜的饲养密度见表7-2。

5. 整群 在12周龄时淘汰病鸡和残鸡，17～18周龄转群时淘汰不符合标准的鸡。结合鸡群的选择和淘汰，将生长发育缓慢但健康的鸡只分开组群，专门饲喂，提高其生长速度，从而提高全群的均匀度。整群也可从10周龄开始，按体重分群，对体重低的加强饲养，在育成期可整群3次。

表 7-2　优质黄羽肉种鸡的饲养密度　（只/米²）

周　龄	垫料地面	网上平养	周　龄	垫料地面	网上平养
7	13.7～14.7	14.7～16.9	14	7.5～8.6	8.2～8.6
8	11.1～12.2	11.1～14.1	15	7.0～8.3	8.1
9	10.6～11.0	10.6～12.0	16	6.7～8.1	7.7
10	9.9～10.4	10.4～10.5	17	6.3～7.4	7.2
11	9.1～9.8	9.3～9.8	18	6.0～6.5	6.5
12	8.3～9.4	8.3～9.8	19	5.7～5.9	5.9
13	7.9～9.3	8.3～9.3	20	5.4	5.6

6. 补充断喙　第一次断喙一般在 7～20 日龄进行，有些个体因早期断喙不彻底，须在 15 周龄前进行补充断喙。育成期，尤其是后期，鸡喙已经角质化，神经、血管丰富，难切且容易出血，鸡只应激大，因此最好早期断喙就成功。为减少流血和应激，育成期断喙前后 3 天应增加多维素的喂量特别是维生素 K（每吨饲料添加 50 克）。断喙后加强检查，发现出血者立即补烙切面，并临时增加喂料器中饲料的厚度，以免鸡只采食疼痛而减少采食量。

7. 补喂沙砾和钙　从育成期开始，每周每 100 只鸡补喂砂砾 500～900 克（喂料量随鸡日龄的增加而增加）。开产前的 17～19 周，母鸡体重快速增加，生理产生剧烈变化，生殖器官快速发育，生殖激素大量分泌，其中雌激素诱导母鸡在产蛋前 10 天形成成年母鸡所特有的髓骨，故在此期间应换用预产期饲料（其成分与产蛋期料相同，仅钙含量为 2%），并适量增加喂料量。

8. 转群　育成期可能涉及两次转群，第一次在 6～7 周龄从育雏舍转入育成舍，第二次在 16～18 周龄期从育成舍转入产蛋舍。第二次转群时间要适宜，一般在该品种开产前 2～3 周，过早易因笼具问题造成采食、饮水困难,鸡群不易捕捉;过晚则不利于鸡群适应新鸡舍,造成已开产的鸡停产,未产蛋的推迟产蛋,这种影响需经过1～4周才能恢复。转群对鸡是一种应激,故转群时要做到按时转群,时间选择在早晨或晚上进行,转群前6小时停料,当天24小时光照,以利于采食和饮水,转群前后3天在饲料中添加维生素和饮电解质溶液,转群不应与免疫、断喙同时进行。

(四)产蛋期的饲养管理

当群体产蛋率达5%时即进入产蛋期,此期饲养管理目的是尽可能消除、减少各类逆境对产蛋的影响,发挥其遗传潜力,即提高产蛋量、提高蛋重、降低饲料消耗、降低蛋的破损率、降低产蛋期死亡率、提高受精率、提高种蛋合格率。

1. 饲养管理方式和饲养密度 优质黄羽肉鸡种鸡的饲养方式有平养和笼养,平养分地面垫料平养、棚上或网上平养、混合平养3种,笼养则分大笼饲养和笼养。适宜的饲养密度是在不影响种鸡生产性能和健康的基础上,充分利用鸡舍面积,以发挥最大效益。平养优质黄羽肉种鸡适宜的饲养密度见表7-3。实际生产中多采用大笼饲养和笼养。大笼饲养时自然交配,不配产蛋箱,蛋从网底滚至笼外两侧的集蛋处,此种管理方式每米^{2}饲养种鸡7～8只。笼养采用人工授精,此种饲养管理方式每米^{2}可养种鸡20～25只。

表7-3 优质黄羽肉种鸡平养的饲养密度 (只/米^2)

种鸡类型	全垫料	全部棚或网	2/3棚网+1/3垫料
中型优质种鸡	4.0	6.0	5.0
小型优质种鸡	4.8	7.2	5.3

2. 环境控制 最关键的是温度，舍温超过 24℃，蛋重下降，超过 27℃，则产蛋量下降。宜将环境温度控制在 16℃～20℃。夏季一定要注意通风，并采取降温措施，冬天则应注意保温。每月定期消毒 1 次，经常清洗、不定期消毒。

3. 增加光照 19 周龄开始增加光照，增加光照要与增加喂料量相结合，若自由采食时间早于增加光照时间，则鸡偏大；若晚于加光时间，则母鸡被迫早产，产蛋不长久。一般在增加光照的第二周增加采食量。

4. 日常管理 巡视鸡群，观察采食饮水情况、精神状态、粪便是否正常。观察水槽料槽是否通畅、有无破损等。检查鸡舍设备运行情况。拣蛋并检查鸡群产蛋情况，记录产蛋情况、环境温度、通风、光照等情况，填写日报表。

5. 开产前的饲养管理 开产前指种母鸡限饲结束后到开产之前，时间 2 周左右，种母鸡在这段时间体内将发生一系列的生理变化以逐步适应产蛋需求。此期将育成料转成产蛋前期料，其基本营养素与产蛋料相同，仅钙的需求为 2%，隔日限饲转换为每日限饲，每日喂料 1 次转为 2 次。饲料的转换应循序渐进，一般在 1 周内应完成日粮的过渡。饲料改变的同时，逐渐增加光照时间。正确饲养的种母鸡适时开产，开产后产蛋率迅速上升，30 周龄前后达到产蛋高峰，且产蛋高峰持续时间长。

6. 产蛋前期的饲养管理 从开产到产蛋高峰为产蛋前期，即开产到 30 周龄左右。这一阶段产蛋率上升很快，要求日粮的营养水平较高（表 7-4）。继续增加喂料量，从 3%产蛋率开始增加喂料量，按周调整喂料量，每次增加 5～8 克/只，直到产蛋高峰为止。

表 7-4 产蛋期不同阶段的饲料营养

环境温度（℃）	产蛋前期			产蛋高峰期			产蛋后期		
	代谢能（兆焦/千克）	粗蛋白质（%）	钙（%）	代谢能（兆焦/千克）	粗蛋白质（%）	钙（%）	代谢能（兆焦/千克）	粗蛋白质（%）	钙（%）
10～13	12.89	17	3.0	12.89	15.5	3.0	12.89	14	3.2
17～21	11.97	18	3.2	11.97	16.5	3.2	11.97	15	3.4
29～35	11.05	19	3.4	11.05	17.5	3.4	11.05	16	3.7

当产蛋停止增加或连续几天停留在同一水平上，可试探是否已达产蛋高峰。每只母鸡增加 5 克饲料，连喂 3～4 天。如果鸡群产蛋量增加，说明产蛋高峰还没到，应继续增加喂料量，提高产蛋率。如果增加喂料量 4 天以后，鸡群的产蛋量没有提高，说明已达产蛋高峰，应将喂料量恢复至以前的量。

7. 产蛋高峰期管理 产蛋高峰期指从产蛋高峰到产蛋量迅速下降的时期，一般为 32～52 周龄。此期母鸡产蛋量最高，种蛋受精率、合格率最高，饲养管理的任务是尽可能维持长时间的产蛋高峰，高峰后使产蛋率缓慢下降。当鸡群产蛋率达 50%时改用产蛋高峰期饲养管理及饲料。高峰喂料要适时适量，高峰过后及时减料，如减料过早则影响产蛋，而减料过迟则会造成母鸡脂肪沉积，体重超标，导致后期产蛋率下降快。减料的幅度应与喂料量、季节、体重情况、产蛋情况等相结合。

8. 产蛋后期的饲养管理 产蛋后期指产蛋量迅速下降到淘汰为止，常在 53 周龄后。此期在饲养上应根据产蛋量下降的幅度减少喂料量，随着年龄的增加，增加日粮中钙的含量（钙含量比高峰期高 0.15%～0.2%，可提高至 3%～7%，而有效磷含量下调 0.05%），否则易影响蛋壳质量及孵化率。

9. 监测体重　19 周龄起每月抽测 10%的母鸡体重，据此调整喂料和增加光照的时间，不能超重，每周增重控制在 0.06～0.1 千克。

10. 种蛋管理　勤捡蛋，在产蛋高峰期，一般每天捡蛋 4～5 次。经常修补笼舍，减少笼外蛋、破损蛋、脏蛋、破蛋等非种蛋。产蛋前期蛋重小，产蛋后期蛋壳品质下降，都不宜作种用，一般在 21～64 周龄收集种蛋。

11. 催醒就巢母鸡　就巢性也称抱性，很多优质黄羽肉种母鸡都有就巢性，就巢使产蛋量下降。因此生产中可用物理或化学法对就巢母鸡进行醒抱。

（1）物理方法　将母鸡隔离到通风且明亮的地方，给予物理干扰，如用冷水泡脚、吊起一只脚、用鸡毛穿鼻孔等，数天之后母鸡即醒巢。

（2）化学方法　给母鸡皮下注射 1%硫酸铜溶液，1 毫升/只，有效率可达 70%。每千克体重注射 12.5 毫克的丙酸睾丸素，效果很好。喂服复方阿司匹林，大型母鸡每天 2 片，小型母鸡每天 1 片，连服 3 天左右，催醒率可达 90%。

就巢性的遗传力很高，个体选育有效，可以通过选育减轻或失掉抱性，如现代商品蛋鸡通过长期选育几乎没有抱性。

12. 提高受精率的措施

（1）加强小公鸡的管理　小公鸡采用平养的管理方式，以利于锻炼其体力，笼养则要降低饲养密度。对小公鸡实施限制饲养，每周称重，控制体重，9～17 周龄恒定光照时间为 8 小时，18 周龄后每周增加 0.5 小时直至 12～14 小时光照。人工授精的要断喙，自然交配的要断趾。

（2）提前输精　优质黄羽肉种鸡在 21 周产蛋率达 5%时，蛋重大部分已达标准（蛋重为 41 克以上）。此时可把鸡冠大、颜色红的母鸡挑出，集中放置。到 22 周产蛋率达 10%时，就可对挑出的母鸡进行输精。当产蛋率达40%时，对全部鸡群输精。

(3)加强严冬和酷暑期的人工授精　一年中最冷和最热的时期受精率低且不稳定。可以将原来的5天1次输精间隔时间缩短为3～4天1次，将输精量增加到0.030～0.035毫升/只。在输精前捡蛋，输完精后2小时，发现有产蛋鸡再补输1次。

(4)加强种公鸡的管理　人工授精用的种公鸡单笼饲养，饲喂公鸡饲料，每月称重1次，体重下降大于100克则停止采精或延长采精间隔。种用期每天光照时间12～14小时，光照强度10勒。

(五)种公鸡的特殊管理

1. 满足运动需要　公鸡最好有运动场，以锻炼腿力。饲养密度宜控制在育雏阶段每米^2 15只，育成阶段每米^2 3.5只以内。运动有利于公鸡体格的生长，获得发达的肌肉和坚实的骨骼，从而有助于配种。

2. 注意保护脚　种公鸡体型大，脚负担重，脚部易患病，直接影响其种用价值。种公鸡不宜网上平养，以免生锈的铁丝网损伤脚趾，地面平养的垫料要厚，且质量要好，进行人工授精的小型肉种公鸡才宜采用笼养。

3. 剪冠、断趾和切距　有些品种成年种公鸡的冠影响采食和饮水，公鸡的争斗和啄癖易使冠损伤和流血，寒冷地区冬天易冻伤鸡冠，鸡冠与食槽和饮水器上的铁丝接触也易造成损伤，故小种公鸡可在1日龄剪冠。

自然配种时，公鸡的距和内侧趾爪常常抓伤母鸡，使母鸡害怕配种而影响受精率。因此，种公鸡最好进行断趾和切距。断趾常在1日龄进行，将两个内侧的趾(第一趾和第二趾)在第一个趾关节处切断。切距在10～16周龄种公鸡距帽完全形成时进行。

(六)黄羽肉用种鸡生产标准

饲养父母代种鸡的目的是尽可能多地提供优质商品代雏鸡，提高种用价值和经济效益。随着遗传育种、饲料配合、环境控制等方面的进步，黄羽肉种鸡生产水平已逐渐提高。表 7-5 列出新兴黄羽肉种鸡父母代的生产标准，供参考。

表 7-5 新兴黄鸡父母代的生产标准

周 龄	周末体重（克）	日喂料量（克/只）	产蛋率（%）	周 龄	周末体重（克）	日均喂料（克/只）	产蛋率（%）
1～4		自由采食		37	2650	122	74
5	510			38	2680	122	73
6	600			39	2680	122	72
7	695	36		40	2750～2850	120	70
8	790	41		41	2750～2850	120	68
9	880	44		42	2750～2850	120	68
10	975	47		43	2750～2850	120	67
11	1065	50		44	2750～2850	118	65
12	1150	54		45	2750～2850	118	65
13	1220	57		46	2750～2850	118	62
14	1290	63		47	2750～2850	118	60
15	1360	64		48	2750～2850	115	59
16	1435	66		49	2750～2850	115	58
17	1525	72		50	2850～2950	115	55
18	1620	76		51	2850～2950	115	53
19	1720	80		52	2850～2950	115	49

续表 7-5

周　龄	周末体重（克）	日喂料量（克/只）	产蛋率（%）	周　龄	周末体重（克）	日均喂料（克/只）	产蛋率（%）
20	1820	86		53	2850～2950	115	48
21	1920	92		54	2850～2950	115	48
23	2130	97	8	55	2850～2950	112	46
24	2200	100	30	56	2850～2950	112	46
25	2280	110	50	57	2850～2950	112	45
26	2350	120	72	58	2850～2950	112	45
27	2400	125	78	59	2850～2950	112	45
28	2450	130	80	60	2850～2950	112	45
29	2500	130	78	61	2850～2950	110	45
30	2550	130	78	62	2850～2950	110	44
31	2580	128	77	63	2850～2950	110	44
32	2600	128	77	64	2850～2950	110	43
33	2620	128	77	65	2850～2950	100	43
34	2650	125	76	66	2850～2950	100	43
35	2650	125	76	67	2850～2950	100	42
36	2650	125	75	68	2850～2950	100	42

第八章　优质安全鸡肉产品的生产

目前各国对鸡肉产品进口把关严格，在WTO组织成员国之间，鸡肉产品质量是各国在关税条件消失后保护本国产业的重要手段，从某种意义上说，优质产品就是加入WTO后进军国际市场的通行证。我国鸡肉外销很少，原因就是没有优质的鸡肉产品，特别是鸡肉产品药物残留严重超标。“国以民为本，民以食为天，食以安为先”。食品安全涉及人民群众的身体健康和生命安全，关系到社会稳定和经济发展，关系到我国对外贸易和国际形象，具有重要的战略意义。随着物质生活水平的不断提高，人们逐渐开始重视食品的安全性，因而农业部门和从业人员也开始提倡和执行畜禽健康养殖。鸡肉是动物性食品的重要组成部分，在畜牧业发展全局中占有重要地位，也面临着由数量型向质量效益型转变，肉鸡的健康高效养殖可强化肉鸡质量安全和生产出安全型鸡肉产品，确保鸡肉产品安全无污染，实现肉鸡养殖业的可持续发展。

一、优质鸡肉标准

(一)优质鸡肉的评定指标

肉质是一个综合经济性状，包括感官品质、加工品质、营养价值和卫生质量，即pH值、肉色、滴水损失、系水力、嫩度、肌内脂肪等，这些指标的改变对肌肉的感观、加工、口感及营养价值等有很大的影响。鸡肉评价方法主要借鉴国外猪肉肉质的评价方法，而国外肉质品质的评价主要是从食品安全和加工角度出发，这些国外的评价指标大多与我国优质肉鸡更多考虑鸡肉的适口性、鲜、香味等不同。

优质黄羽肉仔鸡的实质在于中国人认为其肉质优于快大型白羽肉鸡，其实质在于认为我国地方鸡肉的风味和口感优于快大型白羽肉鸡。肉质的评定有客观标准（物理学、化学、生物学）和主观标准（色、香、味）两类。色和香可以分别用物理学和化学方法来客观度量，因此肉的风味是纯粹的主观标准。研究者们曾用屠宰性能测定、肌肉中各种氨基酸含量、脂肪及脂肪酸含量、肌肉的系水性、嫩度、pH 值以及肌肉纤维结构等指标来衡量肉质的好坏，结果与人们对鸡肉风味和口感的要求不尽一致，人们也用品尝和闻味评分来评定肌肉品质，但人为因素（习惯、嗜好、生理状态等）肯定影响评定结果。到目前为止，还没有统一的标准对优质鸡的肉质进行评定。

1. 营养成分 鸡肉是公认的最好营养食品之一，其所含的蛋白质比多种家畜、家禽肉高，而脂肪含量则较少。鸡肉营养成分主要测定鸡肉所含的蛋白质、脂肪、水分、灰分、维生素及各种氨基酸的组成等，是肉鸡优质概念的重要内容。

2. pH 值 指肌肉中的酸度，主要由屠宰后肌糖原无氧酵解成乳酸的程度决定，是衡量肉质的一个关键参数，影响肉的适口性、系水力、肉色、嫩度、烹煮损失和保藏期。pH 值还影响鲜味物质谷氨酸钠、硫胺素的呈味效果。在一定范围内，肉的终点 pH 值越高，系水力越高（滴水损失越少），肉色评分越高，而 pH 值超过 5.7 会导致暗色肉比例增加。

3. 肉色 肉色影响消费者的购买欲望，因而具有商业价值，是重要的肉品质指标。肉品颜色主要取决于肌肉中肌红蛋白和血红蛋白的含量。肉色的变化与肌红蛋白、氧合肌红蛋白和高铁肌红蛋白有关。当肌肉切开后，切面肌红蛋白没有与氧分子结合，呈暗红色；当切割面暴露于空气中时，肌肉蛋白与氧结合，变成氧合肌红蛋白呈鲜红色，这是新鲜肌肉的颜色，这种颜色不稳定，放置时间长后呈棕色，因此肉色在一定程度上可以反映肉的存放时间。

4. 系水力及滴水损失　幼龄畜禽的肉比老年畜禽的水分含量要高。另外，不同品种、不同部位肌肉，其水分含量也有一定差异。肉含水70%左右，肌肉系水力影响肉的色、香、味、营养成分、多汁性、嫩度等指标，具有重要的经济价值。肌肉中的水分有水化水、不易流动水和自由水。不易流动水占总水分的80%，存在于纤丝、肌原纤丝和细胞膜之间。肌肉系水力的变化主要由不易流动水决定，而这部分水主要取决于肌原纤维蛋白质的网状结构及蛋白质所带静电荷的多少。水化水与蛋白质分子表面密切结合，对肌肉系水力几乎没有影响。自由水存在于肌细胞外间隙中，这部分水主要靠毛细管凝结作用而存在于肌肉中。如肌肉系水力差，大量液体外流，可溶性营养成分和风味物质损失严重，肌肉就变得干硬无味，肉品质量降低。

肌肉系水力也可用滴水损失来衡量，即在不施加任何外力的情况下，肌肉液体损失量。加热使维持保水性能的蛋白质变性，肉滴水损失增加。肉品脂质氧化会降低膜的流动性而增强膜的通透性，使细胞液外流，且脂质氧化产物也使蛋白质变性，进而降低肉的保水性能，大量的液体流失会使肉及肉制品变得干硬无味。

5. 嫩度　肉的嫩度是消费者最为关心和重视的性状之一，也是肉类生产和肉制品加工部门十分重视的性状。肉的嫩度反映肌原纤维、结缔组织以及肌肉脂肪含量、分布和化学结构状态、肌肉的粗细和多汁性将影响食用者牙齿插入肉内和将肉嚼烂的难易程度以及咀嚼后所剩肉渣的数量等。肌纤维越细、肉中结缔组织含量越低、肌肉脂肪含量越高，肉就越嫩。

6. 肌内脂肪　肌内脂肪酸，尤其是多不饱和脂肪酸是肉食香味的重要前提物质，且多不饱和脂肪酸还是人体不可缺少的营养物质。研究表明，肌内脂肪(IMF)中脂类和一些脂溶性物质是一些风味物质的前体物，是肉类的特征性香味的来源，且与肌肉的嫩度有直接的关系，而肉鸡皮下和腹脂沉积的主要是甘油三酯，它对香味物质的产生没有大的影响。多年以来，众多研究者利用营养和遗传手段虽然在降低家禽的腹脂方面取得了显著效果，但腹脂率显著降低的同时，肌肉中 IMF 含量也显著降低，对肉品质带来不利的影响。

7. 肌纤维 主要测定肌肉纤维面积百分比和肌纤维粗细。生长快的肉鸡，其肌纤维较粗，肌纤维面积平均值较大，且单位面积中肌纤维的根数较少，优质三黄鸡的肌肉则相反。

8. 风味 风味是包括味觉、嗅觉和适口性等多方面的综合感觉，指鸡肉的质地、嫩度、pH 值、温度、多汁性、气味和滋味。风味是评定肌肉品质的一项重要指标，有两类物质对鸡肉风味的贡献最大，一类是氨基酸，以谷氨酸、甘氨酸的效应最为明显；另一类是核苷酸，鲜味最强的是肌苷酸，其能产生肉的香味和鲜味。

（二）影响鸡肉品质的因素

尽管目前没有统一的肉质评定标准，但在影响肉质的因素方面有比较统一的意见，在生产过程中影响鸡肉品质的因素主要是遗传、营养、环境。其中遗传因素有品种、年龄、性别，营养因素主要有日粮组分和添加剂，环境因素有饲养密度、饲养方式和饲养周期、小气候因素、屠宰及宰后处理、烹调方法等。

1. 遗传因素

（1）品种 对肉质的影响很大，影响肌肉含量、脂肪沉积、皮下脂肪厚度、肌间脂肪分布、肌肉纤维大小、肉色、嫩度、pH 值、系水力以及氨基酸含量等。影响鸡肉风味的因素主要是肌纤维的粗细和鸡肉中脂肪的含量及其分布。一般优质黄羽肉仔鸡的肌纤维明显比快大型白羽肉仔鸡的细。快大型白羽肉仔鸡的脂肪总含量一般略低于优质鸡，并且肌肉间无脂肪而使肉质粗糙无味，而优质黄羽肉仔鸡体内脂肪分布均匀，特别是肌肉间和皮下脂肪多于快大型白羽肉仔鸡，故吃起来香滑可口。肌间脂肪和皮下脂肪并不是越多越好，过多则不利于口感，也不利于人体健康。肌间脂肪的适宜厚度为 0.5～1.0 厘米，皮下脂肪的适宜厚度为 0.3～0.5 厘米，在该范围之下称为过瘦，在该范围之上称为过肥。

品种对肉质的影响与生长速度和饲养周期相关，肉鸡生长前期含水较多，骨骼松软，肌肉较嫩，鸡味较淡，随着日龄的增加，肉仔鸡含水量减少，骨骼变得坚硬，肌肉变粗，鸡味较浓。一般认为优质鸡饲养期 90～120 天较好，因此小型鸡种的肉品质优于大型鸡种，生长速度慢的地方鸡种优于生长速度快的外来品种。生长速度快，肌纤维直径增大，肌肉中糖解纤维比例增高，蛋白水解力下降，系水力降低。慢速型鸡的肌苷酸含量高于快速型，因而风味较浓，肉质较好，而我国黄羽肉鸡风味物质如丁二酸二酯、棕榈醛等的含量明显高于外来鸡种，尤其我国南方的地方品种肉鸡性成熟早、皮下脂肪少、肌间脂肪分布均匀、肌纤维小、肌肉鲜美滑嫩，鸡肉口感好，鸡味浓。在我国现有的鸡种中，肉质优劣顺序为地方鸡种、黄羽肉鸡、蛋用鸡、药用鸡。

(2)年龄和体重　年龄影响鸡的性成熟、肌肉嫩度、鸡肉的含水量和系水力、脂肪的积累等。随着年龄的增加，鸡体不断发生生理学变化，可能改变体内代谢，特别是改变氨基酸、蛋白质和核苷酸的代谢和肌肉 pH 值，而这些变化影响肉中滋味和风味前体物。通常在一定范围内，商品肉鸡年龄越大，鸡肉品质越好，风味中的前体物浓度越高。值得注意的是，如果在相同日龄屠宰，快生型鸡腿肉风味浓度显著高于慢生型鸡，而慢生型鸡达到与快生型鸡相同体重时，两者风味没有差异，因此体重可能也影响鸡肉风味。

(3)性别　性别对肉质的影响主要与性激素有关，因此性别间鸡肉肉质的差异要在性成熟前后才会表现，故白羽商品肉用仔鸡不同性别间肉质没有差异，而很多地方鸡种母鸡开产前(性成熟)

时的鸡肉风味最好。因为性别差异取决于性成熟，因此性别对肉质的影响与年龄有关，公鸡在达到性成熟时有较好的风味。早期的研究认为，在14周龄以前，公母鸡风味无明显差异；而14周龄后，公鸡腿肉和胸肉有更好的风味，故公鸡肉更受欢迎。优质黄羽肉鸡的母鸡接近性成熟时有较多的脂肪沉积，肌间脂肪多，肉嫩，肉质特佳。而同龄公鸡因性成熟早，追逐母鸡，肥度下降，公鸡阉割后肥育则脂肪沉积较多，可适当改善肉质。近年在我国的地方肉鸡研究中，公鸡肉胆固醇含量明显高于母鸡，母鸡肉肌苷酸含量高于公鸡肉，故母鸡肉质、风味、嫩度和营养优于公鸡。

2. 饲料营养 饲料营养物质是构成鸡肉产品的物质基础，改变饲料中的相关成分就可改变鸡肉品质。此外，许多添加剂、药物、有害物质也随饲料进入鸡体，控制饲料中这些有害物质的含量是保证肉质的最重要措施之一。饲料营养物质中的能量、蛋白、矿物质、维生素都对鸡肉品质有重要影响。

(1)能量和蛋白 能量水平影响肉鸡腹脂沉积，腹脂随饲料代谢能的升高而升高，因而直接影响肉质。不同来源的脂肪对肉鸡体脂组成也有影响，低饱和度油脂可增加鸡肉不饱和脂肪酸含量。不饱和脂肪酸的形态对肉质也有影响，日粮中添加亚油酸可降低肉鸡肝脏、骨骼肌脂肪，提高肝脏和腿肌蛋白含量。日粮中添加单链不饱和脂肪酸，肉鸡腹脂低于添加多不饱和脂肪酸组。从健康角度考虑，人们大多喜欢富含不饱和脂肪酸的鸡肉，但不饱和脂肪酸会使肉或肉制品较易因脂肪氧化而变质。

腹脂随饲料粗蛋白水平的升高而降低，日粮氨基酸的平衡状况对肉质也有影响。日粮添加必需氨基酸可提高胸肉率，并降低胸肉和皮下脂肪含量，日粮缺乏赖氨酸可显著降低蛋白质的沉积速度，从而影响胴体蛋白质含量。

(2)维生素与矿物元素 与其他肉类相比，鸡肉中的多不饱和脂肪酸含量最高，更容易被氧化。维生素E主要起抗氧化作用，可保护不饱和脂肪酸尤其是亚油酸免受氧化，从而实现对鸡肉品质的改善。维生素 E 能改善肉色、延缓宰后失色、减少滴水损失、保持肌肉风味、延长鸡肉贮存时间、抑制鸡肉在贮存过程中异味的产生。摄食大量维生素 E 的肉鸡屠宰后，在保鲜或冷藏条件下，硫巴比妥酸反应物的含量明显降低，能长时间保持新鲜的外观和颜色，降低滴水损失，保证了肉的风味和色泽。维生素 C 是细胞液最主要的广谱抗氧化剂，可有效清除一些自由基，从而保护生物膜不受氧化物的损坏，防止脂肪氧化，提高鸡肉品质，还可缓解屠宰应激。β-胡萝卜素可防止脂质过氧化，保持肉的风味，延长贮存时间。

矿物元素镁可提高肌肉的初始 pH 值，降低糖酵解速度，减缓 pH 值下降，从而延缓应激，提高肉质。有机砷饲料添加剂可增强同化作用、兴奋神经系统、活跃造血功能，从而促进红细胞和血红素的增生、改进机体色素的形成，使肉鸡皮肤红润、羽毛光亮、屠体有光泽。铜和铁可增强肌肉中超氧歧化酶的活性、减少自由基对肉品质的损害，从而改善肉质。但高铜日粮会增加脱饱和酶的活性，而且长期采食高铜日粮还会导致铜在肝、肾中富集，使其食用价值下降，甚至对人体造成危害。

另外还有一些非常规饲料或添加剂也影响鸡肉品质，如甜菜碱能有效地减少胴体脂肪，并能使肉的鲜味物质肌酐酸的含量增加，并且甜菜碱还有降低肝重和肝脂肪含量的作用，这对改善肉质和肉风味有重要意义。壳聚糖能减少脂肪的吸收而降低腹胀率，降低血清胆固醇及腿肌、胸肌中的胆固醇含量。

3. 饲养环境和饲养方式　集约化的肉鸡饲养技术满足了人们对鸡肉的需求，但这种饲养方式违反动物本性，鸡只所占的空间很小，使其生物学性能得不到表达，不利于风味物质的沉积，使鸡肉产品品质下降，也给周围环境及人本身带来了不安全因素。人们都知道舍外放养肉鸡的肉质风味比舍内圈养或笼养肉鸡好，尤其近年环境污染及食品安全问题导致消费者更加认同纯天然无污染的鸡肉产品，因此回归自然状态的放养土鸡受到消费者的喜爱。山地放养鸡根据自身的生理需要在放养环境中自由采食植物、植物果实、昆虫，运动空间大，运动更有利于增强抵抗疾病的能力，有利于生长，同时阳光照射、空气清新、饮水洁净，饲养出的肉鸡品质更佳。据测定，放养与否并不影响母鸡胸肌水分、粗蛋白质和脂肪含量，但放养母鸡的胸肌硫胺素含量、肌苷酸含量较高，且放养母鸡胸肌肌纤维直径比网上平养细，而且放养鸡的羽毛色泽光亮，肌肉结实，皮下脂肪均匀，肉质色鲜味美。

二、安全鸡肉

(一)鸡肉的安全性

安全性指鸡肉产品不含有对人体健康构成危害的因素或是含有某些极微量的对人体不利的物质，但达不到构成对人们健康危害的程度。主要包括三方面：一是没有传播感染人类健康的病原微生物，如禽流感病毒、大肠杆菌、沙门氏菌等；二是在加工贮藏、运输等过程中不污染对人体有害的物质；三是在饲养过程中使用的药物、添加剂、色素、激素或其他有害物质等在鸡肉产品中的含量应在许可范围内。

(二)安全鸡肉的分类

目前对于肉的安全主要指猪肉的安全，还没有鸡肉安全的分类标准，本章按猪肉安全来进行鸡肉安全的分类。从安全的级别上看，可将安全鸡肉分为放心鸡肉、无公害鸡肉和有机鸡肉。

1. 放心鸡肉 放心肉实际上是大众的概念，即人们吃肉放心、安全就称为放心肉。放心肉的提出是因为市场上销售的肉不安全、不卫生，而由政府向社会承诺、经动物防疫监督机构检疫确定无规定动物疫病或特殊有害物质，但目前国家对放心肉还没有制定明确的质量标准。从专业的角度来讲，放心鸡肉应该是经过屠宰部门检疫后，确定是无污染、安全、优质、营养丰富的肉。无污染指没有生物性污染、化学性污染、放射性污染。因此放心鸡肉要做到无害，必须从生产、流通、屠宰和消费环节确保鸡肉的安全。从养殖的角度来讲，就要在生产过程中注意不得在饲料、饮水中使用国家明令禁止使用的镇静剂、安眠剂、麻醉剂、平喘剂、激素类等药物，在屠宰前要严格执行国家规定的停药期标准，防止药物残留超标危害人体健康。

2. 无公害鸡肉　无公害畜产品是指产地环境、生产过程、产品质量符合国家有关标准和规范要求，经认证合格获得认证证书，并允许使用无公害畜产品标志的未经加工或初加工的食用畜产品，主要指未加工或初加工的食品，因此无公害肉及其制品须经专门机构认证获得证书，确认其无污染、无毒害、无药物残留。按无公害畜产品的定义，生产无公害鸡肉应有一整套完整的标准体系和特殊的生物技术措施，这些措施贯穿于产地环境、饲料和饮水卫生、疾病防治、规范用药、运输、屠宰加工、销售服务全过程，每个环节都有食品卫生和国家质量标准，至少经过2次检查，即生产时在生产基地做到无公害，在屠宰检疫时被证明是让人放心的。其产品须经省级以上畜禽产品质量监督检验测试中心检测，达到无药物残留、无激素和农业部颁布的《NY 5034 无公害食品　鸡肉》等标准，获得省级以上质监部门颁发的《无公害农产品标志证书》。无公害肉的认证有期限，无公害证书有效期一般是1年。

3. 有机鸡肉　有机食品是目前国标上对无污染天然食品比较统一的提法，其产品符合国际或国家有机食品要求和标准，通过国家认证机构认证的一切农副产品及其加工品，包括粮食、蔬菜、水果、奶制品、禽畜产品、蜂蜜、水产品、调料等。因此有机食品原料来自于有机农业生产体系或野生天然产品，在生产和加工过程中严格遵循有机食品生产、采集、加工、包装、贮藏、运输标准，禁止使用化学合成的农药、化肥、激素、抗生素、食品添加剂等，禁止使用基因工程技术及该技术的产物及其衍生物，有严格的质量管理体系、生产过程控制体系和追踪体系，通过合法的有机食品认证机构认证可供人类食用，包括有机食品、生产有机食品的有机生产资料等。在产地环境方面，有机食品原料的生长区域内应没有工业企业的直接污染，水域上游和上风口没有污染源对该地区域直接构成污染威胁，从而使产地区域内大气、土壤、水体等生态因子符合有机食品产地生态环境质量标准。在生产过程中，按照有机食品生产资料使用准则要求，遵循有机食品养殖的技术规范进行生产，经定点的食品监测机构依据有机食品产品标准检测合格。因此有机鸡肉必须在空气、土壤、水质都没有被污染并通过认证确认的环境下生长，食用天然饲料，饲料中不添加任何抗生素、生长激素及人工合成添加剂，按照鸡的自然生活习性进行养殖，有充足的饮水、生活空间和运动量。

（三）影响鸡肉安全的因素

在养殖环节，影响鸡肉产品安全的因素主要有肉鸡养殖环境、饲料及饲料添加剂、饮水、兽药、动物疾病和休药期等，其实，最重要的是生产者的安全意识，只有具备了安全意识才可能严格执行生产和药物及添加剂的使用规定。

1. 饲养环境 肉鸡饲养已逐渐实行规模饲养，规模化养殖则易造成通风不畅、卫生条件差、饲养密度高、条件性疾病反复发作等，多数饲养场不进行无害化处理，交叉污染严重，饲养管理过程中喂料、饮水、疫病防治、粪便排放、死尸处理等达不到健康养殖要求，有的养殖场甚至将鸡场建在工业污染区域，这些因素易造成肉鸡饲养环境受到工业“三废”和粪便污染，从而造成鸡肉产品的不安全。

2. 饲料污染　饲料安全是鸡肉产品安全的保证和前提，如果养殖生产中使用了受污染的饲料及各种添加剂，则不能保证鸡肉产品的安全。饲料污染包括饲料的金属毒物、霉菌毒素、兽药、农药等污染以及工业“三废”污染。

3. 兽药的滥用　肉鸡生产易存在药物使用不规范，有的饲料生产企业为降低成本，提高生长速度，在饲料配方中大量使用添加剂、激素、抗生素类药物。鸡肉产品药物残留，主要是饲料添加剂和兽药中的抗菌类药物、激素、安眠酮类药物等药物的残留。如果不了解药物添加剂的性能和使用规定，且只追求生产利润，不按规定使用国家批准的兽药和添加剂，随意在饲料中添加某些药物，滥用禽药或非法使用违禁药物，随意加大对人体危害较大的抗生素和抗菌药，出栏前又不严格执行休药期，则易导致药物残留严重超标。当人们食用了残留超标的鸡肉产品后，药物会在人体内蓄积，直接危害人体健康。

4. 安全观念　实现鸡肉产品的安全，其实最重要的是生产经营者的安全意识。我国畜禽产品生产的法律比较健全，只要生产经营者具有守法意识，不仅仅注重当前利益，更重视长远发展，不在工业污染区域建设养殖场，合理规划布局肉鸡生产场，生产过程中尽量使用没有污染的饲料，在疾病防治过程中正确使用兽医兽药，不销售患病肉鸡，则可以从饲养环节确保鸡肉产品的安全。

三、肉鸡养殖的安全控制

（一）保证鸡源安全

鸡群来源安全是实现肉鸡安全生产的重要保证，优质健雏是商品肉鸡健康高效养殖的前提，是生产无公害和绿色鸡肉产品的基础。只有生物安全体系健全的种鸡生产企业才会有健康种雏，因此选购雏鸡一定要考虑种鸡场的条件及管理水平，特别是种鸡场是否具备健全的兽医卫生控制制度，是否具备实施科学管理的条件等。

作为肉种鸡生产企业，为确保雏鸡安全，应做到以下几点。

一是建立、健全和完善种鸡场生物安全体系、净化养殖环境，防止疾病的水平传播和垂直传播。祖代种鸡场与父母代种鸡场，以及同代次的不同种鸡场之间，都必须相隔5千米以上，同时远离人口密集区、工业污染区和交通要道。在种鸡场区内，鸡场外围建永久性高墙，栽种高大乔木。场内生活区与生产区之间，以防疫沟或铁栅间隔，限制人员来往。同时在鸡场内的空地栽种草坪和树木，减少尘土飞扬，保持空气清新，为肉鸡健康高效养殖建立良好的生活环境。

二是注重兽医卫生消毒制度。对鸡群实施全进全出制，生产区内的工作人员必须常年住场，规定离场次数，且人员离场返回时必须彻底淋浴，更换消毒服装。搞好日常常规消毒，实行关键季节突击消毒，尤其重视抓好空舍期的清洗消毒。

三是防止动物传染源，所有门窗全部安装防雀网，经常杀灭鸡舍内的蚊蝇和鼠害。

四是注重动物福利，为肉种鸡创造清洁、安静和舒适的生活空间。种鸡实行"两高一低"(即沿两侧墙壁铺设板条，中间为地面垫料平养)混合饲养和鸡舍纵向通风，使用乳头式饮水器供水，防止水管滴漏引起鸡粪含水量过多而发酵产气，控制鸡舍内的氨浓度。所有鸡舍，夏季采用湿帘降温，将室温控制在30℃以内；冬季采用暖风机补温，将室温保持在15℃以上。

(二)确保饲料和兽药安全

安全放心的肉品来源于安全规范的饲料，安全饲料是生产安全鸡肉产品的必要条件之一，不得使用无产品质量标准、无产品质量合格证、无生产许可证和产品批准文号的饲料、饲料添加剂。在饲料生产前，应选用安全的饲料原料，原料应来源于生态环境良好、没有工业“三废”污染的种植基地，饲料原料还应绿色无污染（主要是无农药污染）。饲料生产企业应弄清饲料产地环境，建立供应商准入制度，建立和健全对饲料原料供应商的评定，对饲料生产中所需的玉米、豆粕、酵母等所有饲料原料，坚持每批原料入库前都进行质量检测，确保饲料的安全。在生产过程中，要严格执行国家有关饲料、兽药的管理规定，严禁在饲料中添加和使用国家明令禁止、国际卫生组织禁止使用的药物。饲料中可以添加无残留、无毒副作用的免疫调节剂和抗应激添加剂，以控制疾病的发生，但不得使用假、劣兽药以及农业部规定禁止使用的药品和其他化合物，不得在饲料和饮水中添加防腐剂、开胃药、兴奋剂、激素类药、人工合成色素以及禁用的抗生素、安眠镇静药和人用药品等国家明令禁止的药物、添加剂和兽用生物制品。兽用原料药不得直接加入到饲料中使用，必须制成预混剂后再添加到饲料中。在操作上，严格执行《产品质量法》、《饲料卫生标准》、《饲料药物添加剂使用规范》、《饲料与饲料添加剂管理条例》和《绿色食品、饲料和饲料添加剂使用准则》等。作为饲料生产企业，要使肉鸡生产健康高效，必须使用科学合理的营养配方，从营养和饲料配方上保证肉鸡的健康。对各种营养要求，包括蛋白质、氨基酸、矿物质、维生素和微量元素的含量和配比都应做到科学合理，才能提高肉鸡的免疫力和对疫病的抵抗能力。

（三）实施科学管理

生产安全的鸡肉产品，要特别注重肉鸡饲养的科学管理，做好鸡舍环境控制（包括鸡舍内、外两部分）、防疫消毒、科学用药和合理的饲喂制度等各项工作。

在环境控制方面，应注重废弃物处理和环境消毒，不在工业污染严重区域生产肉鸡，确保生产的鸡肉安全。在鸡场或养殖小区下风处设独立的废弃物处理场所，在养殖过程中，发现死鸡及时捡出进行焚烧或深埋，不得置于鸡舍内、饲料间或鸡舍周围。饲养人员捡完死鸡后要用消毒液洗手。每批鸡出栏后，彻底清理鸡粪并运到远离鸡舍的地方进行堆积发酵，或进行其他无害化处理。

定期用2%的火碱溶液进行环境喷洒消毒，在鸡场门口和鸡舍门口要设消毒池，保持消毒液有效浓度，进出场区或鸡舍须经消毒池，杀灭由鞋底带来的病菌。饲养人员进入场区穿工作服，限制外来人员参观，限制车辆出入，不准运鸡车随便进入鸡场。

在饲喂过程中，除注重饲料的安全和卫生外，应及时供给符合标准且充足清洁卫生的饮水。饲养用具应该固定鸡舍使用，饮水器每天进行消毒，然后用水冲洗干净，对其他用具每5天进行1次喷雾消毒。

商品肉鸡的饲养方式多采用厚垫料饲养和网上饲养2种方式。从安全肉鸡生产的角度考虑，宜采用网上饲养，因网上饲养可有效减少机体与粪便和地面的接触，从而减少寄生虫和霉菌等对鸡体的污染，另外网上饲养可有效减少鸡体球虫病的发生，因此减少预防投药的次数，从而减少成本支出，同时也可提高鸡肉产品的安全系数。

（四）药物残留控制

在药物残留的控制上，应从用药和免疫控制两方面进行。首先应建立专用药库，从正规厂商处购买兽药和生物制品，且只有符合国家公布的生产无公害和绿色肉鸡药物名录的兽药，才能进入药库和肉鸡健康高效养殖生产线。在饲养过程中，应按国家规定使用药物，并建立肉鸡免疫程序和肉鸡休药期制度。不使用违禁药物（见农业部关于《食品动物禁用的兽药及其他化合物清单》），肉鸡发病使用药物治疗时，若采用国家限制使用的药物（如：青霉素类药物，大环内酯类药物红霉素，氨基糖苷类药物新霉素、链霉素、盐霉素、庆大霉素等，四环素类药物四环素，金霉素等，磺胺类药物磺胺嘧啶、磺胺喹噁啉等），应根据不同药物在鸡体内的消长规律，在肉鸡上市前适时停药，以保证其体内的药物在宰杀前分解排泄完毕，即严格执行停药期，确保鸡肉卫生质量的安全。用药采用兽医处方制度，宰前 2 周内不得使用任何药物（如庆大霉素、新霉素、马杜霉素、盐霉素等），用药时保证休药期 7～14 天以上，控制药物的残留，减少药物残留对鸡肉产品的污染，保证鸡肉产品的安全。为确保安全，对即将出栏上市的肉鸡产品在离开饲养地前进行药物残留指标检测，做好产地检疫和鸡肉产品安全准出准入制度，提高操作者的技术水平和增加实验室的科技含量，确保检疫结果的科学性和准确性，消除鸡肉产品安全隐患。

在免疫控制方面，应根据当地鸡病流行情况，统一防疫消毒，制订符合实际的免疫程序，最好在肉鸡健康养殖过程中做好新城疫等主要疫病的抗体滴度测定，按要求根据抗体滴度及时接种各种疫苗，肉鸡宰前 30 天内不得使用活疫苗免疫，在肉鸡出栏前 2 天，可做一次主要疾病的检测。所用疫苗应来自正规厂家或经国家主管部门认可的进口疫苗，用前进行效价检测，并正确贮存和使用。

（五）鸡场废弃物的无害化处理

随着规模化养鸡业的发展，鸡粪等废弃物的排放已成为社会公害。为确保肉鸡的健康高效养殖和环境的改善，应将各鸡场产出的新鲜鸡粪用密闭车辆运送到鸡粪处理中心，经发酵、灭菌、除臭和脱水等工艺后，加工成颗粒型生物有机肥，这样鸡粪不仅不会对土壤、水源、空气等环境造成污染，而且还可作为各种作物、花卉、果树、蔬菜等基肥和追肥的优质生物有机肥，将废弃物变废为宝，实现资源的再生利用。

(六)实施可追溯管理

1. 可追溯的含义 可追溯指利用标记的识别码(该标记对每一批产品唯一，即标记和被追溯对象一一对应，同时标记的信息记录完整)可以追溯终端产品的历史(用于该产品的原材料、零部件的来历)应用情况、所处场所等。1996年英国发生疯牛病、丹麦发生猪肉沙门氏菌污染、苏格兰发生大肠杆菌，这些事件促成了畜禽产品可追溯系统的建立。畜禽和畜禽产品可追溯系统包括动物标志、中央数据库和信息传递系统及动物流动登记，因此可追溯管理由三部分组成：强制实施对动物佩戴畜禽标牌的制度；加强检疫和监督，促进防疫工作；农场必须记录有关家畜出生、转入、转出和死亡的信息；在实施耳标的基础上，建立动物疫情和畜产品质量的追踪体系。据畜禽可追溯系统的概念，鸡肉产品可追溯指对鸡肉商品或行为的历史、使用、位置等进行追踪，具有完善的鸡肉产品构成与流向的信息与文件的记录系统，可追溯管理或其系统的建立、数据收集包含整个鸡肉生产链的全过程，从原材料的产地信息、到产品的加工过程、直到终端用户的各个环节，其中涉及肉鸡健康养殖则应包含肉鸡生长周期、生产环境、所用饲料、疾病防疫等信息。在与鸡肉相关的产业链中，实施强制性的产品可追溯管理应是未来发展的趋势，也是推动禽肉贸易发展的潜在动力。

2. 可追溯管理的优点 实施可追溯管理，生产者对与鸡肉产品安全性有关的生产加工信息进行记录、归类和整理，可追溯产品上粘贴有可追溯性标签，通过标签，消费者可利用网络信息技术了解产品在哪里生产、怎样生产以及含有何种类型的添加剂等信息，可追溯性标签也可帮助企业确定产品的流向，便于对产品进行追踪和管理。可追溯系统在鸡肉生产中的应用与推广，能够促进生产者改进生产工艺，不断提高产品质量。

利用可追溯系统，能快速地反应、追本溯源，有效控制问题产品的扩散和实现追踪，提高产品安全突发事件应急处理能力。很多欧美国家都要求食品能够进行跟踪与追溯，同时在以往 HACCP、GMP 体系基础上，加大食品安全问题的控制，将产品可追溯性引入到畜牧生产和畜产品安全领域。

对动物标志及其产品实施可追溯管理有助于对动物疾病的监控，减少畜禽传染性疾病的传播和消除传染源，因可追溯系统中有详细的信息记录，可为流行病学研究提供直接信息数据。

3. 国外畜禽产品可追溯体系　为畜禽产品的地区和品牌优势，世界各国争相发展和实施畜禽标志制度和畜禽产品追溯体系。加拿大 2002 年开始进行可追溯体系的构建，至 2008 年，已有 80％的农业食品联合体实行可追溯体系。日本立法要求肉牛业实施强制性的从零售点到农场的可追溯系统，肉品加工者在屠宰时采集并保存每头个体的 DNA 样本，目前还没有要求进口肉类的可追溯性。澳大利亚出台牲畜标志计划，即畜禽标志和可追溯系统，是永久性的身份系统，能够追踪个体从出生到屠宰的全过程。荷兰建立禽与蛋的综合质量系统，其核心在于贯穿整个生产链的信息交换，其所属范围内有关家禽的各种情况都记录在案，畜牧场只准使用来自于经认证的供应商和符合动物饲料良好生产操作规范的饲料，只准聘用认可的兽医师，兽医师应根据良好兽医操作规范指南开展工作，屠宰厂则必须把良好卫生操作规范标准与动物福利相结合，保证生产链中所有饲养场、饲料供应商、兽医师和产品加工活动都可控，为消费者保证产品的安全性。英国建立基于互联网的家畜跟踪系统，在该系统内，包含标牌、农场记录、身份证、家畜跟踪系统，利用相关的饲养记录可跟踪定位产品。欧盟已建立安全追溯制度的相关法律规定，要求大多数国家对家畜和肉制品实施强制性可追溯制度，已经实施标志和注册系统，个体身份和登记系统由包含唯一的个体注册信息的耳标、出生、死亡和迁移信息的计算机数据库、动物身份以及农场注册机构组成，且饲料和饲养操作透明公开。

4. 我国的畜禽可追溯管理系统 可追溯管理属于国家畜禽标志管理和动物防疫制度管理的范畴，是动物防疫和检疫行政管理的重要组成部分，是控制药物残留、动物疫病和重金属等有毒有害物质超标的保证。我国畜禽产品可追溯的研究在"十五"期间起步，对佩戴耳标、信息传递系统和动物流动登记等还存在很多问题，现有方法和技术尚不成熟，全国性的畜禽注册体系尚未建立，还不宜进行大规模的推广和应用，标志方法和设备也有待进一步改进。受技术和经济承受能力的限制，我国构建全国性的、强制性动物和动物产品可追溯系统还有相当长一段路要走。

我国四川、重庆、北京、上海和江苏等地已开始进行可追溯管理方面的尝试，这涉及从国家立法到行业组织、从中央到地方、从动物生产到产品加工，从物流管理到计算机网络的多部门、多行业和多学科的联合。目前比较一致的观点是以追溯规模化养殖场和养殖小区为主，以追溯猪、牛、羊和鸡为主，少数有条件的地方，可考虑追溯宠物和野生动物。对于可追溯系统，比较重要的是动物个体标志，目前我国在大家畜上使用最多的是 2002 年农业部颁布的塑料免疫耳标，新研制的二维条码耳标也已进入实用阶段，现有的可追溯系统要求猪、牛和羊在出生后 30 天内，佩戴耳标，一畜一号，牛按个体标志追溯，猪和羊按个体标志或批次追溯，肉鸡按批次追溯，鸡蛋则采用喷码的方法进行追溯。

第九章　肉鸡养殖场的建设

近年来，我国肉鸡养殖业发展迅速，集约化和机械化程度不断提高，随之而来的规模化养殖场的环境污染问题也越来越引起人们的关注。我国的规模化养殖场往往建在大中城市的近郊和城乡结合部，由于当时相关法规不健全和资金短缺，绝大多数养殖场在建场初期并未统筹考虑鸡场位置、场内分区规划和布局、粪便和污水处理，使得鸡场易受到其他环境的污染，而养殖场粪便和污水的任意排放则严重污染周围环境，也直接影响养殖场本身的卫生防疫，降低肉鸡产品质量。要实现肉鸡养殖业可持续发展，必须改善生态环境，无害化处理及资源化利用废弃物，保持肉鸡生产与环境保护的协调。所有这些环保问题必须在肉鸡养殖场建立之前就要充分进行考虑，解决肉鸡养殖场自身污染和外部环境污染对肉鸡生产的影响问题。因此建设肉鸡健康高效养殖场，既要防止肉鸡场对周围环境的污染，即要防止肉鸡场产生的污水、污物、垃圾和空气等对周围环境、水源、动物和人类的影响，同时又要避免周围环境对肉鸡生产的危害，即要防止污水、污物、其他动物和人类排泄物、垃圾等对肉鸡生产的危害，以保证肉鸡健康高效养殖持续的发展。

一、肉鸡养殖场的规划

肉鸡场的建立和建设对健康高效养殖非常重要，为避免肉鸡场与周围环境、水源、动物和人类相互影响，肉鸡场的规划必须确定好建场性质和任务，然后再选择场址，因地制宜规划鸡场、设计和筹建鸡舍,合理购置养鸡设备和用具。

(一)建设程序

肉鸡养殖场的建设程序从筹建到投产要经过一系列步骤,包括立项、资金筹集、方案与工程设计、工程招标、组织施工和验收等。每道程序都要报批,经有关行政管理部门确认后,才能进入下道程序。

1. 建场的可行性论证 可行性论证时聘请有经验的畜牧兽医等有关人员进行实地考察,讨论与分析建鸡场的任务、规模、产品产量和市场需求,写出可行性论证报告。可行性论证报告的内容包括肉鸡场建设项目名称、目的、意义、建场的条件和可实现的生产目标,鸡场场址与生产规模,生产组织与管理体制,生产工艺、鸡场建筑物布局和基本结构,主要机械设备,防疫与粪便、污水处理及环保分析等,投资估算,市场分析,管理与定员和技术经济分析,最后得出鸡场建设是否可行的结论。在这些基础上制订详细的建场实施方案。

2. 集资 建设肉鸡健康高效养殖场必须筹集资金,特别是用于土建和购置固定资产设备的资金。集资渠道形式多样,可利用自有资金、银行贷款、引进资金(外资、合资、合营)或实行股份制自筹资金。目前新建鸡场逐渐向股份制方向发展,所用房舍、设备等由股东入股一次性投资建场,流动资金则由负责人贷款解决。

3. 肉鸡场设计 设计分初步设计、技术设计和施工图的设计。每段设计均有图纸和文字说明,以此作为下道工序的依据。为缩短设计时间,可将前两道程序合并。

4. 建设 肉鸡场设计质量确认后,即可进入组织施工和设备采购阶段。施工过程宜采用工程招标,选择施工质量可靠、价格公道、有维修服务保证的建筑企业,确保肉鸡场工程质量。

(二)场址选择

肉鸡生产集约化程度很高,养殖场场址选择影响肉鸡健康高效养殖的饲养管理方式、鸡肉品质和经济效益。选择场址时应综合考虑生产需要、建场任务和地方资源等情况,还应考虑肉鸡生产对周围环境的要求,也要尽量避免鸡场产生的气味、污物对周围环境的影响,并注意将来发展的可能性,故在建场前应详细调查研究当地的自然条件和社会经济条件。

1. 地势地形　地势指场地的高低起伏状况,地形指场地的形状及地物,肉鸡场地势地形关系到光照、通风和排水,应选在地势高燥、平坦或稍有坡度(15°左右的小坡度以利于排水)、通风排水良好和阳光充足的地方,这样才有利于肉鸡场内外环境的控制。选址时注意当地的气候变化,不宜建在昼夜温差过大的山顶,不宜在通风不良、低洼潮湿处建设场址,潮湿环境易使病原微生物孳生繁殖,易发生疫病。若场内地势低洼,大雨后积水不易排除,造成鸡舍外积水向鸡舍内粪沟倒灌,或粪池、渗井的粪水向外四溢,易造成环境污染。肉鸡养殖场区应位于居民区的下风处,地势尽量低于居民区,以防止养殖场对周围环境的污染。平原地区应选择比周围地段稍高的地方作为肉鸡场场址,鸡场地下水位要低于建筑物地基 0.5 米,以利于排水。在靠近河流、湖泊的地区,则场址要选择在较高的地方,位置应比当地水文资料中最高水位高 1～2 米,山区建场宜选在平缓坡上,坡面向阳,鸡场总坡度不超过 25%,建筑区坡度应在 2.5%以内。

2. 水源水质　在肉鸡健康高效养殖生产过程中,任何时间都应确保肉鸡场水源充足,因此建场前应首先了解水源情况,如河流、湖泊流量,地下水的初见水位和最高水位、汛期水位,含水层次、厚度和流向。其次调查清楚当地排水系统,如排水方式、纳污能力、污水去向、纳污地点、距居民区水源距离、能否与农田灌溉系统结合等。若须自行处理污水，则要求土壤的纳污能力强，且每栋鸡舍都要做渗水池。为保证水源，应自备水箱，以备停水时应急，每栋鸡舍设4米^{3}的水箱1个。

水质应良好，符合人的饮水卫生标准，水中不含病原体和毒物，无异味，清新透明，最好是城市供给的自来水，pH值不能过高或过低，要求不能低于4.6且不能高于8.2，最适宜范围为6.5～7.5之间。硝酸盐不能超过30毫克/升，硫酸盐不能超过250毫克/升，尤其是水中最易存在的大肠杆菌含量不能超标，每100毫升水含大肠杆菌1个以下。水源附近无畜禽加工厂、化工厂、农药厂等污染源，离居民点也不能太近，尽可能建在工厂和城镇的上游。水质必须选样检查，若采用地下水，则需进行水质测定。水质测定包括酸碱度、硬度、透明度、有无污染源和有害化学物质等，有条件时还应做水质的物理、化学和生物污染等方面的化验分析。

3. 地质土壤 肉鸡场的土壤应不适合繁殖微生物，符合卫生要求，要求过去未被鸡的致病细菌、病毒和寄生虫所污染，透气性和透水性良好，以便保证地面干燥。对于采用机械化装备的肉鸡场还要求土壤压缩性小且均匀，以承担建筑物和将来使用机械的重量。总之，肉鸡场的土壤土质黏性不能太重，砂壤土最好，雨后容易干燥，这样的土壤排水性能良好，隔热，不利于病原菌的繁殖，符合肉鸡场的卫生要求。

4. 气候因素 主要指与建筑设计有关和造成鸡场小气候有关的气候情况，主要了解常年气象变化，包括平均气温、绝对最高与最低气温、土壤冻结深度、降雨量与积雪深度、最大风力、常年主导风向、日照情况、灾害性天气等。

5. 环境疫情及污染情况 周密调查当地疫情，土壤过去应未被传染病或寄生虫等病原体污染，不在旧场位置建场或扩建，考察兽医站、畜牧场、集贸市场、屠宰加工场距拟建场的距离、方位、有无自然隔离条件等，以防给本场防疫工作带来不利影响。养殖区周围500米范围内、水源上游没有对产地环境构成威胁的污染源，包括工业“三废”、农业废弃物、医院污水及废弃物、城市垃圾和生活污水等污物。肉鸡养殖区远离居民点500米以上，远离农村卫生院、敬老院等，以免肉鸡场气味污染环境，也应远离集贸市场、交通要道以及其他动物生产场所和相关设施等。

6. 交通便利　商品肉鸡场主要为城镇提供肉用仔鸡，考虑到服务方便，鸡场宜选在近郊，以一日可往返2次的汽车距离为度，该距离有利于工作人员进城办事。

肉鸡场要在物资集散地附近，与公路、铁路或水路相通，自修公路能直达肉鸡场内，便于饲料等原材料的运入和肉鸡产品的运出，避开交通要道，不紧靠码头、车站等地段，以利于防疫卫生和环境安静。一般要求与附近的城市、旅游点、化工厂、化肥厂、玻璃厂、造纸厂、制革厂、畜产品加工厂、屠宰场等不少于10千米，以20～40千米为宜。与其他畜禽场不能过于靠近，应在2千米以上，以利于防疫工作。与铁路、交通要道、车辆来往频繁的地方距离400米以上，距次级公路应有100～200米的距离，鸡场不能位于中、小学校的附近和大多数学生必经之路，除防疫距离的需要外，也便于控制其他干扰，使肉鸡处于比较安静的环境。避开水源防护区、风景名胜区、人口密集区等环境敏感区，符合环境保护、兽医防疫要求。

(三)场区规划

肉鸡场布局是否合理，是养鸡成败的关键条件之一。集约化、规模化程度越高，肉鸡场布局的影响越大。无论饲养什么类型、品种、代次的肉鸡，规划布局时要有利于搞好防疫卫生工作、提高工作效率。节约基建投资、有利于排污。尤其应考虑风向和地势，合理布局鸡场各建筑物，鸡、饲养管理人员和饲料等进出的通道，污水、污物处理设施的位置和消毒设施的位置，尽可能减少疫病的发生和有效控制疫病。在场内各区之间，特别是生产饲养区周围应依据具体条件建立隔离设施。生产区与病鸡处理区以及管理区之间的距离至少应相隔300米，各区之间还应根据条件建立隔离网、隔离墙、防疫沟等隔离设施，防止野生动物、驯养动物和无关人员进入生产区，同时防止生活区、管理区的生活污水和地面水流入生产区。

1. 肉鸡场建筑物种类 按建筑设施的用途，肉鸡场建筑物大致分为行政管理区、职工生活区、生产区、生产辅助区和粪污处理区。行政管理区包括行政办公室、接待室、会议室、图书资料室、财务室、值班门卫室以及配电、水泵、锅炉、车库、机修等用房。职工生活区包括食堂、宿舍、医务室、浴室、娱乐设施等房舍。生产区包括各类肉鸡舍和孵化室等，生产辅助区包括饲料库、蛋库、兽医室、消毒更衣室等。粪污处理区包括粪场、粪库、污水池等。

2. 场区规划原则 肉鸡场分区规划的原则是合理利用地势、气候条件、风向及天然隔离屏障等，有利于生产和防疫，尽可能按照全进全出制的要求进行整体规划和设计。人、鸡、污三者以人优先、污最后为处理原则，风与水，则以风为主的排列顺序。场区内布局合理，各区域之间应用绿化带和（或）网墙分开，生产区和生活区严格分开。根据当地的生态环境、与周围各场区的关系和兽医综合性服务、场内地势高低、水流方向、主导风向和交通道路的具体情况进行规划，将各种房舍和建筑设施按防疫和卫生条件次序进行排列。首先考虑工作人员办公和生活场所尽量不受饲料粉尘、粪便气味和其他废弃物的污染，其次是生产鸡群的防疫卫生，为消除各类传染源对鸡群的影响，依地势、风向排列各类鸡舍顺序，若地势与风向在方向上不一致时，则以风向为主。因地势原因造成污水污染地面时，可用地下水沟改变流水方向，避免污染鸡舍，也可利用侧风避开主风向，将鸡舍建在安全位置，免受上风向空气污染。根据拟建场的地段条件，也可人工造林，使空气自然净化，也可建筑隔墙以改变人员流动的方向。

3. 鸡场的分区规划

(1)肉鸡场的分区　肉鸡场有职工生活区、行政管理区、生产饲养区、生产辅助区、病鸡和粪便污水处理区。鸡场内职工生活区、行政管理区、生产饲养区应严格分开并相隔一定距离，生活区和行政区在风向上与生产区相平行，有条件时，生活区可设置于鸡场之外，否则如果隔离措施不严，会造成将来防疫措施执行困难，疫病不易控制，致使肉鸡饲养失败。

通常将职工生活区和行政管理区统称为场前区，主要进行经营管理、职工生活等活动，在场外运输的车辆和外来人员只能在此区活动。由于该区与外界联系频繁，应在其大门处设立消毒池、门卫室和消毒更衣室等，除饲料库外，车库和其他仓库应设在该区。

生产区是养殖场的核心，该区的规划与布局根据生产规模确定。生产规模较大的肉鸡场，其内部不同类型、不同日龄段肉鸡应分开隔离饲养，相邻鸡舍间应有足够的安全距离，可按饲养批次将鸡群分成数个饲养小区，区与区之间有一定的隔离距离。每栋鸡舍之间应有隔离措施，如围墙或沙沟等。根据生产特点和环节确定各建筑物之间的关系，不能混杂交错排列，尽量将各个生产环节安排在不同的地方，如种鸡场、商品肉鸡场、饲料生产车间等分散布置，便于对人员、鸡群、设备、运输甚至气流方向等进行严格的生物安全控制。生产区内布局应考虑风向，上风向至下风向应依次安排祖代、父母代、商品代，若为同一代次鸡群，则育雏舍应置于上风，然后顺风向为育成舍和成年鸡舍，这样才有利于防疫。场区内种鸡舍要距离其他鸡舍300米以上。场区内要求道路直而线路短，运送饲料、动物及其产品的道路不能与粪道通用或交叉。饲料库是生产区的重要组成部分，其位置应安排在生产区与管理区的交界处，这样既方便饲料由场外运入，又可避免外面车辆进入生产区。为了防疫的需要，饲养区应设置一个专供生产人员及车辆出入的大门,一个只供进出动物及其产品的运输通道和一个专门进行粪便收集和外运的通道。

贮粪场或粪尿处理场设置在与饲料调制间相反的一侧,并使之到各个鸡舍的总距离最短。粪污处理区应设在全场下风向和地势最低处,并与生产区保持一定的卫生间距,周围应有天然的或人工的隔离屏障,如深沟、围墙、栅栏或浓密的乔、灌木混合林等。该区设单独的通道与出入口,处理病死动物尸体的尸坑或焚尸炉应严密防护和隔离,以防止病原体的扩散和传播。

总之,鸡场规划按主导风向和地势坡向由高到低,其先后顺序为职工生活区、生产管理区、生产饲养区、粪污处理区,如图 9-1 所示。

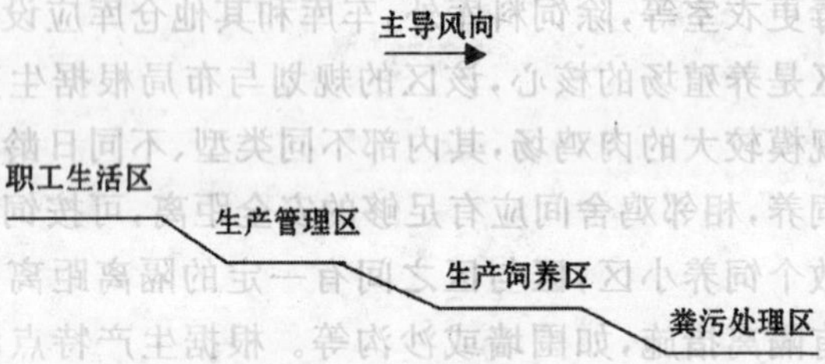

图 9-1　鸡场分区规划

(2)鸡场流程　鸡场内有两条最主要的生产流程,一条为饲料(库)—鸡群(舍)—产品(库),这条线联系最频繁、劳动量最大,另外一条流程线为饲料(库)—鸡群(舍)—污水(场),其末端为粪污处理场。因此饲料库、蛋库和粪场均靠近生产区,但不能在生产区内,因为三者需与场外联系。饲料库、蛋库和粪场为相反的两个末端,因此其平面位置也应是相反方向或偏角的位置。

(3)肉鸡场其他部分规划　肉鸡场内部、鸡场与其他场区之间的规划以利于疫病防治和交通方便为原则。道路是鸡场与其他场区、建筑物与设施、场内与场外联系的纽带。鸡场内道路布局应分为净道和污道，相互不交叉，净道是饲料和产品的运输通道，其走向为育雏舍、育成舍、成年鸡舍，各舍有入口连接净道；污道主要用于运输鸡粪、死鸡、淘汰鸡及鸡舍内需要外出清洗的脏污设备，其走向同样为育雏舍、育成舍、成年鸡舍，各舍均有出口连接污道。为了保证净道不受污染，设计道路时道路末端只通鸡舍或设计隔墙，不能与污道贯通。净道和污道以沟渠或林带或隔墙相隔。

二、鸡舍建设

目前我国肉鸡场有种鸡场和商品代场。种鸡场包括育雏舍、育成舍和种鸡舍，而商品肉鸡场最多饲养 15 周龄的肉鸡，因此最多只包括育雏舍和肥育舍。鸡舍建设在设计时应布局合理，与周围建筑物的场区环境相协调，要求遮荫防晒、阻风挡雨、防止兽害，还应设置防土渗漏、飞扬、径流且具一定容量的专用贮存设施和场所，以避免鸡场被场区地下水等污染和鸡场本身污染外界环境为宜。鸡舍符合建筑规律，便于施工，注意减轻饲养管理人员的体力劳动强度，满足机械化自动化所需条件或有利于以后向自动化改造。在鸡舍建设上，要做到既节约成本，又有利于防寒或防暑降温，在建筑材料的选择上应以有利于清洁卫生、冲洗、干燥、消毒为原则，还应易于防蚊蝇、鼠害等。适当建设引进肉鸡所用的隔离观察鸡舍和当饲养场有鸡发病后的隔离鸡舍等。

(一)育 雏 舍

育雏舍养育出壳至 5～6 周龄雏鸡，人工育雏需保持温度稳定，室温要求 24℃～20℃，随日龄增加逐渐下降，不低于 20℃。故育雏舍的建筑要求与其他鸡舍不同，一般房舍相对矮小，墙壁较厚，地面干燥，屋顶设天花板，以利于安装保温设施。通风良好，但气流不宜过速，笼养育雏时，最上一层与天花板的距离应在 1.5 米左右。

育雏方式有平面育雏和笼养育雏，现在基本都采用密闭式育雏舍育雏，育雏舍的建设本着就地取材和经济实用的原则，应根据地区气候条件、育雏季节和育雏任务来选用。育雏舍与其他密闭式鸡舍的建筑要求相同，顶盖和四壁隔热良好、无窗（附设有应急窗）、完全密闭（只有进、出气孔与外界沟通）的鸡舍。舍内的小气候通过各种设施进行控制或调节，使之尽可能满足鸡体生理功能需求。育雏舍的建筑形式、大小和栋数，因鸡场的性质以及内部设施的要求而不同。

育雏舍地面最好为水泥地，并向一边倾斜，以利于消毒和排水，若无条件，可用黏土或沙土地面，但应注意平整。所有窗户、排水沟和通向外部的下水道应设置铁丝网或网板，以利于渗漏和防止鼠害。

（二）育成舍

育成期肉鸡生活力强，对温度要求不严格，因此可参照育雏舍的结构，能遮风挡雨、冬暖夏凉，便于保持室内干燥即可。育成舍包括生长肥育鸡舍和育成舍，根据生长肥育鸡的生理特点，鸡舍要求有足够的活动面积，以保证生长发育的需要，从而使生长雏鸡（尤其是种用雏鸡）具有良好的体质。无论采用何种管理方式，对每平方米的饲养密度，应有合理的安排。对于全舍饲的生长肥育鸡舍，除维持适宜的温度外，应注意和加强通风换气，保证空气新鲜。设有运动场的开放式鸡舍，运动场面积最好为房舍面积的3倍以上。育种用的育成鸡舍要有防暑降温的条件，因常年周转使用，必须考虑通风和控温，不能忽冷忽热，以保证育成鸡适时开产。设有运动场的育成舍，必须有遮荫设施，防止阳光直射。

育雏舍和育成舍的建筑面积和饲养密度，应根据鸡场的成年种鸡规模，有计划地进行配套，以便合理安排周转使用。

（三）种鸡舍

种鸡舍的建筑形式和要求随鸡种不同而有差异，其环境因素须能满足种用品质的需要，以发挥种鸡的生产效能。种鸡舍有平养和笼养2种鸡舍。舍内地面为水泥地或砖砌地，并有适当坡度，饮水位置处设排水沟，舍内地面比舍外地面高10～15厘米。

1. 平养种鸡舍　种鸡可采用地面平养，也可采用网上平养。平养种鸡舍也分开放式和密闭式2种，通常开放式种鸡舍可附设运动场，但在全舍饲的情况下则不设运动场。舍内多采用单列或双列通道管理，按种鸡分群的数目，用铁丝网隔成若干个栏。所有分群间隔的铁丝网必须牢固，接近地面30～50厘米部分，最好用板间隔，严防串群和互相干扰。

2. 笼养种鸡舍　种鸡笼养分个体笼养和小群笼养。将种鸡饲养在3层个体笼养机组中，上层安置公鸡，下面2层安置母鸡，人工授精率可达95%～97%。种鸡小群笼养可不进行人工授精，但每只种鸡的占笼面积不少于600厘米^2，同时为保证公鸡配种需要，笼高不应少于60厘米。

商品肉鸡舍则根据饲养方式可将鸡舍分为笼养鸡舍和平养鸡舍2种。

（四）鸡舍外形结构

1. 鸡舍朝向　开放式鸡舍朝向与鸡舍采光、保温、舍内通风换气、排污效果、阳光的利用等密切相关。朝向主要根据当地的太阳辐射和主导风向来选择，同时还要考虑通风效果，避免冷风渗透。我国处于北半球，多数地区夏季炎热、冬季寒冷，故大部分地区选择朝南比较适合，不同地区鸡舍朝向有少许差异，但鸡舍主要窗户尽可能向南或基本向南，北方地区以西南向为宜，南方地区以南偏东较好，这样可充分利用太阳辐射，从而有利于鸡舍保温。这种朝向，冬季采光面积大，有利于保暖，夏季通风好，又不受太阳直晒，冬暖夏凉，有利于提高生产性能。鸡舍朝向与场区排污也有关系，排污需要借助于自然通风，其效果取决于主导风向与鸡舍长轴所形成的夹角，取常年主导风向入射角30°～60°时，背风面涡旋区长度缩小，这样能以较小的鸡舍间距达到较好的排污效果。

2. 长度 鸡舍长度由成年鸡舍的设计容量和每栋鸡舍具体需要的面积与跨度来确定。大型机械化生产鸡舍较长，过短则机械效率较低，房舍利用也不经济，一般规格为66米×90米×120米。中小型普通鸡舍为36米×48米×54米。

有关计算鸡舍长度的公式如下：

平养鸡舍长度＝鸡舍面积÷鸡舍跨度

3. 跨度 指所设计鸡舍的宽度，与鸡舍类型、舍内笼具、走道宽度和通风设备安装方式有关。普通开放式鸡舍跨度以6～9米为宜，采用机械接力通风跨度可在9～12米，笼养鸡舍应根据安装列数和走道宽度来决定鸡舍的跨度。

4. 高度 应根据饲养方式、笼层高度、跨度与气候条件来确定高度。跨度不大、平养、气候不太热的地区，鸡舍不必太高，一般从地面到屋檐口的高度为2.5米左右。气温高的地区，采用多层笼养可增高到3米左右，保证笼养顶层距天花板1.5米。

通常我国笼养鸡舍建筑基本朝南，跨度8米，高度2.7～2.9米，育雏舍、育成舍、成年鸡舍长度分别为35～40米、50～55米、60～70米。

5. 地面 鸡舍地面一般高于舍外，潮湿或地下水位高的地区应在30～50厘米以上。多采用混凝土地面，其表面坚固无缝隙，便于清洗消毒，还能防潮保持鸡舍干燥。笼养鸡舍地面设有浅粪沟，比地面深15～20厘米。

6. 墙壁 鸡舍封闭程度不同，墙壁的有无、多少或厚薄依当地气候条件和鸡舍类型而定，应便于冲刷消毒和隔湿，寒冷地区鸡舍可增加墙体厚度。

7. 窗　有窗鸡舍窗口设置形式不一，除南北侧墙上部设面积较大的通风窗外，有的鸡舍设天窗，或在侧壁下部设地窗，起调节气流或辅助通风作用。利用机械负压通风时风机口是集中的排气口，窗口为进风口，其面积和位置应与风机功率大小一致，既要避免形成穿堂风，又要使气流均匀，防止出现涡流或无风的滞留区。

8. 屋顶　小跨度鸡舍为单坡式，一般鸡舍常用双坡式、拱形或平顶式，根据当地的气温、通风等环境因素来决定。在南方干热地区，屋顶可适当加高以利于通风，北方寒冷地区可适当降低以利于保温。屋顶最好设顶棚，其上放一层稻壳或干草以增加隔热性能。在气温高雨量大的地区屋顶坡度要大一些，屋顶两侧加长房檐。

（五）鸡舍内布局

1. 平养鸡舍　分地面垫料平养鸡舍和网上平养鸡舍（图 9-2），按鸡栏排列与走道有以下几种：

图 9-2　网上平养鸡舍

(1)*无走道平养鸡舍*　见图 9-3。这种鸡舍不设专门走道，管理鸡群时饲养人员直接进入鸡栏进行操作，缺点是不如有走道鸡舍操作方便，也不利于防疫，但舍内面积利用率高。

图 9-3　无走道平养鸡舍

(2)*单列单走道*　舍内设约 1 米宽的走道，饲养人员在走道上进行操作，管理方便，不经常进入鸡群内，有利于鸡群防疫。但走道所占鸡舍面积的比例较大，有效利用面积较低，仅适于跨度较小的种鸡舍采用。

(3)*双列单走道或双走道*　双列单走道指鸡舍纵向的中央设走道，工作人员分别管理两侧栏内鸡群，操作方便，提高走道的利用率，如垫料或网上平养鸡舍多用这种形式。也可采用走道设在沿墙两侧，将双列鸡栏放在鸡舍中部，集中使用一套喂料设备，便于鸡群管理，且有利于工作人员打开墙上的窗户，也有利于控制光照和温度。

(4)*三列二走道或四走道*　鸡舍内设置三列鸡栏，若二列纵向沿墙排列，则用两走道，这种排列舍内面积利用率高，但开放式鸡舍靠墙鸡栏易受外界气温和光照影响，多雨季节开窗时还易因洒落雨水弄湿垫料。也可采用三列四走道排列，每列鸡栏都排在鸡舍中部，有利于控制光照和温度，但走道宽度应控制在 60～80 厘米，否则舍内面积利用率较低。

生产中以单列式、双列式排列比较普遍。跨度较大的鸡舍采用三列式，甚至还有四列多走道排列形式，但鸡栏列数的增多必然增加鸡舍跨度，必须使用机械通风。

2. 网平混养　见图 9-4。这种鸡舍一般不设专门走道，鸡舍纵向中央为地面垫料平养，靠墙两侧为网上板条平养，网上设置喂料、喂水设备和产蛋箱。

图 9-4　网平混养

3. 笼养鸡舍　见图 9-5。笼养鸡舍必须设走道，鸡笼的列数与平养鸡栏的形式相同，只是每列笼都必须在走道上操作，应留有一定宽度工作道。

图 9-5　两列三走道式三层笼养鸡舍

(六)鸡舍间距

鸡舍间距与鸡群防疫、鸡场占地面积、鸡舍防火和排污有关，各地土地资源和气候条件不同因此鸡舍间距也有差异。鸡群按鸡舍分群，生产鸡群易发生疫情，其病原菌能通过流动气体所携带的微粒进行传播，威胁着相邻鸡群的安全。

从防疫角度考虑，鸡舍排出的污气、尘埃等不能进入相邻鸡舍，故鸡舍间距应取风向与鸡舍长轴垂直时背风面涡旋范围的最大的间距。据测定，背风面涡旋区长度与鸡舍高度(H)之比为5∶1，因此，开放型鸡舍间距应为5H。当主导风向入射角为30°～60°时，鸡舍间距可缩小为约3H。对于纵向通风鸡舍风机全部安排在同一侧山墙上，利用污道而不是舍间空地作为排风区，鸡舍间距对防疫影响不大，可以更小些，但要符合日照、防火、排污的要求，可取2～3H的鸡舍间距。从防火角度考虑，鸡舍的防火间距多为10米左右，为2～3H。鸡场的排污一般借助于自然通风，利用主导风向与鸡舍长轴形成一定角度，则可适当缩小排污间距。当取鸡舍长轴与主导风向夹角30°～60°时，排污间距可缩小至1.3～1.5H。总之，鸡舍间距的大小按不同要求与鸡舍高度的比值也不同，综合各种因素的要求，取3～5H的间距。

实际生产中，各类鸡舍之间的距离还依据品种、代次不同而异，祖代鸡舍之间的距离以60～80米为宜，父母代鸡舍之间每栋距离为40～60米，商品代鸡舍每栋之间距离为20～40米。总之，鸡代次越高，鸡舍间距应愈大。

三、其他养殖设备

养殖设备的结构和设计，在很大程度上影响肉鸡养殖效果和环境生态效益。要开展健康高效养殖，达到养殖的可持续发展，必须利用现代的养殖设施，为肉鸡提供基本的生长空间，也应有利于环境调控和净化。

（一）照明设备

照明设备主要有光照自动控制器、照度计和光源，光源可以是白炽灯、荧光灯，照度计用于测定鸡舍内的光照强度，光照控制器可利用定时器自编程序控制器控制鸡舍光照时间，有些还可自动测定光照强度，天明则自动关灯，阴雨天则自动开灯，开关灯时通过电压自动调节光照的明暗过渡，延长灯泡使用寿命。

（二）通风设备

通风设备指用于换气的风机，其作用是将鸡舍内的污浊空气、湿气和多余的热量排出，同时补充新鲜空气。现在一般鸡舍通风采用大直径、低转速的轴流风机。

（三）湿帘风机降温系统

湿帘风机降温系统由纸质波纹多孔湿帘、冷风机、水循环系统及自动控制装置组成，在夏季，空气通过湿帘进入鸡舍，可降低进入鸡舍空气的温度，通风设备与湿帘降温系统共同使用可快速蒸发降温，但南方地区在炎热夏季使用湿帘风机降温系统时要特别注意控制湿度。

（四）保温设备

1. 烟道　多用于育雏，由煤炉或热风炉提供热源，热源使烟道温度上升，为雏鸡供暖。烟道供温时室内空气新鲜，粪便干燥，可减少疾病感染，节约电能，育雏容量大，成本低，对平养和笼养均适宜，适用于广大农户养鸡和中小型鸡场，特适合于产煤区或电源不足地区。烟道分地下烟道、地上烟道和火墙烟道 3 种，地下烟道升温慢，耗煤多，但地面无阻碍物，饲养管理方便，故一般采用地下烟道。地面烟道升温快，但不利于管理，且育雏面积小，若采用离地面50～60厘米高的网上育雏则效果较好，这种烟道位于网面下，其下部离地面约25厘米。无论哪一种烟道，在室内一端设灶门，一端设烟囱，室内设3～5条烟道。

2. 育雏伞 各种育雏伞热源均在伞中心，仅热源和外壳材料不同，具体可据当地实际择优选用。

(1)电热育雏伞 由电供暖的伞形育雏器，伞内温度可自动控温，管理方便，适宜电源稳定地区使用，适用于垫料地面和网上平养育雏。伞罩有方形、多角形和圆形，伞罩上部小，直径约30厘米；下部大，直径100～120厘米，高约70厘米。伞罩外壳用铁皮、铝合金或纤维木板制成双层夹层填充玻璃纤维等保温材料，也有的用布料作外壳，仅在其内层涂一层保温材料。伞罩下缘提供热源，热源为电热丝或远红外加热器，并与自动控温装置相连，控温范围0℃～50℃，将伞下距地面5厘米处的温度控制在26℃～35℃之间，温度调节方便，同时设有照明灯和开关。

(2)燃气育雏伞 由燃气(天然气、液化气、沼气和煤气等)供暖的伞形育雏器，适合于燃气充足地区，与电热育雏伞形状相同，内侧上端设喷气嘴，使用时须悬挂0.8～1.0米高。

(3)煤炉育雏伞 由煤炉供暖的伞形育雏器，适合于电源不足地区。伞罩为白铁皮，伞中心为煤炉，煤炉底部垫砖块以防引燃垫料，通过调节煤炉进气孔的大小来调节温度，炉上端设一排气管将有害气体导出室外，在距煤炉15厘米处设铁网以防雏鸡接近。

3. 红外线灯 可在室内直接用于加温供热，常用灯泡规格为250瓦，有发光和不发光2种，地面垫料育雏和网上育雏都可使用，使用时悬挂高度25～30厘米，通过调节灯泡高度来控制温度。红外灯发热量高，加温时温度稳定，室内垫料干燥，管理方便，但耗电量大，灯泡易损坏，成本较高，供电不稳定地区不宜使用。

4. 热风炉供暖系统　主要由热风炉、鼓风机、有孔管道和调节风门等设备组成，热风炉是热风炉供暖系统中的主要设备。以煤或气为燃料，热效率高，送风升温快，比锅炉供热成本降低50%左右，使用方便、安全、清洁，可同时增加湿度，是目前推广使用的一种采暖设备。

(五)笼　具

1. 叠层式电热育雏笼　通常带有加热源，适用于1～6周龄雏鸡。电热育雏笼为4层叠层式结构，每层之间设承粪板。每层由加热育雏笼、保温育雏笼、雏鸡活动笼3部分组成，各部分结构独立，在不同季节和地方使用时可自由组装，适当增减各种笼的组数，雏鸡活动笼还可单独使用。加热笼每层顶部装有远红外加热板或加热管，承粪板下部装有一只辅助电热管，笼内温度由自动控温仪控制，并有照明灯和加湿槽，侧壁用板封闭以防热量散失，设有可调风门和观察窗，笼底采用涂塑的金属网。保温笼是从加热笼到运动笼的过渡笼，无加热源，外形与加热笼基本相同。雏鸡活动笼是自由活动的场所，笼内放小型饮水器，笼外放食槽，通过上下可调间隙的栅状活动板，使大、小鸡在合适的高度采食，并能防止鸡逃窜。

2. 叠层式育雏笼　见图9-6。指无加热装置的普通育雏笼，常用的有4层或5层。整个笼组用镀锌铁丝网片制成，由笼架固定支撑，每层笼间设承粪板，单笼大小为长100厘米、深50厘米、高33厘米，笼门间隙可调，笼外设置食槽和料槽。此种育雏笼具有结构紧凑、占地面积小、饲养密度大，适合于整室加温的鸡舍。

3. 育成笼　主要用于饲养42～130日龄生长肥育鸡和育成鸡。从结构上分为半阶梯式和叠层式两大类，有2层、3层和4层之分，层数增多则上层空气稍差，下层光线较暗。该笼可以与喂料机、乳头式饮水器、清粪设备等配套使用。根据育成鸡的品种与体

图 9-6 叠层式育雏笼

形,每只鸡占用底网面积在 300～380 厘米^2 之间,每笼可养鸡 10～15 只。采用育成笼饲养鸡,其舍饲密度高,每只鸡的投资少,是较好的替代传统平养方式的一种设备。

4. 育雏育成鸡笼 适合于小型肉鸡。该鸡笼的特点是鸡可以从 1 日龄一直饲养到产蛋前,然后转群进入种鸡笼,减少转群对鸡的应激和劳动强度。鸡笼为 3 层,雏鸡阶段只使用中间一层,随着鸡的长大,逐渐分散到上、下两层。

5. 种鸡笼的类型 种鸡笼养方法有公、母鸡同笼饲养(自然交配)和单笼饲养(人工授精)。种鸡笼也有不同的类型(图 9-7)。实际生产中,鸡笼主要由鸡笼、笼架、食槽、水槽等组成,在保证鸡的采食宽度的条件下,综合考虑饲养密度、除粪和通风三者的关系来决定采用哪一种类型鸡笼,同时还要注意保持高的受精率。

(1)全阶梯式 该种鸡笼有 2 层和 3 层之分,适用于小型肉鸡。其特点是相邻两层鸡笼错开,无重叠或有小于 5 厘米的重叠,各层的鸡粪可直接落入粪沟。该种鸡笼通风良好,光照均匀,操作管理方便,结构较简单易维修,不足之处是比其他笼养方式的饲养密度偏低。

(2)半阶梯式 该种鸡笼一般为 2～3 层,相邻两层笼有部分

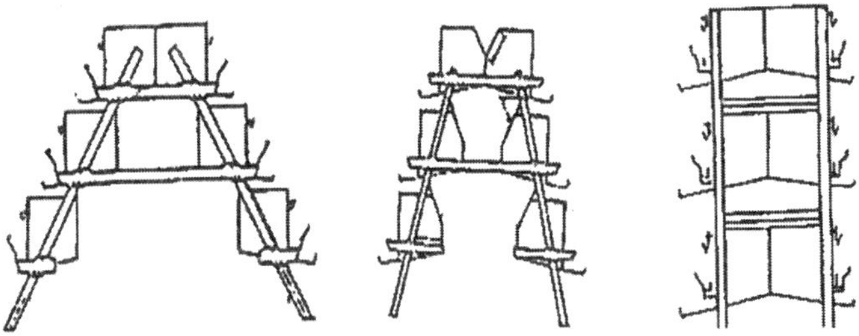

图 9-7　常见种鸡笼类型

重叠，重叠部分占笼深度的1/3～1/2。为防止上层鸡粪落到下层鸡身上，下层鸡笼后上角做成斜坡形，可以挂自流式承粪板。该种种鸡笼与全阶梯式相比，因增加承粪板，对光照和通风有一定影响。

(3)叠层式　指上、下几层笼全部重叠，笼架垂直于地面，一般为2～3层。上、下层笼之间留有较大间隙，内装承粪板或鸡粪输送带，以利于清粪机作业。因采用叠层笼具，饲养密度加大，但承粪板影响光照和通风，要特别注意鸡舍环境配套设施，以保证优良的舍内饲养环境，从而保证较高的生产水平。

半阶梯式和叠层式种鸡笼与全阶梯式种鸡笼相比，饲养密度提高1/4～1/3，半阶梯式种鸡笼饲养密度一般为27～32只/米^2，叠层式种鸡笼饲养密度一般为30～36只/米^2，因此对通风、消毒、降温等环境控制设备的要求较高。叠层式和半阶梯式种鸡笼，因需装承粪板而妨碍笼内气体流通，易导致舍内通风不一致，且上下两层全部或部分重叠，所以不仅需要地面除粪设备，还要在重叠处安装承粪板和除粪设备。这两种类型笼具既增加了机械设备，又要求高的笼组精度。

(4)种鸡方笼　优质肉用种鸡采用自然交配方式时一般用此

种笼具，这种笼具为一种金属大方笼，只有一层，支架支撑笼底，每只笼笼长 3.90 米、深 1.94 米、米高 0.7 米，笼底集蛋网向两侧倾斜，伸到笼外形成蛋槽，倾角 8°。数个或数十个组装成一列，笼外挂上料槽和饮水管，采用乳头饮水器饮水。这种笼养方式公母鸡同笼饲养，操作简单，劳动效率高，受精率高，饲养效果好。

(5)种公鸡笼　为配合人工授精的专用笼具，一般为 1～2 层全阶梯式，可与母鸡笼连组组装。

6. 鸡笼结构　鸡笼由前、后、顶、底及两侧网组成，可以有不同的几何形状，如直角形、后斜角形、前倾菱形和前倾后直形。每只鸡占用笼前网外放置食槽的长度为采食宽度。鸡体形不同要求的采食宽度也各异，鸡笼的前宽尺寸应大于或等于所容纳鸡要求的采食宽度之和。鸡笼底网与水平面的夹角称为滚蛋角。其作用是使鸡蛋以较平稳的速度，迅速从笼内滚落到蛋槽中。滚蛋角过大使底网过于倾斜，鸡蛋滚出的速度太快，容易产生碰撞形成破蛋；滚蛋角过小，易使鸡蛋不向蛋槽内滚动，长时间滞留在笼中造成脏蛋、破蛋。目前鸡笼的滚蛋角一般采用 7°～10°。笼门有不同的形式，一般采用前开门和前顶角开门，要求进鸡和抓鸡方便且不易跑鸡。

(六)饮水设备

饮水设备分为乳头式、杯式、水槽式、吊塔式和真空式。

1. 槽式饮水器　水槽一般安装于鸡笼食槽上方，是由镀锌板、搪瓷或塑料制成的 V 形或 U 形水槽，每 2 米一根由接头连接而成。水槽一头通入长流动水，使整条水槽保持一定水位，另一头管道将水排出鸡舍，从水源到另一端需万分之六的斜度。当用水箱使水槽自动保持一定水位时可将水槽水平放置。槽式饮水器取材和制造简单，但易传染疾病，且需定期清洗水槽中的饲料、粪便、灰尘等杂物。

2. 真空式饮水器　见图 9-8。由水筒和水盘2部分组成,多为塑料制品。水筒装满水后反扣过来与水盘固定,水便从小孔中流入水盘,保持一定的水位。真空式饮水器适用于平养鸡舍使用,依鸡龄大小可选择大、中、小型饮水器。

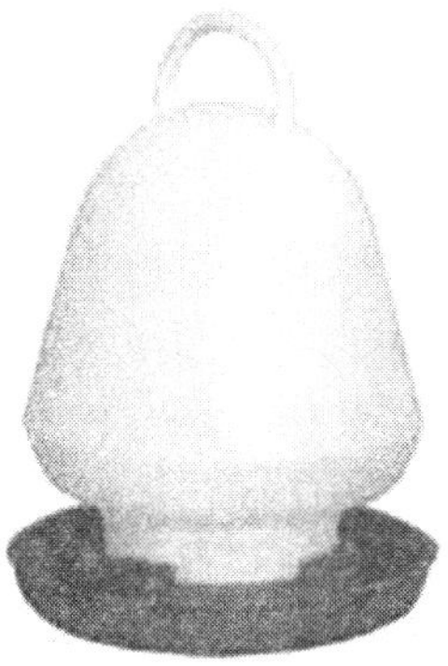

图 9-8　真空式饮水器

3. 杯式饮水器　杯式饮水器主要由杯体、顶杆和密封帽等组成。平时水杯在水管内压力下使密封帽紧贴于杯体锥面,阻止水流入杯内,当鸡饮水时啄动杯舌时自动进水入杯内。目前有阀柄式和浮嘴式杯式饮水器,后者供水流量较小。杯式饮水器供水可靠,不易漏水,耗水量少,不易传播疾病,但是鸡在饮水时经常将饲料残渣带进杯内,需要经常清洗。

4. 乳头式饮水器　见图 9-9。由铜、不锈钢或塑料制成,有锥面、平面、球面密封型三大类。该设备利用地心引力和毛细管原理,使阀杆底部经常保持挂有一滴水,当鸡啄水滴时便触动阀杆顶开阀门,水便自动流出供其饮用。平时则靠供水系统对阀体顶部

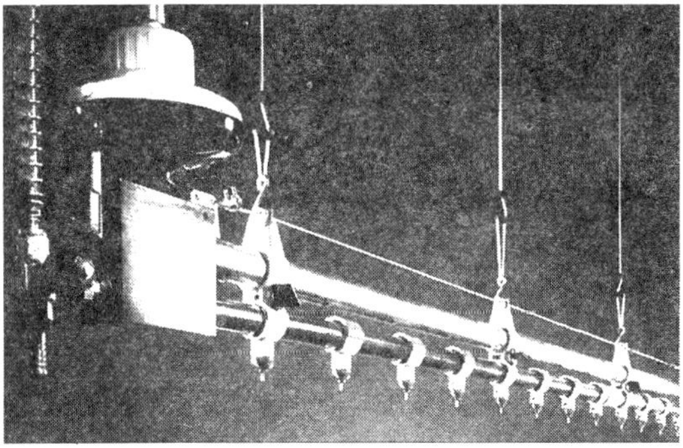

图 9-9　乳头式饮水器

的压力防止漏水。乳头式饮水器使用十分广泛，适应鸡仰头饮水的习惯，不易传播疾病，耗水量少，可免除刷洗工作，清洁卫生，工作效率高，适用于笼养和平养鸡舍给成鸡或2周龄以上雏鸡供水。要求配有适当的水压和洁净的水源，防止阀杆弯曲造成漏水。

5. 吊塔式饮水器 多为塑料制品，其结构包括阀体、饮水盘、防晃装置（砂袋或水袋）。利用弹簧的调节作用和饮水器自身重量变化启闭阀门控制饮水盘中的水量。盘中水量不足时，由弹簧将饮水盘提起，饮水盘上的凸起将阀杆顶开，水顺着通路流入饮水盘中。当进水达到一定量后与阀杆分开，阀杆在弹簧作用下克服水的压力关闭阀门水便停止流入。该种饮水设备主要适用于平养鸡舍。

上述各种饮水器中乳头式、杯式、吊塔式饮水器要与供水系统配套，供水系统包括过滤器、减压装置和管路等，滤除水中杂质并将供水管压力减至饮水器所需要的压力才能正常供水。雏鸡开始阶段和散养鸡多用真空式、吊塔式和水槽式，平养和笼养鸡舍现在趋向使用乳头饮水器。

（七）喂料设备

肉鸡饲养所用喂料设备包括料盘、料槽、料桶、自动喂料机（图9-10）等。料盘主要用于雏鸡，从育成期开始可用料槽，而成年鸡则用料槽或料桶。在肉鸡饲养管理过程中，喂料耗用的劳动量较大，有条件的鸡场宜采用自动化设备，该设备包括贮料塔、输料机、喂料机和饲槽4个部分，其中用得较多的是行车式喂料机，这是一种骑跨在鸡笼上的喂料车。沿鸡笼上或旁边的轨道缓慢行走，将料箱中的饲料分送至各层食槽中，工作人员同时还可进鸡、出鸡或观察鸡群，特别适用于笼养鸡舍。

图 9-10　自动行车喂料设备

(八)清粪设备

肉鸡舍清粪方式有人工清粪和机械清粪 2 种。平养鸡舍多在养鸡结束后人工清粪,笼养和大面积网养则用清粪机。机械清粪常用设备有刮板式清粪机、带式清粪机和抽屉式清粪机。单层笼养多采用除粪小车,而多层笼养和大面积网养则须用刮粪机,目前用得较多的牵引式刮粪机,它主要由牵引机、刮粪板、牵引绳、转角轮、限位器等组成。牵引机牵引绳轮带动刮粪板进行作业,清粪时刮粪板自动落下,返回时自动抬起,往返行程由限位电器系统控制。这种刮粪机适用于笼养或网上平养鸡舍的纵向清粪。这种刮粪板可在一个平面上的几条粪沟同时除粪,也可在一条粪沟里装几个等距的刮板,实现分段接力除粪。有的刮粪机左右 2 个刮粪板在刮粪前处于收拢状态,当刮粪机前进时,它能按已调好的宽度自动张开进行清粪作业,当返回时两刮粪板又自动合拢,灵活方便。自动刮粪机要求粪沟沟底表面平直,对土建要求严格。

附 录

附表1 常用饲料成分

饲料名称	水分(%)	粗蛋白质(%)	代谢能(兆焦/千克，千卡/千克)	粗脂肪(%)	粗纤维(%)
玉 米	13.5	9.0	13.35,3190	4.0	2.0
高 粱	12.9	9.5	13.13,3140	3.1	2.0
小 麦	12.1	12.6	8.62,2060	2.0	2.4
大 麦	12.6	11.1	11.51,2750	2.1	4.2
黑 麦	11.8	11.6	12.09,2890	1.7	1.9
燕 麦	12.9	10.0	11.25,2690	4.6	9.8
小麦粉	13.6	15.8	13.89,3320	2.6	1.0
粗 米	14.2	7.9	13.43,3210	2.4	1.1
稻 谷	13.2	7.8	10.96,2620	2.4	8.4
小 米	11.2	12.0	12.26,2930	4.0	7.6

续附表 1

饲料名称	水分(%)	粗蛋白质(%)	代谢能(兆焦/千克，千卡/千克)	粗脂肪(%)	粗纤维(%)
大　豆	13.8	36.9	13.35,3190	15.4	6.0
马铃薯	81.1	1.9	2.57,615	0.1	0.6
甘薯(干)	11.3	2.8	8.41,2010	0.7	2.2
木薯(干粉)	12.4	2.6	12.01,2870	0.6	4.2
大豆饼	11.9	46.2	9.08,2170	1.3	5.0
棉籽饼	11.0	36.1	7.95,1900	1.0	13.5
菜子饼	11.4	35.3	6.82,1630	1.9	10.7
花生饼	8.8	47.4	10.13,2420	1.5	8.5
亚麻仁饼	11.9	31.6	7.70,1840	4.6	9.6
芝麻饼	8.4	48.0	9.62,2300	8.7	9.2
椰子油饼	10.8	20.9	8.08,1930	8.5	9.7
葵花籽饼	10.4	31.7	6.65,1590	1.3	22.4
米　糠	12.8	15.0	11.38,2720	17.1	7.2

续附表 1

饲料名称	水分(%)	粗蛋白质(%)	代谢能(兆焦/千克，千卡/千克)	粗脂肪(%)	粗纤维(%)
米糠(脱脂)	12.5	17.9	7.32,1750	2.3	8.6
麦　麸	12.2	16.0	8.66,2070	4.3	8.2
糖蜜(甘蔗)	26.8	3.3	9.33,2230	0.41	0.1
鱼粉(CP60%)	8.3	60.8	11.09,2650	8.9	0.4
鱼粉(粗鱼渣)	8.7	50.5	9.75,2330	12.0	0.7
骨肉粉	6.5	48.6	11.13,2660	11.6	1.1
羽毛粉	15.0	85.0	12.62,3016	2.5	1.5
血　粉	9.2	83.8	10.25,2450	0.6	1.3
蚕蛹渣	10.2	68.9	11.13,2660	3.1	4.8
动物性油脂	2.6	0	33.43,7990	96.2	0
饲用酵母(啤酒)	9.3	10.17,51.4	10.17,2430	0.6	2.0
紫苜蓿粉	11.4	15.5	3.56,850	2.3	23.6
白三叶草(开花前)	87.4	3.7	0.79,190	0.7	1.7

附表 2　常用饲料氨基酸含量　（%）

饲料	精氨酸	甘氨酸	组氨酸	异亮氨酸	亮氨酸	赖氨酸	蛋氨酸	胱氨酸	苯丙氨酸	酪氨酸	苏氨酸	色氨酸	缬氨酸	丝氨酸
玉米	0.49	0.35	0.24	0.32	1.11	0.24	0.17	0.22	0.43	0.42	0.32	0.06	0.45	0.45
高粱	0.33	0.30	0.21	0.30	1.19	0.23	0.12	0.13	0.44	0.23	0.29	0.08	0.49	0.40
小麦	0.60	0.52	0.28	0.40	0.81	0.36	0.16	0.26	0.52	0.30	0.36	0.13	0.54	0.56
大麦	0.46	0.44	0.21	0.37	0.76	0.37	0.13	0.14	0.52	0.27	0.36	0.12	0.53	0.46
黑麦	0.53	0.49	0.23	0.37	0.70	0.37	0.13	0.27	0.50	0.30	0.88	0.15	0.55	0.51
燕麦	0.56	0.45	0.34	0.34	0.66	0.35	0.16	0.22	0.45	0.26	0.29	0.12	0.45	0.45
小麦粉	0.30	—	0.29	0.58	0.87	0.29	0.11	—	0.58	0.19	0.29	0.11	0.48	—
粗米	0.52	0.40	0.19	0.41	0.69	0.30	0.22	0.10	0.40	0.23	0.37	0.12	0.59	0.45
稻谷	0.65	0.99	0.11	0.33	0.65	0.33	0.21	0.12	0.33	0.74	0.22	0.12	0.63	—
小米	0.33	0.28	0.22	0.41	1.33	0.19	0.23	0.29	0.64	0.23	0.34	—	0.52	0.85
大豆	2.77	—	0.89	2.03	2.80	2.36	0.48	0.59	1.81	1.18	1.44	0.48	1.92	—
马铃薯粉	0.38	—	0.15	0.32	0.98	0.43	0.14	0.15	0.47	0.06	0.32	0.07	0.42	—
甘薯（干）	0.09	0.11	0.04	0.10	0.15	0.11	0.03	0.02	0.10	0.04	0.09	0.04	0.13	0.11

续附表 2

饲料	精氨酸	甘氨酸	组氨酸	异亮氨酸	亮氨酸	赖氨酸	蛋氨酸	胱氨酸	苯丙氨酸	酪氨酸	苏氨酸	色氨酸	缬氨酸	丝氨酸
木薯粉	0.26	—	0.04	0.09	0.12	0.12	0.03	0.03	0.07	0.04	0.08	0.03	0.11	—
大豆饼	3.77	1.70	1.11	2.00	3.10	2.59	0.49	0.70	1.77	1.40	1.48	0.44	2.14	1.70
棉籽饼	0.04	—	0.90	1.44	2.13	1.48	0.54	0.61	1.88	0.97	1.19	0.47	1.73	—
菜子饼	1.86	1.47	0.90	1.24	2.09	1.64	0.53	0.68	1.24	0.90	1.30	0.68	1.58	1.30
花生饼	5.16	2.58	1.14	1.44	2.73	1.44	0.29	0.41	2.05	1.82	1.14	0.99	1.74	1.97
亚麻仁饼	3.52	1.87	0.62	1.30	1.82	1.14	0.54	0.54	1.48	0.91	1.03	0.68	1.48	1.59
芝麻饼	6.07	2.38	1.54	1.77	3.30	1.30	0.92	0.69	2.07	1.77	1.77	0.56	2.30	2.15
椰子油饼	2.3	0.78	0.41	0.61	1.12	0.51	0.25	0.28	0.81	0.47	0.58	0.14	0.95	0.78
葵花籽饼	2.85		0.70	1.71	1.93	1.84	0.54		1.49		0.82	0.63	1.62	—
米糠	1.26	0.92	0.46	0.60	1.17	0.39	0.21	0.32	0.69	1.78	0.66	0.17	0.92	0.74
麦麸	1.05	0.79	0.44	0.51	0.97	0.64	0.16	0.26	0.59	0.33	0.49	0.23	0.74	0.36
鱼粉（CP60%）	3.25	3.66	1.40	2.56	4.36	4.20	1.80	0.55	2.42	1.97	2.42	0.74	2.91	2.36
骨肉粉	3.34	5.91	0.78	1.32	2.88	2.49	0.52	0.50	1.40	1.09	1.63	0.22	1.94	2.02

续附表 2

饲　料	精氨酸	甘氨酸	组氨酸	异亮氨酸	亮氨酸	赖氨酸	蛋氨酸	胱氨酸	苯丙氨酸	酪氨酸	苏氨酸	色氨酸	缬氨酸	丝氨酸
血　粉	7.11	3.08	0.25	0.78	9.25	6.17	0.45	0.43	4.42	1.74	2.55	1.06	5.90	3.35
羽毛粉	5.25	—	0.50	3.75	6.58	1.42	0.42	3.75	3.58	3.17	3.58	0.50	6.41	—
蚕蛹渣	3.53	2.54	1.76	2.54	3.97	3.86	1.32	0.68	3.20	4.74	2.54	1.43	2.43	2.54
脱脂乳	0.12	—	0.09	0.18	0.30	0.26	0.09	0.03	0.16	0.13	0.15	0.05	0.23	—
饲用酵母	3.12	2.19	1.06	2.11	3.33	3.95	0.85	0.56	1.96	1.07	2.31	—	2.54	2.53
紫苜蓿粉	0.67	0.67	0.25	0.60	0.97	0.64	0.16	0.14	0.62	0.40	0.55	0.21	0.72	0.60
紫苜蓿（开花前）	0.21	—	0.10	0.22	0.36	0.25	0.07	0.06	0.23	0.11	0.21	0.06	0.27	—
白三叶草（开花前）	0.15	0.13	0.07	0.16	0.10	0.16	0.04	0.05	0.16	0.09	0.18	0.07	0.08	0.13

附表 3　常用饲料矿物质含量

饲料名称	钙（%）	磷（%）	镁（%）	钾（%）	钠（%）	氯（%）	硫（%）	铁（%）	铜（毫克/千克）	钴（毫克/千克）	锌（毫克/千克）	锰（毫克/千克）
玉　米	0.03	0.23	0.11	0.30	0.01	—	—	0.01	3.6	—	21	7
高　粱	0.07	0.24	0.12	—	—	—	—	0.01	5.2	—	22	16
小　麦	0.06	0.32	0.13	—	—	—	—	—	6.7	—	27	51
大　麦	0.09	0.41	0.11	0.60	0.15	0.25	—	0.01	6.4	—	33	18
黑　麦	0.08	0.33	0.09	—	—	—	—	0.01	6.4	—	30	60
燕　麦	0.12	0.37	0.18	0.44	0.02	0.11	0.23	0.01	6.2	0.07	34	51
小麦粉	0.06	0.34	—	—	—	—	—	—	5.6	—	23	21
粗　米	0.03	0.33	0.09	—	—	—	—	0.01	3.3	—	10	21
稻　谷	0.05	0.26	0.07	0.98	0.05	0.07	0.05	0.00	3.7	—	14	21
小　米	0.05	0.30	0.18	0.48	0.02	0.16	0.14	0.01	—	—	15	30
大　豆	0.2	0.67	0.3	1.54	0.03	0.03	0.23	0.01	16.6	—	45	20
大豆饼	0.36	0.74	0.33	2.33	0.02	0.03	0.93	0.09	21.1	0.53	69	30
棉籽饼	0.26	1.16	—	—	—	—	—	—	21.2	—	63	23

续附表 3

饲料名称	钙（%）	磷（%）	镁（%）	钾（%）	钠（%）	氯（%）	硫（%）	铁（%）	铜（毫克/千克）	钴（毫克/千克）	锌（毫克/千克）	锰（毫克/千克）
菜子饼	0.72	1.21	0.52	1.26	0.01	—	—	0.02	11.4	—	81	60
花生饼	0.22	0.61	0.23	—	—	—	—	0.12	17.6	—	79	47
亚麻仁饼	0.43	0.82	0.60	1.19	0.13	0.05	0.51	0.02	26.9	1.25	83	120
芝麻饼	2.47	1.20	0.68	1.17	0.03	—	—	0.16	68.8	—	154	78
椰子油饼	0.23	0.66	0.33	—	—	—	—	0.15	34.4	—	57	73
葵花籽饼	0.56	0.90	—	—	—	—	—	—	—	—	112	26
马铃薯	0.01	0.05	0.03	0.48	0.02	0.06	—	0.002	—	—	—	—
甘　薯	0.03	0.04	0.05	0.36	0.02	0.02	—	0.002	—	—	—	—
米　糠	0.05	1.81	—	—	—	—	—	—	15.1	—	30	209
脱脂米糠（脱脂）	0.32	2.89	0.96	—	—	—	—	0.02	9.3	—	86	201
麦　麸	0.3	1.05	0.30	0.99	0.22	—	—	0.02	13.0	—	141	145
糖　蜜	1.19	0.11	0.47	3.17	—	—	—	0.03	79.4	—		56

续附表 3

饲料名称	钙（%）	磷（%）	镁（%）	钾（%）	钠（%）	氯（%）	硫（%）	铁（%）	铜（毫克/千克）	钴（毫克/千克）	锌（毫克/千克）	锰（毫克/千克）
鱼粉（CP60%）	6.78	3.59	0.19	0.69	0.67	—	—	0.10	11.6	—	122	21
粗渣鱼粉（粗渣）	9.24	5.20	0.25	—	—	—	—	0.02	5.4	—	54	12
骨肉粉	11.31	5.61	0.22	0.30	0.61	0.72		0.06	8.2	14.3	122	16
血粉	0.20	0.24	0.02	0.17	0.69	0.70	0.42	0.22	15.4	0.08	30	10
羽毛粉	0.30	0.77	0.04	0.52	—	0.35		0.06	10..9		183	10
蚕蛹渣	0.24	0.88	—	1.15	0.03	—	—	—	—	—	—	—
牡蛎壳	36.10	0.07	0.30	0.10	0.21	0.01	—	0.29	—	—	—	131
骨粉	30.71	12.86	0.33	0.19	5.69	0.01	2.51	2.67	11.5	0.00	130	23
磷酸氢钙	21.32	18.97	—	—	—	—	—	—	—	—	—	—
磷酸钙	32.07	18.25	0.22	0.09	5.45	—	—	0.092	—	—	—	—
碳酸钙	36.74	0.04	0.50	—	0.02	0.04	0.09	—	—	—	—	—
食盐	0.03	—	0.13	—	39.20	60.61	—	—	—	—	—	—

附表 4 常用饲料维生素含量

饲 料	胡萝卜素（毫克/千克）	维生素 A（单位/千克）	维生素 D（单位/千克）	维生素 E（毫克/千克）	维生素 K（毫克/千克）	硫胺素（毫克/千克）	核黄素（毫克/千克）	泛酸（毫克/千克）	烟酸（毫克/千克）	吡醇素（毫克/千克）	生物素（毫克/千克）	叶酸（毫克/千克）	胆酸（毫克/千克）	维生素 B_{12}（毫克/千克）
玉 米	4.8	—	—	26.6	—	4.7	1.3	5.8	23.6	8.3	0.07	0.23	624	—
高 粱	—	—	—	13.5	—	4.4	1.3	12.8	48.0	4.61	0.20	0.20	762	—
小 麦	—	—	—	17.4	—	5.5	1.3	13.0	63.6	—	0.11	0.45	933	—
大 麦	—	—	—	6.9	—	5.7	2.2	7.3	64.5	3.26	0.22	0.56	1157	
黑 麦	—	—	—	16.9	—	4.4	1.8	7.8	1.3	—	0.07	0.67	—	—
燕 麦	—	—	—	6.6	—	7.0	1.8	14.5	17.8	1.35	0.30	0.45	1206	—
小麦粉	—	—	—	64.7	—	21.2	1.7	15.3	59.1	12.4	0.42	1.24	1233	—
稻 谷	—	—	—	15.7	—	3.1	1.2	3.7	34.0	—	—	0.45	899	—
小 米	—	—	—	—	—	7.3	1.8	8.2	58.4	—	—	—	877	—
大 豆	1.0	—	—	40.6	—	12.3	2.9	17.4	24.5	12.00	0.42	—	3486	—
大豆饼	—	—	—	3.4	—	7.4	3.7	16.3	30.1	8.99	0.36	0.79	3032	—
棉籽饼	—	—	—	16.4	—	7.1	5.5	15.3	43.2	6.99	0.11	2.51	3023	—
菜子饼	—	—	—	—	—	1.8	3.8	9.2	160.0	—	—	—	6725	—
花生饼	—	—	—	3.3	—	7.9	12.0	57.6	134.9	10.87	0.42	0.30	2174	—

续附表 4

饲料	胡萝卜素（毫克/千克）	维生素 A（单位/千克）	维生素 D（单位/千克）	维生素 E（毫克/千克）	维生素 K（毫克/千克）	硫胺素（毫克/千克）	核黄素（毫克/千克）	泛酸（毫克/千克）	烟酸（毫克/千克）	吡醇素（毫克/千克）	生物素（毫克/千克）	叶酸（毫克/千克）	胆酸（毫克/千克）	维生素 B_{12}（毫克/千克）
亚麻仁饼	—	—	—	—	—	5.6	3.3	19.6	30.1	—	—	3.19	2047	—
芝麻饼	—	—	—	—	—	3.1	4.0	6.9	32.3	13.44	—	—	1648	—
椰子油饼	—	—	—	—	—	0.8	3.3	7.1	26.8	—	—	1.40	989	—
葵花籽饼	—	—	—	11.8	—	—	3.3	10.8	236.6	17.20	—	—	3118	—
米糠	—	—	—	65.9	—	24.6	2.9	25.8	333.2	—	4.62	—	1358	—
麦麸	—	—	—	12.1	—	8.9	3.5	32.6	235.1	11.24	0.54	2.02	1110	—
糖蜜	—	—	—	—	—	1.2	4.4	51.1	45.7	—	—	—	1168	—
啤酒糟	—	—	—	3.7	—	0.8	1.6	9.3	47.2	0.72	—	0.24	1725	—
鱼粉	—	—	—	—	—	—	7.1	9.5	63.8	3.76	0.30	0.22	3078	—
骨肉粉	—	—	—	1.1	—	1.2	4.7	3.9	50.9	2.66	0.15	0.05	2329	—
血粉	—	—	—	0.0	—	—	1.6	1.2	34.6	—	—	—	832	—
羽毛粉	—	—	—	—	—	—	2.3	11.7	32.9	—	—	—	930	—
蚕蛹渣	—	—	—	900	—	13.5	72.0	—	—	—	—	—	—	0.45
饲用酵母	0.0	—	—	0.0	—	98.6	37.6	118.1	481.2	46.56	1.04	10.43	4177	—

续附表 4

饲　料	胡萝卜素（毫克/千克）	维生素 A（单位/千克）	维生素 D（单位/千克）	维生素 E（毫克/千克）	维生素 K（毫克/千克）	硫胺素（毫克/千克）	核黄素（毫克/千克）	泛酸（毫克/千克）	烟酸（毫克/千克）	吡醇素（毫克/千克）	生物素（毫克/千克）	叶酸（毫克/千克）	胆酸（毫克/千克）	维生素 B_{12}（毫克/千克）
紫苜蓿（花蕾前期）	330	—	—	—	—	—	—	—	—	—	—	—	—	—
紫苜蓿（开花初期）	270	—	—	200	—	6.7	17.4		6.3	6.5	—	—	1440	—
紫苜蓿（开化盛期）	170	—	—	—	—	—	—	—	—	—	—	—	—	—
白三叶草（开花初期）	184	—	—	246	—	12.5	22.6	—	60	—	—	—	—	—
青刈黑麦	200	—	—	—	—	4.1	13.6	—	—	—	—	—	—	—
西葫芦	60	—	—	—	—	—	—	—	—	—	—	—	—	—
饲用芜菁	4	—	—	—	—	50	1.5	—	—	—	—	—	8548	—
胡萝卜	522	—	—	—	—	3.9	4.8	—	121	—	—	—	5200	—
甜菜茎叶	50	—	—	—	—	6.1	6.1		50	8.5	—	—	—	—
胡萝卜叶	170	—	—	—	—	—	9.2	—	—	—	—	—	—	—
甘　蓝	—	700	—	—	—	1.0	1.0	—	—	—	—	0.6	2500	—

续附表 4

饲 料	胡萝卜素（毫克/千克）	维生素 A（单位/千克）	维生素 D（单位/千克）	维生素 E（毫克/千克）	维生素 K（毫克/千克）	硫胺素（毫克/千克）	核黄素（毫克/千克）	泛酸（毫克/千克）	烟酸（毫克/千克）	吡醇素（毫克/千克）	生物素（毫克/千克）	叶酸（毫克/千克）	胆酸（毫克/千克）	维生素 B_{12}（毫克/千克）
紫苜蓿粉（开花期）	42.1	—	—	426		2.9	11.2	31.3	37.9	—	0.35	6.31	1127	—
马铃薯	—	—	—	—	—	—	—	0.2	1.5	11.0	6.4	—	—	—
甘 薯	—	—	—	—	—	—	—	0.9	0.9	13.4	11.0	—	—	—